《应用数学基础》配套图书

《应用数学基础》学习指导

曾绍标　汤　雁编

内容提要

本书是《应用数学基础》(第三版和第四版)的配套用书.书中列出了《应用数学基础》各章的重点,并配备了学习重点内容的复习思考题,还对全部习题做出了详细解答.

本书既是学习"应用数学"各门课程的同步指导书,又是相关考试的辅导资料.

图书在版编目(CIP)数据

应用数学基础学习指导 / 曾绍标,汤雁编.—天津:天津大学出版社,2004.9(2021.10 重印)
ISBN 978-7-5618-2033-9

Ⅰ.应... Ⅱ.①曾... ②汤... Ⅲ.应用数学-研究生-教学参考资料 Ⅳ.029

中国版本图书馆 CIP 数据核字(2004)第 094844 号

出版发行 天津大学出版社
地　　址 天津市卫津路 92 号天津大学内(邮编:300072)
电　　话 发行部:022-27403647　邮购部:022-27402742
印　　刷 廊坊市海涛印刷有限公司
经　　销 全国各地新华书店
开　　本 148mm×210mm
印　　张 6.875
字　　数 205 千
版　　次 2004 年 9 月第 1 版
印　　次 2021 年 10 月第 5 次
定　　价 20.00 元

前　言

应使用《应用数学基础》一书的广大师生，特别是在职申请学位人员的要求，我们将十几年来的教学辅导资料，整理加工成这本《应用数学基础学习指导》，与教材(《应用数学基础》第三版、第四版)配套使用．本书的章节次序与《应用数学基础》的第四版完全一致，与第三版略有不同(见“使用说明”)．

除第*14章外，本书各章均由本章重点、复习思考题、习题解答组成，以满足“教、学、考”的需要．

“复习思考题”由曾绍标根据历年编写的教学资料整理而成，由汤雁审核并给出参考答案；“习题解答”是曾绍标、汤雁根据《应用数学基础》作者于1994年提供的初稿(熊洪允：第1、3、6章，曾绍标：第2、4、11、12、13章，毛云英：第7、8、9、10、14章，韩维信(2002年)：第5章)修正、补充而成．

借本书出版之机，对《应用数学基础》的作者，对多年从事“应用数学基础”教学的各位同事，对选修“应用数学基础”各门课程的历届硕士研究生，表示衷心的感谢！

由于编者水平所限，本书一定存在不少缺点和错误，欢迎广大读者批评指正！

编者

2004年8月

使用说明

本指导书的章目次序与《应用数学基础》第四版完全一致,与第三版稍有不同。持《应用数学基础》第三版的读者在使用本指导书时可参考下面的章目对照表:

《应用数学基础》(第三版)	《应用数学基础》学习指导
第1章	第1章
第2章	第2章
第3章	第3章
第4章	第4章
第5章	第7章
第6章	第6章
(上册)附录1	第5章
第7章	第8章
第8章	第9章
第9章	第10章
第10章	第11章
第11章	第12章
第12章	第13章
第13章	* 第14章

目　　录

第一编　应用数学基础

第二编　工程与科学计算

第三编　数理学物方程

附录

第一编　应用数学基础

第 1 章　线性空间与内积空间

本章重点

1.集合的运算律,映射的性质,可数集的性质,实数集的确界.

2.线性空间中集合的线性相关性,由集合所张成的子空间,线性空间的基与维数.

3.线性算子的性质,有限维线性空间到有限维线性空间的线性算子的矩阵表示.

4.内积空间概念,内积的性质.

5.由内积导出的范数的性质.

6.正交、正交系及其性质,正交化方法.

复习思考题

一、判断题

1.设 X 是基本集合,$A,B\subset X$,则$(A\cap B)^C=A^C\cup B^C$.　(　　)

2.设 X 是基本集合,$A,B\subset X$,则

$$A\cup(B\cap C)=(A\cup B)\cap(A\cup C).$$　(　　)

3.设 X 是基本集合,$A,B\subset X$,则 $A\times B=B\times A$.　(　　)

4.由全体无理数构成的集合是可数的.　(　　)

5.设 $E\subset\mathbb{R}$,则 $\sup E\in E$.　(　　)

6.设 M_1,M_2 是线性空间 X 的子空间,则 $M_1\cup M_2$ 也是 X 的子空间.　(　　)

7.线性空间 $P_n[a,b]$是 n 维的. ( )

8.设 $T:X\to X$, $S:X\to X$ 都是线性算子,则 $S\circ T:X\to X$ 也是线性算子. ( )

9.线性算子 $T:X\to Y$ 的零空间$\mathscr{N}(T)$是 X 的线性子空间. ( )

10.设有内积空间$(X,\langle\cdot,\cdot\rangle)$,则$\forall x,y\in X$有

$$|\langle x,y\rangle|\leqslant\sqrt{\langle x,x\rangle}\sqrt{\langle y,y\rangle}.$$ ( )

11.设 X 是任一内积空间,$x,y\in X$,则

$$x\perp y\Leftrightarrow\|x+y\|^2=\|x\|^2+\|y\|^2.$$ ( )

12.设 X 是内积空间,$A\subset X$,则 $A^{\perp}$是 X 的子空间. ( )

13.设$\{x_1,x_2,\cdots,x_n\}$是内积空间 X 的正交系,则$\{x_1,x_2,\cdots,x_n\}$是线性无关集. ( )

14.设有内积空间$(X,\langle\cdot,\cdot\rangle)$,$\|\cdot\|$是由内积导出的范数,则$\forall x,y\in X$,有

$$\|x+y\|^2+\|x-y\|^2=2(\|x\|^2+\|y\|^2).$$ ( )

15.设有内积空间$(X,\langle\cdot,\cdot\rangle)$,则$\forall x,y,z\in X$及$\forall\alpha,\beta\in\mathbb{K}$,有

$$\langle x,\alpha y+\beta z\rangle=\alpha\langle x,y\rangle+\beta\langle x,z\rangle.$$ ( )

16.设 $T:l^2\to l^2$ 的定义是:$\forall x=(\xi_1,\xi_2,\cdots,\xi_n,\cdots)\in l^2$, $Tx=\left(\frac{\xi_1}{1},\frac{\xi_2}{2},\cdots,\frac{\xi_n}{n},\cdots\right)$,则 $T:l^2\to l^2$ 是线性算子. ( )

二、填空题

1.设 X 是基本集合,$A,B\subset X$,则$(A\cup B)^C=$______.

2.设某项工程要分前后两期完成,第一期有 $A=\{a,b,c\}$三种方案可供选择,第二期有 $B=\{1,2\}$两种方案可供选择,则完成此工程可供选择的全部方案为 $A\times B=$______.

3.设 $A=\{1,2,3,4\}$, $B=\{a,b,c,d,e\}$, $A_1=\{1,3,4\}$, $B_1=\{a,c,e\}$.若映射 $f:A\to B$ 的定义是:$f(1)=a$, $f(2)=b$, $f(3)=b$, $f(4)=e$,则$\mathscr{D}(f)=$______,$\mathscr{R}(f)=$______,$f(A_1)=$______,$f^{-1}(B_1)=$______,$f^{-1}(b)=$______.

4.设有映射 $f:A\to B$,若 $\mathscr{R}(f)=B$,则 f 是______映射.

5.设 $E=(-3,\sqrt{2}]$,则 $\sup E=$______,$\inf E=$______.

6.设 $x=(\mathrm{i},\mathrm{i},1)^{\mathrm{T}}\in\mathbb{C}^3$,则 $\|x\|_2=$______.

7.设 $T:X\to Y$ 是线性算子,则 $T(0)=$______.

8.设 X 是内积空间,$x\in X$,若 $\forall u\in X$ 有 $\langle x,u\rangle=0$,则 $x=$______.

9.设 A 是内积空间 X 的任一集合,且 $0\in A$,则 $A\cap A^{\perp}=$______.

10.设 A 是内积空间 X 的非空子集,则______是包含 A 的最小子空间.

11.设 $\{e_1,e_2,\cdots,e_n\}$ 是内积空间 X 的标准正交系,则 $\forall x\in\mathrm{span}\{e_1,e_2,\cdots,e_n\}$,有 $x=$______.

习题 1 解答

1.证明数直线上的开区间 $(-2,2)$ 和闭区间 $[-2,2]$ 可分别表示为

$$(-2,2)=\bigcup_{n=1}^{\infty}\left[-2+\frac{1}{n},2-\frac{1}{n}\right],$$

$$[-2,2]=\bigcap_{n=1}^{\infty}\left(-2-\frac{1}{n},2+\frac{1}{n}\right).$$

证明　(1) $\forall n\in\mathbb{N}$,有 $\left[-2+\frac{1}{n},2-\frac{1}{n}\right]\subset(-2,2)$,故

$$\bigcup_{n=1}^{\infty}\left[-2+\frac{1}{n},2-\frac{1}{n}\right]\subset(-2,2).$$

另一方面,$\forall x\in(-2,2)$,$\exists k\in\mathbb{N}$,使 $x\in\left[-2+\frac{1}{k},2-\frac{1}{k}\right]$,故 $x\in\bigcup_{n=1}^{\infty}\left[-2+\frac{1}{n},2-\frac{1}{n}\right]$,于是 $(-2,2)\subset\bigcup_{n=1}^{\infty}\left[-2+\frac{1}{n},2-\frac{1}{n}\right]$.因此,

$$(-2,2)=\bigcup_{n=1}^{\infty}\left[-2+\frac{1}{n},2-\frac{1}{n}\right].$$

(2) $\forall n\in\mathbb{N}$,有 $[-2,2]\subset\left(-2-\frac{1}{n},2+\frac{1}{n}\right)$,故

$$[-2,2]\subset\bigcap_{n=1}^{\infty}\left(-2-\frac{1}{n},2+\frac{1}{n}\right).$$

另一方面,对任意 $x\notin[-2,2]$,即 $|x|>2$,$\exists k\in\mathbb{N}$,使得 $|x|>2$

$+\frac{1}{k}>2$,即 $x\notin\left(-2-\frac{1}{k},2+\frac{1}{k}\right)$,从而 $x\notin\bigcap_{n=1}^{\infty}\left(-2-\frac{1}{n},2+\frac{1}{n}\right)$,故

$$\bigcap_{n=1}^{\infty}\left(-2-\frac{1}{n},2+\frac{1}{n}\right)\subset[-2,2].$$

因此,$[-2,2]=\bigcap_{n=1}^{\infty}\left(-2-\frac{1}{n},2+\frac{1}{n}\right)$.

2. 对于映射 $f:A\to B$ 及任意的 $E\subset A$,$F\subset B$,证明:

$$E\subset f^{-1}(f(E)),\quad f(f^{-1}(F))\subset F,\quad f^{-1}(F^C)=(f^{-1}(F))^C.$$

证明 (1)因为对任意 $x\in E$,有 $f(x)\in f(E)$,于是

$$x\in f^{-1}(f(E)),$$

故

$$E\subset f^{-1}(f(E)).$$

(2)对任意 $y\in f(f^{-1}(F))$,必有 $x\in f^{-1}(F)$,使得 $y=f(x)$.由 $x\in f^{-1}(F)$,得 $y=f(x)\in F$,故 $f(f^{-1}(F))\subset F$.

(3)$x\in f^{-1}(F^C)\Leftrightarrow f(x)\in F^C\Leftrightarrow f(x)\notin F\Leftrightarrow x\notin f^{-1}(F)$

$$\Leftrightarrow x\in(f^{-1}(F))^C.$$

注 前两个包含关系有可能是真包含关系.例如,定义函数

$$f:[-1,1]\to\mathbb{R} \text{ 为 } f(x)=x^2\ (\forall x\in[-1,1]).$$

若令 $E=[0,1]$,$F=\left[-\frac{1}{4},\frac{1}{4}\right]$,则有

$$E=[0,1]\subsetneqq[-1,1]=f^{-1}(f(E)).$$

$$f(f^{-1}(F))=f\left(\left[-\frac{1}{2},\frac{1}{2}\right]\right)=\left[0,\frac{1}{4}\right]\subsetneqq\left[-\frac{1}{4},\frac{1}{4}\right]=F.$$

3. 对于映射 $f:A\to B$ 及任意的 $A_1,A_2\subset A$,证明:

$$f(A_1\cap A_2)\subset f(A_1)\cap f(A_2).$$

证明 $\forall y\in f(A_1\cap A_2)$,$\exists x\in A_1\cap A_2$,使得 $y=f(x)$.由 $x\in A_1\cap A_2$,得 $x\in A_1$,且 $x\in A_2$,故 $y=f(x)\in f(A_1)$且 $y\in f(A_2)$,即 $y\in f(A_1)\cap f(A_2)$,因此 $f(A_1\cap A_2)\subset f(A_1)\cap f(A_2)$.

注 此包含关系有可能是真包含关系.例如,对上题定义的 f,令

$$A_1=[-1,0],A_2=[0,1],$$

则 $$f(A_1\cap A_2)=f(0)=\{0\}\subsetneqq[0,1]=f(A_1)\cap f(A_2).$$

4. 证明$\mathbb{R}^n$中的有理点的全体组成一个可数集.

证明　$n=2$时,令$A_2=\{(r_1,r_2)\mid r_1,r_2\in\mathbb{Q}\}$,其中第一坐标的全体为一可数集,故可排为$\{r_1(1),r_1(2),r_1(3),\cdots\}$;同理,第二坐标的全体可排为$\{r_2(1),r_2(2),r_3(3),\cdots\}$;于是

$$(r_1(1),r_2(1)),(r_1(2),r_2(1)),(r_1(3),r_2(1)),\cdots,$$
$$(r_1(1),r_2(2)),(r_1(2),r_2(2)),(r_1(3),r_2(2)),\cdots,$$
$$(r_1(1),r_2(3)),(r_1(2),r_2(3)),(r_1(3),r_2(3)),\cdots,$$
$$\cdots\cdots$$
$$(r_1(1),r_2(n)),(r_1(2),r_2(n)),(r_1(3),r_2(n)),\cdots,$$
$$\cdots\cdots.$$

可知A_2的元素可排成一列,即A_2是一个可数集.用归纳法立即可证明$\mathbb{R}^n$中的有理点的全体$A_n=\{(r_1,r_2\cdots,r_n)\mid r_i\in\mathbb{Q},i=1,2,\cdots,n\}$是可数集.

5. 证明所有系数为有理数的多项式的全体组成一个可数集.

证明　$\forall\, n\in\mathbb{N}$,令P_n为所有次数小于或等于n的有理系数多项式的全体,即

$$P_n=\{r_0+r_1x+\cdots+r_nx^n\mid r_i\in\mathbb{Q},i=0,1,\cdots,n\}.$$

定义映射$f:A_n\to P_n$,使得$\forall\,(r_0,r_1,\cdots,r_n)\in A_n$,$f((r_0,r_1,\cdots,r_n))=r_0+r_1x+\cdots+r_nx^n$,则易验证$f$是双射.由上题知$A_n$是可数的,故$P_n$是可数的.而所有的系数为有理数的多项式的全体$P=\bigcup\limits_{n=0}^{\infty}P_n$,因此$P$是可数的.

6. 证明线性空间X的任意多个子空间的交仍然是X的子空间,但是X的两个子空间的并,不一定是X的子空间,试举例说明.

证明　(1)设$\{A_\alpha\}_{\alpha\in D}$是线性空间$X$的一族子空间.对任意$x,y\in\bigcap\limits_{\alpha\in D}A_\alpha$及$\beta\in\mathbb{K}$,从而对每一个$\alpha\in D$,有$x,y\in A_\alpha$,故$x+y\in A_\alpha$,$\beta x\in A_\alpha$.于是,$x+y\in\bigcap\limits_{\alpha\in D}A_\alpha$,$\beta x\in\bigcap\limits_{\alpha\in D}A_\alpha$.因此,$\bigcap\limits_{\alpha\in D}A_\alpha$是$X$的线性子空间.

(2)举例:在$\mathbb{R}^2$中,$A=\{(x,0)\mid x\in\mathbb{R}\}$与$B=\{(0,y)\mid y\in\mathbb{R}\}$都是

$\mathbb{R}^2$ 的线性子空间,但是 $A\cup B$ 不是 $\mathbb{R}^2$ 的线性子空间,因为 $A\cup B$ 对加法不封闭.

7. 设 M 是线性空间 X 的子集,证明 Span M 是包含 M 的最小子空间.

证明 只需证 $\operatorname{Span} M=\bigcap\{Y\mid Y$ 是 X 的子空间且 $M\subset Y\}$.

因 Span M 是 X 的子空间且 $M\subset \operatorname{Span} M$,

故 $$\operatorname{Span} M\supset\bigcap\{Y\mid Y \text{ 是 } X \text{ 的子空间且 } M\subset Y\}.$$

另一方面,若 Y 是 X 的任一子空间且 $M\subset Y$,则

$$\operatorname{Span} M\subset \operatorname{Span} Y=Y,$$

故 $$\operatorname{Span} M\subset\bigcap\{Y\mid Y \text{ 是 } X \text{ 的子空间且 } M\subset Y\}.$$

因此等式成立.

8. 在线性空间 $\mathbb{R}^3$ 上定义线性算子 $T:\mathbb{R}^3\to\mathbb{R}^3$,使得对任意 $\boldsymbol{x}=(\xi_1,\xi_2,\xi_3)^{\mathrm{T}}\in\mathbb{R}^3$, $T\boldsymbol{x}=(\xi_1,\xi_2,-\xi_1-\xi_2)^{\mathrm{T}}$,求 T 的值域 $\mathscr{R}(T)$,零空间 $\mathscr{N}(T)$ 以及 T 在基 $\{\boldsymbol{e}_1,\boldsymbol{e}_2,\boldsymbol{e}_3\}$ 下的矩阵.

解 $\mathscr{R}(T)=\{(\xi_1,\xi_2,\xi_3)^{\mathrm{T}}\mid\xi_3=-\xi_1-\xi_2\}=\{(\xi_1,\xi_2,\xi_3)^{\mathrm{T}}\mid\xi_1+\xi_2+\xi_3=0\}$,即为平面 $\xi_1+\xi_2+\xi_3=0$.

因为 $T\boldsymbol{x}=\boldsymbol{0}\Leftrightarrow\xi_1=\xi_2=-\xi_1-\xi_2=0\Leftrightarrow\xi_1=\xi_2=0$,

故 $$\mathscr{N}(T)=\{(\xi_1,\xi_2,\xi_3)^{\mathrm{T}}\mid\xi_1=\xi_2=0\},\text{即为 }\xi_3\text{ 轴}.$$

因为 $\boldsymbol{e}_1=\begin{bmatrix}1\\0\\0\end{bmatrix},\boldsymbol{e}_2=\begin{bmatrix}0\\1\\0\end{bmatrix},\boldsymbol{e}_3=\begin{bmatrix}0\\0\\1\end{bmatrix}$,

于是 $$T\boldsymbol{e}_1=\begin{bmatrix}1\\0\\-1\end{bmatrix},T\boldsymbol{e}_2=\begin{bmatrix}0\\1\\-1\end{bmatrix},T\boldsymbol{e}_3=\begin{bmatrix}0\\0\\0\end{bmatrix},$$

故 T 的矩阵为

$$\begin{bmatrix}1&0&0\\0&1&0\\-1&-1&0\end{bmatrix}.$$

9. 设 X 是实内积空间,对任意 $x,y\in X$,验证极化恒等式

$$\langle x,y\rangle=\frac{1}{4}(\|x+y\|^2-\|x-y\|^2)$$

成立.

证明　右端 $=\frac{1}{4}(\langle x+y,x+y\rangle-\langle x-y,x-y\rangle)$

$$=\frac{1}{4}(\langle x,x\rangle+\langle x,y\rangle+\langle y,x\rangle+\langle y,y\rangle-\langle x,x\rangle+\langle x,y\rangle+\langle y,x\rangle-\langle y,y\rangle)$$

$=$ 左端.

10. 对于任意 $x=(\xi_1,\xi_2,\cdots)$, $y=(\eta_1,\eta_2,\cdots)\in l^2$, 定义 $\langle x,y\rangle=\sum\limits_{i=1}^{\infty}\xi_i\bar{\eta}_i$. 验证按此定义的 $\langle\cdot,\cdot\rangle$ 是 l^2 上的内积, 从而 l^2 成为内积空间.

证明　因为 $\forall\, x=(\xi_1,\xi_2,\cdots)$, $y=(\eta_1,\eta_2,\cdots)$, $z=(\zeta_1,\zeta_2,\cdots)\in l^2$ 及 $\forall\,\alpha,\beta\in\mathbb{K}$, 有

(1) $\langle\alpha x+\beta y,z\rangle=\sum\limits_{i=1}^{\infty}(\alpha\xi_i+\beta\eta_i)\bar{\zeta}_i=\alpha\sum\limits_{i=1}^{\infty}\xi_i\bar{\zeta}_i+\beta\sum\limits_{i=1}^{\infty}\eta_i\bar{\zeta}_i$

$=\alpha\langle x,z\rangle+\beta\langle y,z\rangle$;

(2) $\overline{\langle x,y\rangle}=\overline{\sum\limits_{i=1}^{\infty}\xi_i\bar{\eta}_i}=\sum\limits_{i=1}^{\infty}\bar{\xi}_i\bar{\bar{\eta}}_i=\sum\limits_{i=1}^{\infty}\eta_i\bar{\xi}_i=\langle y,x\rangle$;

(3) $\langle x,x\rangle=\sum\limits_{i=1}^{\infty}\xi_i\bar{\xi}_i=\sum\limits_{i=1}^{\infty}|\xi_i|^2\geqslant0$, 显然当 $x=(0,0,\cdots)\in l^2$ 时, $\langle x,x\rangle=0$, 又若 $\langle x,x\rangle=\sum\limits_{i=1}^{\infty}|\xi_i|^2=0$, 则 $\forall\, i=1,2,\cdots$, $\xi_i=0$, 从而

$$x=(0,0,\cdots).$$

故 $\langle x,y\rangle=\sum\limits_{i=1}^{\infty}\xi_i\bar{\eta}_i$ 是 l^2 上的内积.

11. 设 u 和 v 是内积空间 X 中的二元素, 若对于每一个 $x\in X$ 皆有 $\langle x,u\rangle=\langle x,v\rangle$, 证明 $u=v$. 特别地, 若对于每一个 $x\in X$ 皆有 $\langle x,u\rangle=0$, 则 $u=0$.

证明　若对于每一个 $x\in X$ 皆有 $\langle x,u\rangle=\langle x,v\rangle$, 则对于每一个 $x\in X$ 皆有 $\langle x,u-v\rangle=0$, 于是对于 $x=u-v$, 也有 $\langle u-v,u-v\rangle=0$, 从

而 $u-v=0$，故 $u=v$.

若 $\forall x\in X$ 皆有 $\langle x,u\rangle=0$，则对 $x=u$，有 $\langle u,u\rangle=0$，故 $u=0$.

12. 设 A 和 B 是内积空间 X 的子集，证明：

(1)若 $A\subset B$，则 $B^{\perp}\subset A^{\perp}$；　(2)$A\subset(A^{\perp})^{\perp}$.

证明　(1)若 $x\in B^{\perp}$，则 $\forall y\in B$ 皆有 $x\perp y$，由假设 $A\subset B$，于是对每一个 $y\in A$ 皆有 $x\perp y$，即 $x\in A^{\perp}$，故 $B^{\perp}\subset A^{\perp}$.

(2)若 $x\in A$，则 $\forall y\in A^{\perp}$ 皆有 $x\perp y$，故 $x\in(A^{\perp})^{\perp}$，于是 $A\subset(A^{\perp})^{\perp}$.

13. 证明任何 n 维实内积空间都与 $\mathbb{R}^n$ 同构，任何 n 维复内积空间都与 $\mathbb{C}^n$ 同构.

证明　设 X 是 n 维复内积空间，则 X 包含一个由 n 个元素组成的线性无关集，应用 Gram-Schmidt 方法得到一个标准正交系，记为 $\{e_1,e_2,\cdots,e_n\}$，且 $X=\mathrm{Span}\{e_1,\cdots,e_n\}$. 于是每一个 $x\in X$ 都可表示为

$$x=\sum_{i=1}^{\infty}\langle x,e_i\rangle e_i.$$

定义映射 $T:X\to\mathbb{C}^n$，使得 $\forall x\in X$，$Tx=(\langle x,e_i\rangle,\cdots,\langle x,e_n\rangle)^{\mathrm{T}}$，则

(1) T 显然是线性算子；

(2) T 保持内积，因为对任意 $x,y\in X$ 有

$$\begin{aligned}\langle x,y\rangle&=\langle\sum_{i=1}^{n}\langle x,e_i\rangle e_i,\sum_{j=1}^{n}\langle y,e_j\rangle e_j\rangle\\&=\sum_{i=1}^{n}\sum_{j=1}^{n}\langle x,e_i\rangle\overline{\langle y,e_j\rangle}\langle e_i,e_j\rangle\\&=\sum_{i=1}^{n}\langle x,e_i\rangle\overline{\langle y,e_i\rangle}=\langle Tx,Ty\rangle;\end{aligned}$$

(3) T 是双射：$\forall x,y\in X$，若 $Tx=Ty$，则 $\forall i=1,2,\cdots,n$，有 $\langle x,e_i\rangle=\langle y,e_i\rangle$，即 $\langle x-y,e_i\rangle=0$，于是 $x-y$ 与 X 中的所有元素都正交，从而 $x-y=0$，即 $x=y$，这表明 T 是单射；又 $\forall \boldsymbol{c}=(c_1,c_2,\cdots,c_n)^{\mathrm{T}}\in\mathbb{C}^n$，令 $x=\sum\limits_{i=1}^{\infty}c_ie_i$，则 $x\in X$ 且 $Tx=\boldsymbol{c}$，即 T 是满射；因此，T 是 X 到 $\mathbb{C}^n$ 的同构映射，X 与 $\mathbb{C}^n$ 同构. 类似可证任何 n 维实内积空间都与 $\mathbb{R}^n$ 同构.

第 2 章　矩阵的相似标准形

本章重点

1. 多项式矩阵的初等变换,多项式矩阵的 Smith 标准形.

2. $\boldsymbol{A}\in\mathbb{C}^{n\times n}$的(即 $\lambda\boldsymbol{E}-\boldsymbol{A}$ 的)行列式因子、不变因子与初等因子组.

3. $\boldsymbol{A}\in\mathbb{C}^{n\times n}$与$\boldsymbol{B}\in\mathbb{C}^{n\times n}$相似的充要条件.

4. $\boldsymbol{A}\in\mathbb{C}^{n\times n}$的 Jordan 标准形与有理标准形.

5. $\boldsymbol{A}\in\mathbb{C}^{n\times n}$的最小多项式.

6. $\boldsymbol{A}\in\mathbb{C}^{n\times n}$可对角化的充要条件.

7. 正规矩阵、酉矩阵、Hermite 矩阵及其性质.

8. Hermite 二次型的标准形与规范形.

9. 正定矩阵的充要条件及性质.

复习思考题

一、判断题

1. 设 $\boldsymbol{A}\in\mathbb{C}^{n\times n}$,则 $\lambda\boldsymbol{E}-\boldsymbol{A}$ 是可逆的(即单模态的).　(　　)

2. 设 $\boldsymbol{A}\in\mathbb{C}^{n\times n}$,$d_1(\lambda),d_2(\lambda),\cdots,d_n(\lambda)$是 $\lambda\boldsymbol{E}-\boldsymbol{A}$ 的不变因子,若 $d_5(\lambda)=1$,则

$$d_1(\lambda)=d_2(\lambda)=d_3(\lambda)=d_4(\lambda)=1.$$　(　　)

3. 设 $\boldsymbol{A},\boldsymbol{B}\in\mathbb{C}^{n\times n}$,则 $\boldsymbol{A}\sim\boldsymbol{B}\Leftrightarrow\lambda\boldsymbol{E}-\boldsymbol{A}\cong\lambda\boldsymbol{E}-\boldsymbol{B}$.　(　　)

4. 设 $\boldsymbol{A},\boldsymbol{B}\in\mathbb{C}^{n\times n}$,则 $\boldsymbol{A}\sim\boldsymbol{B}$,当且仅当 $\boldsymbol{A}$ 与 $\boldsymbol{B}$ 有相同的最小多项式.　(　　)

5. 设 $\boldsymbol{A}\in\mathbb{C}^{n\times n}$,$f(\lambda)=\det(\lambda\boldsymbol{E}-\boldsymbol{A})$,则 $f(\boldsymbol{A})=\boldsymbol{0}$.　(　　)

6. 设 $\boldsymbol{A}=\begin{bmatrix}\boldsymbol{A}_1 & \\ & \boldsymbol{A}_2\end{bmatrix}$,$\boldsymbol{C}^{(1)}$,$\boldsymbol{C}^{(2)}$分别是 $\boldsymbol{A}_1,\boldsymbol{A}_2$ 的有理标准形,则 $\begin{bmatrix}\boldsymbol{C}^{(1)} & \\ & \boldsymbol{C}^{(2)}\end{bmatrix}$是 $\boldsymbol{A}$ 的有理标准形.　(　　)

7.设 $\varphi(\lambda)=\lambda^3+2\lambda^2+\lambda-3$,则 $\varphi(\lambda)$的相伴矩阵为

$$\begin{bmatrix}0&0&-2\\1&0&-1\\0&1&3\end{bmatrix}.$$ ( )

8.$\boldsymbol{A}\in\mathbb{C}^{n\times n}$可对角化的充要条件是$\boldsymbol{A}$ 的最小多项式无重零点. ( )

9.若 $\boldsymbol{A}\in\mathbb{C}^{n\times n}$满足$\boldsymbol{A}^2+\boldsymbol{E}=\boldsymbol{0}$,则 $\boldsymbol{A}$ 可对角化. ( )

10.设 $\boldsymbol{A}\in\mathbb{C}^{n\times n}$,则 $\boldsymbol{A}$ 是 Hermite 矩阵的充要条件是 $\boldsymbol{A}$ 可酉对角化. ( )

11.设 $\boldsymbol{A}\in\mathbb{C}^{n\times n}$,若 $\boldsymbol{A}^{\mathrm{H}}=-\boldsymbol{A}$,则 $\boldsymbol{A}$ 是 Hermite 矩阵. ( )

12.酉矩阵的特征值不等于 1 就等于 -1. ( )

13.正规矩阵的最小多项式无重零点. ( )

14.正定矩阵的特征值均大于零. ( )

15.设 $\boldsymbol{U}\in\mathbb{C}^{n\times n}$是酉矩阵,则$\forall\,\boldsymbol{x}\in\mathbb{C}^n$,有

$$\|\boldsymbol{Ux}\|_2=\|\boldsymbol{x}\|_2.$$ ( )

16.设 $\boldsymbol{A}=\begin{bmatrix}2&0&0\\0&2&0\\0&1&2\end{bmatrix}$,则 $\boldsymbol{A}$ 的最小多项式是$m(\lambda)=(\lambda-2)^3$. ( )

17.正规矩阵 $\boldsymbol{A}\in\mathbb{C}^{n\times n}$是酉矩阵的充要条件是$\boldsymbol{A}$ 的特征值都是实数. ( )

18.正规矩阵 $\boldsymbol{A}\in\mathbb{C}^{n\times n}$是 Hermite 矩阵的充要条件是 $\boldsymbol{A}$ 的特征值都是实数. ( )

19.$\forall\,\boldsymbol{A}\in\mathbb{C}^{n\times n}$,$\boldsymbol{A}^{\mathrm{H}}\boldsymbol{A}$ 的特征值均为非负实数. ( )

20.负定矩阵的各阶顺序主子式都小于零. ( )

二、填空题

1.设 $\boldsymbol{A}\in\mathbb{C}^{n\times n}$,则 $\mathrm{rank}(\lambda\boldsymbol{E}-\boldsymbol{A})=$______.

2.$\boldsymbol{A}=\begin{bmatrix}0&1\\1&0\end{bmatrix}$的初等因子组为______.

3.设正规矩阵 $\boldsymbol{A}\in\mathbb{C}^{3\times3}$的特征值为 1、1、2.若 $\boldsymbol{B}\sim\boldsymbol{A}$,则 $\lambda\boldsymbol{E}-\boldsymbol{B}$ 的

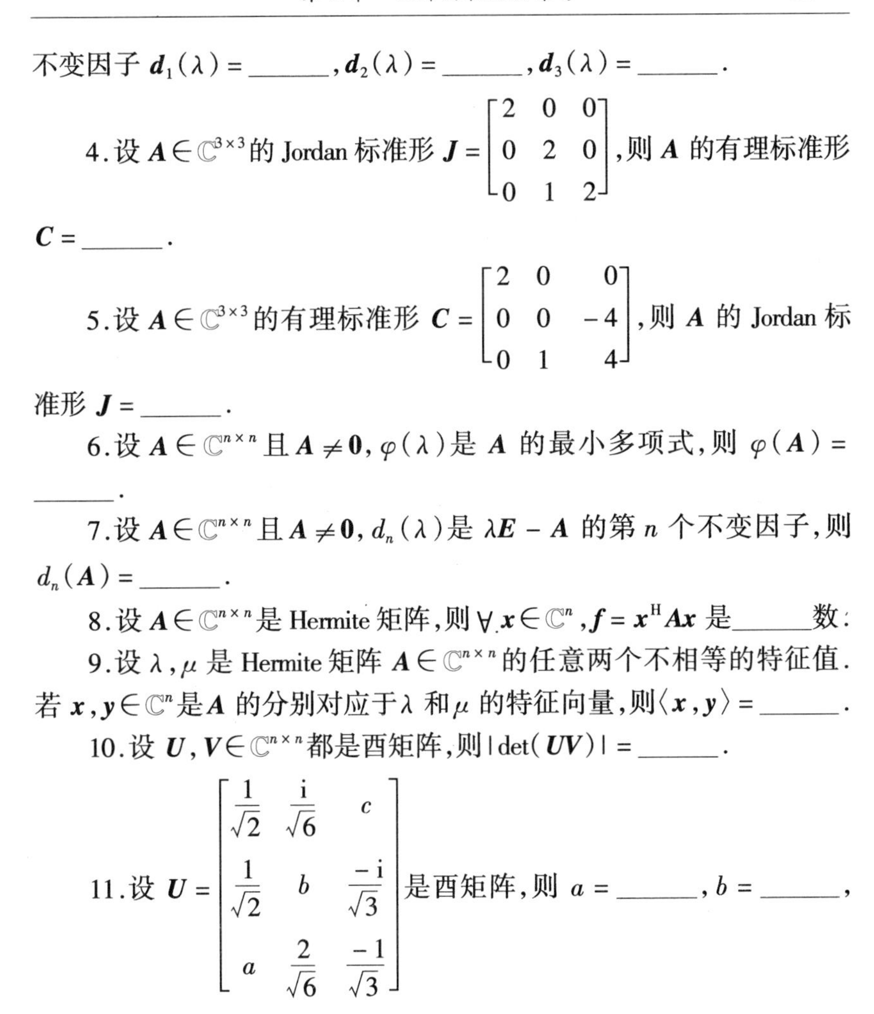

不变因子 $\boldsymbol{d}_1(\lambda)=$______，$\boldsymbol{d}_2(\lambda)=$______，$\boldsymbol{d}_3(\lambda)=$______.

4.设 $\boldsymbol{A}\in\mathbb{C}^{3\times3}$ 的 Jordan 标准形 $\boldsymbol{J}=\begin{bmatrix}2&0&0\\0&2&0\\0&1&2\end{bmatrix}$，则 $\boldsymbol{A}$ 的有理标准形 $\boldsymbol{C}=$______.

5.设 $\boldsymbol{A}\in\mathbb{C}^{3\times3}$ 的有理标准形 $\boldsymbol{C}=\begin{bmatrix}2&0&0\\0&0&-4\\0&1&4\end{bmatrix}$，则 $\boldsymbol{A}$ 的 Jordan 标准形 $\boldsymbol{J}=$______.

6.设 $\boldsymbol{A}\in\mathbb{C}^{n\times n}$ 且 $\boldsymbol{A}\neq\boldsymbol{0}$，$\varphi(\lambda)$ 是 $\boldsymbol{A}$ 的最小多项式，则 $\varphi(\boldsymbol{A})=$______.

7.设 $\boldsymbol{A}\in\mathbb{C}^{n\times n}$ 且 $\boldsymbol{A}\neq\boldsymbol{0}$，$d_n(\lambda)$ 是 $\lambda\boldsymbol{E}-\boldsymbol{A}$ 的第 n 个不变因子，则 $d_n(\boldsymbol{A})=$______.

8.设 $\boldsymbol{A}\in\mathbb{C}^{n\times n}$ 是 Hermite 矩阵，则 $\forall\,\boldsymbol{x}\in\mathbb{C}^n$，$\boldsymbol{f}=\boldsymbol{x}^{\mathrm{H}}\boldsymbol{A}\boldsymbol{x}$ 是______数.

9.设 λ,μ 是 Hermite 矩阵 $\boldsymbol{A}\in\mathbb{C}^{n\times n}$ 的任意两个不相等的特征值.若 $\boldsymbol{x},\boldsymbol{y}\in\mathbb{C}^n$ 是 $\boldsymbol{A}$ 的分别对应于 λ 和 μ 的特征向量，则 $\langle\boldsymbol{x},\boldsymbol{y}\rangle=$______.

10.设 $\boldsymbol{U},\boldsymbol{V}\in\mathbb{C}^{n\times n}$ 都是酉矩阵，则 $|\det(\boldsymbol{UV})|=$______.

11.设 $\boldsymbol{U}=\begin{bmatrix}\frac{1}{\sqrt{2}}&\frac{\mathrm{i}}{\sqrt{6}}&c\\\frac{1}{\sqrt{2}}&b&\frac{-\mathrm{i}}{\sqrt{3}}\\a&\frac{2}{\sqrt{6}}&\frac{-1}{\sqrt{3}}\end{bmatrix}$ 是酉矩阵，则 $a=$______，$b=$______，$c=$______.

三、单项选择题

1.设 $\boldsymbol{A},\boldsymbol{B}\in\mathbb{C}^{n\times n}$，则 $\boldsymbol{A}\sim\boldsymbol{B}$ 的充要条件是(　　)

(a) $\boldsymbol{A}$ 与 $\boldsymbol{B}$ 有相同的特征值.

(b) $\boldsymbol{A}$ 与 $\boldsymbol{B}$ 有相同的最小多项式.

(c) $\boldsymbol{A}$ 经过有限次初等变换可化为 $\boldsymbol{B}$.

(d) $\boldsymbol{A}$ 与 $\boldsymbol{B}$ 有相同的初等因子组.

2. $\boldsymbol{A}\in\mathbb{C}^{n\times n}$可对角化的充要条件是(　　)

(a)$\boldsymbol{A}$ 的特征值互不相同.

(b)$\boldsymbol{A}$ 有一个无重零点的零化多项式.

(c)$\boldsymbol{A}$ 的秩等于 n.

(d)$\boldsymbol{A}$ 经过有限次初等变换可化为对角形矩阵.

3. 设 $\boldsymbol{A}\in\mathbb{C}^{n\times n}$,则 $\boldsymbol{A}$ 是 Hermite 矩阵的充要条件是(　　)

(a)$\boldsymbol{A}$ 的最小多项式无重零点.

(b)$\boldsymbol{A}$ 可酉对角化.

(c)$\boldsymbol{A}$ 的主对角元素都是实数.

(d)$\boldsymbol{A}$ 是正规矩阵且 $\boldsymbol{A}$ 的特征值都是实数.

4. 设 $\boldsymbol{A}\in\mathbb{C}^{n\times n}$是正规矩阵,则 $\boldsymbol{A}$ 是酉矩阵的充要条件是(　　)

(a)$\boldsymbol{A}$ 的特征值都是正数.　　(b)$\boldsymbol{A}$ 的特征值都等于 1.

(c)$\boldsymbol{A}$ 的特征值的模都等于 1.　　(d)$\boldsymbol{A}$ 的列向量组是正交的.

5. 设 $\boldsymbol{U}\in\mathbb{C}^{n\times n}$是酉矩阵,则下列结论不成立的是(　　)

(a)$|\det \boldsymbol{U}|=1$.　　(b)$\boldsymbol{U}$ 的行向量组标准正交.

(c)$\boldsymbol{U}$ 的特征值都等于 ± 1.　　(d)$\boldsymbol{U}^{-1}=\boldsymbol{U}^{\mathrm{H}}$.

习题解答

1. 已知数字矩阵 $\boldsymbol{A}$,试用初等变换求 $\lambda\boldsymbol{E}-\boldsymbol{A}$ 的 Smith 标准形和不变因子.

(1)$\boldsymbol{A}=\begin{bmatrix}2&1&0\\0&2&1\\0&0&2\end{bmatrix}$;　　(2)$\boldsymbol{A}=\begin{bmatrix}0&1&1\\1&0&1\\1&1&0\end{bmatrix}$;

(3)$\boldsymbol{A}=\begin{bmatrix}0&1&0&0\\0&0&1&0\\0&0&0&1\\-5&-4&-3&-2\end{bmatrix}$;(4)$\boldsymbol{A}=\begin{bmatrix}3&1&0&0\\-4&-1&0&0\\7&1&2&1\\-7&-6&-1&0\end{bmatrix}$.

解

$$(1)\lambda\boldsymbol{E}-\boldsymbol{A}=\begin{bmatrix}\lambda-2 & -1 & 0\\ 0 & \lambda-2 & -1\\ 0 & 0 & \lambda-2\end{bmatrix}\xrightarrow[{[1,2]\atop[2,3]}]{}$$

$$\begin{bmatrix}-1 & 0 & \lambda-2\\ \lambda-2 & -1 & 0\\ 0 & \lambda-2 & 0\end{bmatrix}\xrightarrow{[2+1\cdot(\lambda-2)]}$$

$$\begin{bmatrix}-1 & 0 & \lambda-2\\ 0 & -1 & (\lambda-2)^2\\ 0 & \lambda-2 & 0\end{bmatrix}\xrightarrow[{[3+1\cdot(\lambda-2)]}]{[3+2\cdot(\lambda-2)]}$$

$$\begin{bmatrix}-1 & 0 & 0\\ 0 & -1 & (\lambda-2)^2\\ 0 & 0 & (\lambda-2)^3\end{bmatrix}\xrightarrow[{[3+2\cdot(\lambda-2)^2]}]{[1\cdot(-1)]}$$

$$\begin{bmatrix}1 & 0 & 0\\ 0 & -1 & 0\\ 0 & 0 & (\lambda-2)^3\end{bmatrix}\xrightarrow{[2\cdot(-1)]}\begin{bmatrix}1 & & \\ & 1 & \\ & & (\lambda-2)^3\end{bmatrix}.$$

$d_1(\lambda)=d_2(\lambda)=1,d_3(\lambda)=(\lambda-2)^3$.

$$(2)\lambda\boldsymbol{E}-\boldsymbol{A}=\begin{bmatrix}\lambda & -1 & -1\\ -1 & \lambda & -1\\ -1 & -1 & \lambda\end{bmatrix}\xrightarrow{[1,3]}\begin{bmatrix}-1 & -1 & \lambda\\ -1 & \lambda & -1\\ \lambda & -1 & -1\end{bmatrix}\xrightarrow{{[2-1]\atop[3+1\cdot(\lambda)]}}$$

$$\begin{bmatrix}-1 & -1 & \lambda\\ 0 & \lambda+1 & -\lambda-1\\ 0 & -\lambda-1 & \lambda^2-1\end{bmatrix}\xrightarrow[{[1\cdot(-1)]\atop[3+2]}]{}\begin{bmatrix}1 & -1 & \lambda-1\\ 0 & \lambda+1 & 0\\ 0 & -\lambda-1 & \lambda^2-\lambda-2\end{bmatrix}$$

$$\xrightarrow{[3+2]}\begin{bmatrix}1 & -1 & \lambda\\ 0 & \lambda+1 & 0\\ 0 & 0 & (\lambda+1)(\lambda-2)\end{bmatrix}\xrightarrow[{[2+1]\atop[3-1\cdot\lambda]}]{}$$

$$\begin{bmatrix}1 & & \\ & \lambda+1 & \\ & & (\lambda+1)(\lambda-2)\end{bmatrix}.$$

$d_1(\lambda)=1,d_2(\lambda)=\lambda+1,d_3(\lambda)=(\lambda+1)(\lambda-2)$.

$$(3)\lambda\boldsymbol{E}-\boldsymbol{A}=\begin{bmatrix}\lambda & -1 & 0 & 0\\ 0 & \lambda & -1 & 0\\ 0 & 0 & \lambda & -1\\ 5 & 4 & 3 & \lambda+2\end{bmatrix}\rightarrow\begin{bmatrix}-1 & 0 & 0 & \lambda\\ \lambda & -1 & 0 & 0\\ 0 & \lambda & -1 & 0\\ 4 & 3 & \lambda+2 & 5\end{bmatrix}$$

$$\rightarrow\begin{bmatrix}-1 & 0 & 0 & \lambda\\ 0 & -1 & 0 & \lambda^2\\ 0 & \lambda & -1 & 0\\ 0 & 3 & \lambda+2 & 4\lambda+5\end{bmatrix}$$

$$\rightarrow\begin{bmatrix}1 & 0 & 0 & \lambda\\ 0 & -1 & 0 & \lambda^2\\ 0 & 0 & -1 & \lambda^3\\ 0 & 0 & \lambda+2 & 3\lambda^2+4\lambda+5\end{bmatrix}$$

$$\rightarrow\begin{bmatrix}1 & & & \\ & 1 & & \\ & & 1 & \\ & & & \lambda^4+2\lambda^3+3\lambda^2+4\lambda+5\end{bmatrix}.$$

$$d_1(\lambda)=d_2(\lambda)=d_3(\lambda)=1,d_4(\lambda)=\lambda^4+2\lambda^3+3\lambda^2+4\lambda+5.$$

$$(4)\lambda\boldsymbol{E}-\boldsymbol{A}=\begin{bmatrix}\lambda-3 & -1 & 0 & 0\\ 4 & \lambda+1 & 0 & 0\\ -7 & -1 & \lambda-2 & -1\\ 7 & 6 & 1 & \lambda\end{bmatrix}\xrightarrow[{[1,2]}]{}$$

$$\begin{bmatrix}-1 & \lambda-3 & 0 & 0\\ \lambda+1 & 4 & 0 & 0\\ -1 & -7 & \lambda-2 & -1\\ 6 & 7 & 1 & \lambda\end{bmatrix}\xrightarrow{\substack{[2+1\cdot(\lambda+1)]\\ [3-1]\\ [4+1\cdot(6)]}}$$

$$\begin{bmatrix}-1 & \lambda-3 & 0 & 0\\ 0 & \lambda^2-2\lambda+1 & 0 & 0\\ 0 & -\lambda-4 & \lambda-2 & -1\\ 0 & 6\lambda-11 & 1 & \lambda\end{bmatrix}\xrightarrow[\substack{[2+1\cdot(\lambda-3)]\\ [1\cdot(-1)]}]{}$$

$$\begin{bmatrix}1&0&0&0\\0&(\lambda-1)^2&0&0\\0&-(\lambda+4)&\lambda-2&-1\\0&6\lambda-11&1&\lambda\end{bmatrix}\xrightarrow{[2+3]}$$

$$\begin{bmatrix}1&0&0&0\\0&(\lambda-1)^2&0&0\\0&-6&\lambda-2&-1\\0&6\lambda-10&1&\lambda\end{bmatrix}\xrightarrow{[4+3\cdot(\lambda)]}$$

$$\begin{bmatrix}1&0&0&0\\0&(\lambda-1)^2&0&0\\0&-6&\lambda-2&-1\\0&-10&(\lambda-1)^2&0\end{bmatrix}\xrightarrow[\substack{[2+4\cdot(-6)]\\ [3+4\cdot(\lambda-2)]}]{\left[4\cdot\left(\frac{-1}{10}\right)\right]}$$

$$\begin{bmatrix}1&0&0&0\\0&(\lambda-1)^2&0&0\\0&0&0&-1\\0&1&\dfrac{(\lambda-1)^2}{-10}&0\end{bmatrix}\xrightarrow[{[4\cdot(-1)]}]{[2-4\cdot(\lambda-1)^2]}$$

$$\begin{bmatrix}1&0&0&0\\0&0&\dfrac{(\lambda-1)^4}{10}&0\\0&0&0&1\\0&1&\dfrac{(\lambda-1)^2}{-10}&0\end{bmatrix}\xrightarrow[\left[3+2\cdot\frac{(\lambda-1)^2}{10}\right]]{[2\cdot(10)]}$$

$$\begin{bmatrix}1&0&0&0\\0&0&(\lambda-1)^4&0\\0&0&0&1\\0&1&0&0\end{bmatrix}\xrightarrow[{[3,4]}]{[2,4]}\begin{bmatrix}1&&&\\&1&&\\&&1&\\&&&(\lambda-1)^4\end{bmatrix}.$$

$d_1(\lambda)=d_2(\lambda)=d_3(\lambda)=1, d_4(\lambda)=(\lambda-1)^4$.

2. 求下列多项式矩阵的不变因子和初等因子组.

(1) $\boldsymbol{A}(\lambda)=\begin{bmatrix}0 & 0 & 1 & \lambda+2\\ 0 & 1 & \lambda+2 & 0\\ 1 & \lambda+2 & 0 & 0\\ \lambda+2 & 0 & 0 & 0\end{bmatrix}$;

(2) $\boldsymbol{B}(\lambda)=\begin{bmatrix}\lambda+\alpha & 0 & 1 & 0\\ 0 & \lambda+\alpha & 0 & 1\\ 0 & 0 & \lambda+\alpha & 0\\ 0 & 0 & 0 & \lambda+\alpha\end{bmatrix}$;

(3) $\boldsymbol{C}(\lambda)=\begin{bmatrix}\lambda-3 & 0 & -8\\ -3 & \lambda+1 & -6\\ 2 & 0 & \lambda+5\end{bmatrix}$;

(4) $\boldsymbol{D}(\lambda)=\begin{bmatrix}\lambda-3 & -1 & 0 & 0\\ 4 & \lambda+1 & 0 & 0\\ -7 & -1 & \lambda-2 & -1\\ 7 & 6 & 1 & \lambda\end{bmatrix}$.

解 (1)因为 $\det \boldsymbol{A}(\lambda)=(\lambda+2)^4$,所以 $D_4(\lambda)=(\lambda+2)^4$,

又因 $\begin{vmatrix}0 & 0 & 1\\ 0 & 1 & \lambda+2\\ 1 & \lambda+2 & 0\end{vmatrix}=-1\neq 0$,所以 $D_3(\lambda)=1$,从而

$$D_1(\lambda)=D_2(\lambda)=1.$$

故不变因子为 $d_1(\lambda)=d_2(\lambda)=d_3(\lambda)=1, d_4(\lambda)=(\lambda+2)^4$;初等因子组为$(\lambda+2)^4$.

(2) $\boldsymbol{B}(\lambda)\cong\begin{bmatrix}1 & 0 & \lambda+\alpha & 0\\ 0 & 1 & 0 & \lambda+\alpha\\ \lambda+\alpha & 0 & 0 & 0\\ 0 & \lambda+\alpha & 0 & 0\end{bmatrix}$

$$\cong\begin{bmatrix}1 & 0 & \lambda+\alpha & 0\\ 0 & 1 & 0 & \lambda+\alpha\\ 0 & 0 & -(\lambda+\alpha)^2 & 0\\ 0 & 0 & 0 & -(\lambda+\alpha)^2\end{bmatrix}$$

$$\cong \begin{bmatrix} 1 & & & \\ & 1 & & \\ & & (\lambda+\alpha)^2 & \\ & & & (\lambda+\alpha)^2 \end{bmatrix}.$$

故不变因子为

$$d_1(\lambda)=d_2(\lambda)=1,\quad d_3(\lambda)=(\lambda+\alpha)^2,\quad d_4(\lambda)=(\lambda+\alpha)^2;$$

初等因子组为$(\lambda+\alpha)^2,(\lambda+\alpha)^2$.

(3)显然 $D_1(\lambda)=1$,$\det \boldsymbol{C}(\lambda)=(\lambda+1)^3=D_3(\lambda)$,而

$$\operatorname{adj} \boldsymbol{C}(\lambda)=\begin{bmatrix} (\lambda+1)(\lambda+5) & 0 & 8(\lambda+1) \\ 3(\lambda+1) & (\lambda+1)^2 & 6(\lambda+1) \\ -2(\lambda+1) & 0 & (\lambda+1)(\lambda-3) \end{bmatrix},$$

故　　$D_2(\lambda)=\lambda+1$.

因此 $d_1(\lambda)=1, d_2(\lambda)=\lambda+1, d_3(\lambda)=(\lambda+1)^2$;

初等因子组:$\lambda+1,(\lambda+1)^2$.

(4)由第 1 题(4)知 $d_1(\lambda)=d_2(\lambda)=d_3(\lambda)=1, d_4(\lambda)=(\lambda-1)^4$.

也可这样解:由行列式的 Laplace 展开定理得

$$\det \boldsymbol{D}(\lambda)=\begin{vmatrix} \lambda-3 & -1 \\ 4 & \lambda+1 \end{vmatrix}\cdot\begin{vmatrix} \lambda-2 & -1 \\ 1 & \lambda \end{vmatrix}=(\lambda-1)^4,$$

故 $D_4(\lambda)=(\lambda-1)^4$;又 $D(\lambda)$的左下角的 3 阶子式

$$\begin{vmatrix} 4 & \lambda+1 & 0 \\ -7 & -1 & \lambda-2 \\ 7 & 6 & 1 \end{vmatrix}=7\lambda^2-24\lambda+37$$

与 $D_4(\lambda)$是互质的,所以 $D_3(\lambda)=1$,从而 $D_2(\lambda)=D_1(\lambda)=1$.

因此 $d_1(\lambda)=1,\quad d_2(\lambda)=d_3(\lambda)=1,\quad d_4(\lambda)=(\lambda-1)^4$;

初等因子组:$(\lambda-1)^4$.

3*.求下列多项式矩阵的 Smith 标准形和初等因子组.

(1)$\begin{bmatrix} 1-\lambda & \lambda^2 & \lambda \\ \lambda & \lambda & -\lambda \\ 1+\lambda^2 & \lambda^2 & -\lambda^2 \end{bmatrix}$;　　(2)$\begin{bmatrix} \lambda^2+\lambda & & \\ & \lambda & \\ & & (\lambda+1)^2 \end{bmatrix}$;

(3)$\begin{bmatrix} & & & 2\lambda^2 \\ & & \lambda^2-\lambda & \\ & (\lambda-1)^2 & & \\ \lambda^2-\lambda & & & \end{bmatrix}$.

解 (1)

$$\begin{bmatrix} 1-\lambda & \lambda^2 & \lambda \\ \lambda & \lambda & -\lambda \\ 1+\lambda^2 & \lambda^2 & -\lambda^2 \end{bmatrix} \xrightarrow{[1+3]} \begin{bmatrix} 1 & \lambda^2 & \lambda \\ 0 & \lambda & -\lambda \\ 1 & \lambda^2 & -\lambda^2 \end{bmatrix}$$

$$\xrightarrow{[3-1]} \begin{bmatrix} 1 & \lambda^2 & \lambda \\ 0 & \lambda & -\lambda \\ 0 & 0 & -\lambda^2-\lambda \end{bmatrix} \to \begin{bmatrix} 1 & 0 & 0 \\ 0 & \lambda & 0 \\ 0 & 0 & \lambda(\lambda+1) \end{bmatrix},$$

初等因子组:$\lambda,\lambda,\lambda+1$.

(2)由教材中结论 1 知,初等因子组为 $\lambda,\lambda+1,\lambda,(\lambda+1)^2$;于是,不变因子为

$$d_3(\lambda)=\lambda(\lambda+1)^2,\quad d_2(\lambda)=\lambda(\lambda+1),\quad d_1(\lambda)=1,$$

故 Smith 标准形为

$$\begin{bmatrix} 1 & & \\ & \lambda(\lambda+1) & \\ & & \lambda(\lambda+1)^2 \end{bmatrix}.$$

(3)**方法一**

因为$\begin{bmatrix} & & & 2\lambda^2 \\ & & \lambda^2-\lambda & \\ & (\lambda-1)^2 & & \\ \lambda^2-\lambda & & & \end{bmatrix}$

$$\cong \begin{bmatrix} \lambda^2 & & & \\ & \lambda(\lambda-1) & & \\ & & (\lambda-1)^2 & \\ & & & \lambda(\lambda-1) \end{bmatrix},$$

所以初等因子组为 λ^2, λ, $\lambda-1$, $(\lambda-1)^2$, λ, $\lambda-1$;

不变因子为 $d_4(\lambda)=\lambda^2(\lambda-1)^2$，　$d_3(\lambda)=\lambda(\lambda-1)$，

$$d_2(\lambda)=\lambda(\lambda-1),\quad d_1(\lambda)=1.$$

故 Smith 标准形是 $\begin{bmatrix}1 & & & \\ & \lambda(\lambda-1) & & \\ & & \lambda(\lambda-1) & \\ & & & \lambda^2(\lambda-1)^2\end{bmatrix}$.

方法二

易知 $\det \boldsymbol{A}(\lambda)=2\lambda^4(\lambda-1)^4$，

所以

$$D_4(\lambda)=\lambda^4(\lambda-1)^4,\quad D_3(\lambda)=\lambda^2(\lambda-1)^2,$$

$$D_2(\lambda)=\lambda(\lambda-1),\quad D_1(\lambda)=1,$$

$$d_1(\lambda)=1,\quad d_2(\lambda)=\lambda(\lambda-1),\quad d_3(\lambda)=\lambda(\lambda-1),$$

$$d_4(\lambda)=\lambda^2(\lambda-1)^2.$$

Smith 标准形：$\boldsymbol{S}(\lambda)=\mathrm{diag}(1,\lambda(\lambda-1),\lambda(\lambda-1),\lambda^2(\lambda-1)^2)$，

初等因子组：λ，　$\lambda-1$，　λ，　$\lambda-1$，　λ^2，　$(\lambda-1)^2$.

4. 证明 $\boldsymbol{A}\in\mathbb{C}^{n\times n}$ 与 $\boldsymbol{A}^{\mathrm{T}}$ 相似.

证明　由 $\lambda\boldsymbol{E}-\boldsymbol{A}^{\mathrm{T}}=(\lambda\boldsymbol{E}-\boldsymbol{A})^{\mathrm{T}}$ 知，$\lambda\boldsymbol{E}-\boldsymbol{A}^{\mathrm{T}}$ 与 $\lambda\boldsymbol{E}-\boldsymbol{A}$ 有相同的各阶行列式因子，故等价，因此 $\boldsymbol{A}\sim\boldsymbol{A}^{\mathrm{T}}$.

5. 证明下列矩阵

$$\boldsymbol{A}=\begin{bmatrix}a&0&0\\0&a&0\\0&0&a\end{bmatrix},\quad \boldsymbol{B}=\begin{bmatrix}a&0&0\\0&a&1\\0&0&a\end{bmatrix},\quad \boldsymbol{C}=\begin{bmatrix}a&1&0\\0&a&1\\0&0&a\end{bmatrix}$$

中的任何两个都不能相似.

证明　容易求得 $\boldsymbol{A},\boldsymbol{B},\boldsymbol{C}$ 的不变因子分别为

$$d_1^A(\lambda)=\lambda-a,d_2^A(\lambda)=\lambda-a,d_3^A(\lambda)=\lambda-a;$$

$$d_1^B(\lambda)=1,d_2^B(\lambda)=\lambda-a,d_3^B(\lambda)=(\lambda-a)^2;$$

$$d_1^C(\lambda)=1,d_2^C(\lambda)=1,d_3^C(\lambda)=(\lambda-a)^3.$$

因为 $d_i^A(\lambda)$ 与 $d_i^B(\lambda)$ 及 $d_i^C(\lambda)(i=1,2,3)$ 互不相同，所以 $\boldsymbol{A},\boldsymbol{B},\boldsymbol{C}$ 中任何两个都不能相似.

6. 求下列矩阵的 Jordan 标准形.

(1)$\begin{bmatrix} 1 & 2 & 0 \\ 0 & 2 & 0 \\ -2 & -1 & -1 \end{bmatrix}$; (2)$\begin{bmatrix} 3 & 7 & -3 \\ -2 & -5 & 2 \\ -4 & -10 & 3 \end{bmatrix}$;

(3)$\begin{bmatrix} 3 & 1 & 0 & 0 \\ -4 & -1 & 0 & 0 \\ 7 & 1 & 2 & 1 \\ -17 & -6 & -1 & 0 \end{bmatrix}$; (4)$\begin{bmatrix} 0 & \cdots & 0 & 0 \\ 1 & \cdots & 0 & 0 \\ & \ddots & \vdots & \vdots \\ & & 1 & 0 \end{bmatrix}$.

解

(1)$|\lambda \boldsymbol{E}-\boldsymbol{A}| = \begin{vmatrix} \lambda-1 & -2 & 0 \\ 0 & \lambda-2 & 0 \\ 2 & 1 & \lambda+1 \end{vmatrix} = (\lambda+1)(\lambda-1)(\lambda-2)$,

故由定理 2.8 知 $\boldsymbol{A} \sim \boldsymbol{J} = \begin{bmatrix} 1 & & \\ & -1 & \\ & & 2 \end{bmatrix}$.

(2)$|\lambda \boldsymbol{E}-\boldsymbol{A}| = \begin{vmatrix} \lambda-3 & -7 & 3 \\ 2 & \lambda+5 & -2 \\ 4 & 10 & \lambda-3 \end{vmatrix} = \begin{vmatrix} \lambda & -4 & 3 \\ 0 & \lambda+3 & -2 \\ \lambda+1 & \lambda+7 & \lambda-3 \end{vmatrix}$

$$= \begin{vmatrix} \lambda & -4 & 3 \\ 0 & \lambda+3 & -2 \\ 1 & \lambda+11 & \lambda-6 \end{vmatrix}$$

$$= \begin{vmatrix} 0 & -\lambda^2-11\lambda-4 & -\lambda^2+6\lambda+3 \\ 0 & \lambda+3 & -2 \\ 1 & \lambda+11 & \lambda-6 \end{vmatrix}$$

$$= \lambda^3-\lambda^2+\lambda-1 = (\lambda-1)(\lambda-\mathrm{i})(\lambda+\mathrm{i}),$$

所以 $\boldsymbol{A} \sim \boldsymbol{J} = \begin{bmatrix} 1 & & \\ & \mathrm{i} & \\ & & -\mathrm{i} \end{bmatrix}$.

(3)因为$\lambda \boldsymbol{E}-\boldsymbol{A}=\begin{bmatrix}\lambda-3 & -1 & 0 & 0\\ 4 & \lambda+1 & 0 & 0\\ -7 & -1 & \lambda-2 & -1\\ 17 & 6 & 1 & \lambda\end{bmatrix}$

$$\xrightarrow{[1,2]}\begin{bmatrix}-1 & \lambda-3 & 0 & 0\\ \lambda+1 & 4 & 0 & 0\\ -1 & -7 & \lambda-2 & -1\\ 6 & 17 & 1 & \lambda\end{bmatrix}$$

$$\xrightarrow[{[4+1\cdot(6)]}]{\substack{[2+1\cdot(\lambda+1)]\\ [3+1\cdot(-1)]}}\begin{bmatrix}-1 & \lambda-3 & 0 & 0\\ 0 & (\lambda-1)^2 & 0 & 0\\ 0 & -\lambda-4 & \lambda-2 & -1\\ 0 & 6\lambda-1 & 1 & \lambda\end{bmatrix}$$

$$\to\begin{bmatrix}1 & 0 & 0 & 0\\ 0 & (\lambda-1)^2 & 0 & 0\\ 0 & 0 & 0 & -1\\ 0 & -(\lambda-1)^2 & (\lambda-1)^2 & \lambda\end{bmatrix}$$

$$\to\begin{bmatrix}1 & & & \\ & 1 & & \\ & & (\lambda-1)^2 & \\ & & & (\lambda-1)^2\end{bmatrix},$$

所以初等因子组为$(\lambda-1)^2,(\lambda-1)^2$,于是$\boldsymbol{J}_1=\begin{bmatrix}1 & 0\\ 1 & 1\end{bmatrix},\boldsymbol{J}_2=\begin{bmatrix}1 & 0\\ 1 & 1\end{bmatrix}$,

故
$$\boldsymbol{J}=\begin{bmatrix}\boldsymbol{J}_1 & \\ & \boldsymbol{J}_2\end{bmatrix}=\begin{bmatrix}1 & & & \\ 1 & 1 & & \\ & & 1 & \\ & & 1 & 1\end{bmatrix}.$$

(4) $\lambda \boldsymbol{E}-\boldsymbol{A}=\begin{bmatrix} \lambda & 0 & \cdots & 0 & 0 \\ -1 & \lambda & \cdots & 0 & 0 \\ \vdots & \vdots & & \vdots & \vdots \\ 0 & 0 & \cdots & \lambda & 0 \\ 0 & 0 & \cdots & -1 & \lambda \end{bmatrix}$,

$$D_n(\lambda)=\det(\lambda \boldsymbol{E}-\boldsymbol{A})=\lambda^n,$$

且有一个 $n-1$ 阶子式 $\begin{vmatrix} -1 & \lambda & 0 & \cdots & 0 \\ 0 & -1 & \lambda & \cdots & 0 \\ \vdots & \vdots & \vdots & & \vdots \\ 0 & 0 & 0 & \cdots & \lambda \\ 0 & 0 & 0 & \cdots & -1 \end{vmatrix}=(-1)^{n-1}\neq 0$,

所以 $D_{n-1}(\lambda)=\cdots=D_1(\lambda)=1$,

故 $d_1(\lambda)=d_2(\lambda)=\cdots=d_{n-1}(\lambda)=1, d_n(\lambda)=\lambda^n$.

初等因子组为 λ^n,所以

$$\boldsymbol{A}\sim \boldsymbol{J}=\begin{bmatrix} 0 & & & & \\ 1 & 0 & & & \\ & 1 & \ddots & & \\ & & \ddots & \ddots & \\ & & & 1 & 0 \end{bmatrix}.$$

(事实上,A 本身就是一个 Jordan 块.)

7. 求下列矩阵的有理标准形.

(1) $\boldsymbol{A}=\begin{bmatrix} 0 & 1 & 1 \\ 1 & 0 & 1 \\ 1 & 1 & 0 \end{bmatrix}$;　　(2) $\boldsymbol{B}=\begin{bmatrix} 0 & 1 & 0 & 0 \\ 0 & 0 & 1 & 0 \\ 0 & 0 & 0 & 1 \\ -5 & -4 & -3 & -2 \end{bmatrix}$.

解

(1)由第 1 题(2)知

$$\varphi_1(\lambda)=\lambda+1,\quad \varphi_2(\lambda)=(\lambda+1)(\lambda-2)=\lambda^2-\lambda-2,$$

所以 $$A \sim C=\begin{bmatrix} C_1 & \\ & C_2 \end{bmatrix}=\begin{bmatrix} -1 & 0 & 0 \\ 0 & 0 & 2 \\ 0 & 1 & 1 \end{bmatrix}.$$

(2)由第 1 题(3)知 $\varphi(\lambda)=\lambda^4+2\lambda^3+3\lambda^2+4\lambda+5$,故 $\boldsymbol{B}$ 的有理标准形是

$$C=\begin{bmatrix} 0 & 0 & 0 & -5 \\ 1 & 0 & 0 & -4 \\ 0 & 1 & 0 & -3 \\ 0 & 0 & 1 & -2 \end{bmatrix}.$$

8. 已知 $\boldsymbol{A}$ 的 Jordan 标准形是 $J=\begin{bmatrix} 1 & & & & \\ 1 & 1 & & & \\ & & 2 & & \\ & & & 2 & \\ & & & 1 & 2 \end{bmatrix}$,求 $\boldsymbol{A}$ 的有理标准形 $\boldsymbol{C}$.

解 由 $\boldsymbol{J}$ 立即可知 $\boldsymbol{A}$ 的初等因子组为 $(\lambda-1)^2,\lambda-2,(\lambda-2)^2$,于是不变因子为

$$d_1(\lambda)=d_2(\lambda)=d_3(\lambda)=1,\quad d_4(\lambda)=\lambda-2,$$
$$d_5(\lambda)=(\lambda-1)^2(\lambda-1)^2,$$

即 $$\varphi_1(\lambda)=\lambda-2,\quad \varphi_2(\lambda)=\lambda^4-6\lambda^3+13\lambda^2-12\lambda+4,$$

故 $$C=\begin{bmatrix} 2 & 0 & 0 & 0 & 0 \\ 0 & 0 & 0 & 0 & -4 \\ 0 & 1 & 0 & 0 & 12 \\ 0 & 0 & 1 & 0 & -13 \\ 0 & 0 & 0 & 1 & 6 \end{bmatrix}.$$

9. 设 $A=\begin{bmatrix} -1 & 1 & 0 \\ -4 & 3 & 0 \\ 1 & 0 & 2 \end{bmatrix}$,

求 $g(\boldsymbol{A})=\boldsymbol{A}^7-\boldsymbol{A}^5-19\boldsymbol{A}^4+28\boldsymbol{A}^2+6\boldsymbol{A}-4\boldsymbol{E}$.

解 $\boldsymbol{A}$ 的特征多项式 $f(\lambda)=\lambda^3-4\lambda^2+5\lambda-2$，以 $f(\lambda)$ 去除 $g(\lambda)$ 得余式

$$r(\lambda)=-3\lambda^2+22\lambda-8,$$

故

$$g(\boldsymbol{A})=r(\boldsymbol{A})=-3\boldsymbol{A}^2+22\boldsymbol{A}-8\boldsymbol{E}$$

$$=-3\begin{bmatrix}-1&1&0\\-4&3&0\\1&0&2\end{bmatrix}^2+22\begin{bmatrix}-1&1&0\\-4&3&0\\1&0&2\end{bmatrix}+\begin{bmatrix}-8&&\\&-8&\\&&-8\end{bmatrix}$$

$$=\begin{bmatrix}-21&16&0\\-64&43&0\\19&-3&24\end{bmatrix}.$$

10. 设 $\boldsymbol{A}\in\mathbb{C}^{n\times n}$ 可逆，试证 $\boldsymbol{A}^{-1}$ 可表示为 $\boldsymbol{A}$ 的多项式.

证明 设 $\boldsymbol{A}$ 的特征多项式 $f(\lambda)=\lambda^n+a_1\lambda^{n-1}+\cdots+a_{n-1}\lambda+a_n$，

则

$$f(\boldsymbol{A})=\boldsymbol{A}^n+a_1\boldsymbol{A}^{n-1}+\cdots+a_{n-1}\boldsymbol{A}+a_n\boldsymbol{E}=\boldsymbol{0},$$

即

$$\boldsymbol{A}(\boldsymbol{A}^{n-1}+a_1\boldsymbol{A}^{n-2}+\cdots+a_{n-1}\boldsymbol{E})=-a_n\boldsymbol{E}.$$

因为 $\boldsymbol{A}$ 可逆，故 $a_n\neq0$，于是有

$$\boldsymbol{A}\left[\frac{-1}{a_n}(\boldsymbol{A}^{n-1}+a_1\boldsymbol{A}^{n-2}+\cdots+a_{n-1}\boldsymbol{E})\right]=\boldsymbol{E},$$

所以

$$\boldsymbol{A}^{-1}=-\frac{1}{a_n}\boldsymbol{A}^{n-1}-\frac{a_1}{a_n}\boldsymbol{A}^{n-2}-\cdots-\frac{a_{n-1}}{a_n}\boldsymbol{E}.$$

11. 求下列矩阵的最小多项式.

(1) $\boldsymbol{A}=\begin{bmatrix}7&4&-4\\4&-8&-1\\-4&-1&-8\end{bmatrix}$； (2) $\boldsymbol{B}=\begin{bmatrix}0&1&0\\0&0&1\\2&3&0\end{bmatrix}$；

(3) $\boldsymbol{C}=\begin{bmatrix}3&1&0&0&0\\0&3&0&0&0\\0&0&3&1&0\\0&0&0&3&1\\0&0&0&0&3\end{bmatrix}$.

解 (1) $f(\lambda)=|\lambda\boldsymbol{E}-\boldsymbol{A}|=\begin{vmatrix}\lambda-7&-4&4\\-4&\lambda+8&1\\4&1&\lambda+8\end{vmatrix}$

$$=\begin{vmatrix}\lambda-7 & -4 & 4\\ 0 & \lambda+9 & \lambda+9\\ 4 & 1 & \lambda+8\end{vmatrix}$$

$$=\begin{vmatrix}\lambda-7 & -4 & 8\\ 0 & \lambda+9 & 0\\ 4 & 1 & \lambda+7\end{vmatrix}=(\lambda-9)(\lambda+9)^2.$$

因为$(\boldsymbol{A}-9\boldsymbol{E})(\boldsymbol{A}+9\boldsymbol{E})=\begin{bmatrix}-2 & 4 & -4\\ 4 & -17 & -1\\ -4 & -1 & -17\end{bmatrix}\begin{bmatrix}16 & 4 & -4\\ 4 & 1 & -1\\ -4 & -1 & 1\end{bmatrix}=\boldsymbol{0}$,

所以最小多项式为 $m(\lambda)=(\lambda-9)(\lambda+9)$.

(2) $D_3(\lambda)=\det(\lambda\boldsymbol{E}-\boldsymbol{B})=\begin{vmatrix}\lambda & -1 & 0\\ 0 & \lambda & -1\\ -2 & -3 & \lambda\end{vmatrix}$

$$=\lambda^3-3\lambda-2=(\lambda-2)(\lambda+1)^2.$$

因为有一个二阶子式$\begin{vmatrix}-1 & 0\\ \lambda & -1\end{vmatrix}=1\neq0$,故 $D_1(\lambda)=D_2(\lambda)=1$.

因此，　$m(\lambda)=d_3(\lambda)=(\lambda-2)(\lambda+1)^2$.

(3)对 $\lambda\boldsymbol{E}-\boldsymbol{C}$ 施行初等变换得其 Smith 标准形

$$\boldsymbol{S}(\lambda)=\mathrm{diag}(1,1,1,(\lambda-3)^2,(\lambda-3)^3),$$

所以　$m(\lambda)=d_5(\lambda)=(\lambda-3)^2$.

12. (1)证明定理 2.9: $\boldsymbol{A}\in\mathbb{C}^{n\times n}$ 能对角化的充要条件是 $\lambda\boldsymbol{E}-\boldsymbol{A}$ 的初等因子都是一次方幂;

(2)证明定理 2.12 的推论: $\boldsymbol{A}\in\mathbb{C}^{n\times n}$ 可对角化的充要条件是 $\boldsymbol{A}$ 存在一个无重零点的零化多项式.

证明　(1)必要性. 若 $\boldsymbol{A}\sim\mathrm{diag}(\lambda_1,\lambda_2,\cdots,\lambda_n)$,则

$$\lambda\boldsymbol{E}-\boldsymbol{A}\cong\lambda\boldsymbol{E}-\mathrm{diag}(\lambda_1,\lambda_2,\cdots,\lambda_n)$$
$$=\mathrm{diag}(\lambda-\lambda_1,\lambda-\lambda_2,\cdots,\lambda-\lambda_n),$$

因此 $\lambda\boldsymbol{E}-\boldsymbol{A}$ 的初等因子 $\lambda-\lambda_1,\lambda-\lambda_2,\cdots,\lambda-\lambda_n$ 都是一次方幂.

充分性. 若 $\lambda\boldsymbol{E}-\boldsymbol{A}$ 的初等因子都是一次方幂,则 $\boldsymbol{A}$ 的 Jordan 标准

形 $\boldsymbol{J}$ 中的各个 Jordan 块 $\boldsymbol{J}_i$ 都是一阶矩阵，即 $\boldsymbol{J}$ 是对角矩阵，又 $\boldsymbol{A} \sim \boldsymbol{J}$，即 $\boldsymbol{A}$ 可对角化.

(2)若 $\boldsymbol{A}$ 可对角化，则 $\boldsymbol{A}$ 的最小多项式 $m(\lambda)$ 无重零点，必要性得证.若 $\boldsymbol{A}$ 有一个无重零点的零化多项式 $\varphi(\lambda)$，则因为 $\deg m(\lambda) \leqslant \deg\varphi(\lambda)$，故 $m(\lambda)$ 也无重零点，由定理 2.12 知 $\boldsymbol{A}$ 可对角化.

13. 证明满足下列条件之一的矩阵 $\boldsymbol{A} \in \mathbb{C}^{n\times n}$ 可对角化：

(1) $\boldsymbol{A}^2 + \boldsymbol{A} = 2\boldsymbol{E}$； (2) $\boldsymbol{A}^m = \boldsymbol{E}\quad (m \in \mathbb{N})$.

证明 (1)因为 $\boldsymbol{A}^2 + \boldsymbol{A} = 2\boldsymbol{E}$，$\boldsymbol{A}^2 + \boldsymbol{A} - 2\boldsymbol{E} = \boldsymbol{0}$，

故
$$\varphi(\lambda) = \lambda^2 + \lambda - 2 = (\lambda + 2)(\lambda - 1)$$
是 $\boldsymbol{A}$ 的一个无重零点的零化多项式，故 $\boldsymbol{A}$ 可对角化.

(2)因为 $\boldsymbol{A}^m = \boldsymbol{E}$，故 $\lambda^m - 1$ 是 $\boldsymbol{A}$ 的零化多项式，其零点 $\lambda_k = \mathrm{e}^{\frac{2k\pi}{m}\mathrm{i}}$ $(k = 0,1,\cdots,m-1)$ 是互不相同的，故 $\boldsymbol{A}$ 可对角化.

14. 设 $\boldsymbol{A} \in \mathbb{C}^{n\times n}$ 是正规矩阵，试证：

(1) $\boldsymbol{A}$ 是反 Hermite 矩阵的充要条件是 $\boldsymbol{A}$ 的特征值为零或纯虚数；

(2)对应于不同特征值的特征向量是正交的.

证明 (1)设 $\lambda_1,\lambda_2,\cdots,\lambda_n$ 是 $\boldsymbol{A}$ 的全部特征值，因为 $\boldsymbol{A}$ 是正规矩阵，故存在酉矩阵 $\boldsymbol{U} \in \mathbb{C}^{n\times n}$，使得 $\boldsymbol{U}^{\mathrm{H}}\boldsymbol{A}\boldsymbol{U} = \mathrm{diag}(\lambda_1,\lambda_2,\cdots,\lambda_n)$，于是
$$\boldsymbol{A} = \boldsymbol{U}\mathrm{diag}(\lambda_1,\lambda_2,\cdots,\lambda_n)\boldsymbol{U}^{\mathrm{H}},\quad \boldsymbol{A}^{\mathrm{H}} = \boldsymbol{U}\mathrm{diag}(\bar{\lambda}_1,\bar{\lambda}_2,\cdots,\bar{\lambda}_n)\boldsymbol{U}^{\mathrm{H}},$$
$$-\boldsymbol{A} = \boldsymbol{U}\mathrm{diag}(-\lambda_1,-\lambda_2,\cdots,-\lambda_n)\boldsymbol{U}^{\mathrm{H}}.$$

“$\Rightarrow$”：因为 $\boldsymbol{A}$ 是反 Hermite 矩阵，即 $\boldsymbol{A}^{\mathrm{H}} = -\boldsymbol{A}$，故有
$$\boldsymbol{U}\mathrm{diag}(\bar{\lambda}_1,\bar{\lambda}_2,\cdots,\bar{\lambda}_n)\boldsymbol{U}^{\mathrm{H}} = \boldsymbol{U}\mathrm{diag}(-\lambda_1,-\lambda_2,\cdots,-\lambda_n)\boldsymbol{U}^{\mathrm{H}},$$
两边左乘以 $\boldsymbol{U}^{\mathrm{H}}$，右乘以 $\boldsymbol{U}$ 得
$$\mathrm{diag}(\bar{\lambda}_1,\bar{\lambda}_2,\cdots,\bar{\lambda}_n) = \mathrm{diag}(-\lambda_1,-\lambda_2,\cdots,-\lambda_n),$$
于是 $\bar{\lambda}_k = -\lambda_k$，故 $\lambda_k = 0$ 或 $\lambda_k(k = 1,2,\cdots,n)$ 是纯虚数.

“$\Leftarrow$”：因为 λ_k 是零或纯虚数，所以 $\bar{\lambda}_k = -\lambda_k(k = 1,2,\cdots,n)$，于是
$$\begin{aligned}\mathrm{diag}(\bar{\lambda}_1,\bar{\lambda}_2,\cdots,\bar{\lambda}_n) &= \mathrm{diag}(-\lambda_1,-\lambda_2,\cdots,-\lambda_n)\\ &= -\mathrm{diag}(\lambda_1,\lambda_2,\cdots,\lambda_n).\end{aligned}$$
故 $\boldsymbol{A}^{\mathrm{H}} = \boldsymbol{U}\mathrm{diag}(\bar{\lambda}_1,\bar{\lambda}_2,\cdots,\bar{\lambda}_n)\boldsymbol{U}^{\mathrm{H}} = -\boldsymbol{U}\mathrm{diag}(\lambda_1,\lambda_2,\cdots,\lambda_n)\boldsymbol{U}^{\mathrm{H}} = -\boldsymbol{A}$，

即 $\boldsymbol{A}$ 是反 Hermite 矩阵.

(2)先证若 λ_i 是 $\boldsymbol{A}$ 的特征值，$\boldsymbol{x}_i$ 是 $\boldsymbol{A}$ 的对应于 λ_i 的特征向量，则 $\bar{\lambda}_i$ 是 $\boldsymbol{A}^{\mathrm{H}}$ 的特征值，且 $\boldsymbol{x}_i$ 是 $\boldsymbol{A}^{\mathrm{H}}$ 的对应于 $\bar{\lambda}_i$ 的特征向量.

因为 $\boldsymbol{A}\in\mathbb{C}^{n\times n}$ 是正规矩阵，故存在酉矩阵

$$\boldsymbol{U}=[\boldsymbol{x}_1,\boldsymbol{x}_2,\cdots,\boldsymbol{x}_n]\in\mathbb{C}^{n\times n},$$

使得
$$\boldsymbol{U}^{\mathrm{H}}\boldsymbol{A}\boldsymbol{U}=\mathrm{diag}(\lambda_1,\lambda_2,\cdots,\lambda_n),$$

其中 λ_i 是 $\boldsymbol{A}$ 的特征值，$\boldsymbol{x}_i$ 是 $\boldsymbol{A}$ 的对应于 λ_i 的特征向量($i=1,2,\cdots,n$).

而
$$\boldsymbol{U}^{\mathrm{H}}\boldsymbol{A}^{\mathrm{H}}\boldsymbol{U}=(\boldsymbol{U}^{\mathrm{H}}\boldsymbol{A}\boldsymbol{U})^{\mathrm{H}}=\mathrm{diag}(\bar{\lambda}_1,\bar{\lambda}_2,\cdots,\bar{\lambda}_n),$$

故 $\bar{\lambda}_i$ 是 $\boldsymbol{A}^{\mathrm{H}}$ 的特征值，$\boldsymbol{x}_i$ 是 $\boldsymbol{A}^{\mathrm{H}}$ 的对应于 $\bar{\lambda}_i$ 的特征向量($i=1,2,\cdots,n$).

再证本题结论.设 $\lambda,\mu\in\sigma(\boldsymbol{A})$ 且 $\lambda\neq\mu$；$\boldsymbol{x},\boldsymbol{y}$ 是分别对应于 λ 和 μ 的特征向量. 由

$$\begin{aligned}\lambda\langle\boldsymbol{x},\boldsymbol{y}\rangle&=\langle\lambda\boldsymbol{x},\boldsymbol{y}\rangle=\langle\boldsymbol{A}\boldsymbol{x},\boldsymbol{y}\rangle=\boldsymbol{y}^{\mathrm{H}}\boldsymbol{A}\boldsymbol{x}=(\boldsymbol{A}^{\mathrm{H}}\boldsymbol{y})^{\mathrm{H}}\boldsymbol{x}\\&=\langle\boldsymbol{x},\boldsymbol{A}^{\mathrm{H}}\boldsymbol{y}\rangle=\langle\boldsymbol{x},\bar{\mu}\boldsymbol{y}\rangle=\mu\langle\boldsymbol{x},\boldsymbol{y}\rangle,\end{aligned}$$

得 $(\lambda-\mu)\langle\boldsymbol{x},\boldsymbol{y}\rangle=0$.因为 $\lambda\neq\mu$，故 $\langle\boldsymbol{x},\boldsymbol{y}\rangle=0$，即 $\boldsymbol{x}\perp\boldsymbol{y}$.

15. 设 $\boldsymbol{A},\boldsymbol{B}\in\mathbb{C}^{n\times n}$ 都是 Hermite 矩阵，试证 $\boldsymbol{AB}$ 是 Hermite 矩阵的充要条件是 $\boldsymbol{AB}=\boldsymbol{BA}$.

证明　$\boldsymbol{AB}$ 是 Hermite 矩阵 $\Leftrightarrow\boldsymbol{AB}=(\boldsymbol{AB})^{\mathrm{H}}=\boldsymbol{B}^{\mathrm{H}}\boldsymbol{A}^{\mathrm{H}}$

$$\xLeftrightarrow{A^{\mathrm{H}}=A,\,B^{\mathrm{H}}=B}\boldsymbol{AB}=\boldsymbol{BA}.$$

16. 将矩阵 $\boldsymbol{A}$ 酉对角化.

(1) $\boldsymbol{A}=\begin{bmatrix}0&\mathrm{i}&1\\-\mathrm{i}&0&0\\1&0&0\end{bmatrix}$；　(2) $\boldsymbol{A}=\begin{bmatrix}0&1&-\mathrm{i}\\1&0&\mathrm{i}\\\mathrm{i}&-\mathrm{i}&0\end{bmatrix}$.

解　(1) $|\lambda\boldsymbol{E}-\boldsymbol{A}|=\begin{vmatrix}\lambda&-\mathrm{i}&-1\\\mathrm{i}&\lambda&0\\-1&0&\lambda\end{vmatrix}=\lambda^3-2\lambda,$

$$\lambda_1=0,\quad\lambda_2=\sqrt{2},\quad\lambda_3=-\sqrt{2}.$$

对 $\lambda_1=0$ 解方程组 $-\boldsymbol{A}\boldsymbol{x}=\boldsymbol{0}$，即 $\begin{bmatrix}0&-\mathrm{i}&-1\\\mathrm{i}&0&0\\-1&0&0\end{bmatrix}\begin{bmatrix}\xi_1\\\xi_2\\\xi_3\end{bmatrix}=\begin{bmatrix}0\\0\\0\end{bmatrix}$，亦即

$$\begin{cases} i\xi_2+\xi_3=0, \\ \xi_1=0, \end{cases} \qquad 得\begin{cases} \xi_1=0, \\ \xi_2=i\xi_3. \end{cases}$$

若取 $\xi_3=1$,则有 $\boldsymbol{x}_1=\begin{bmatrix}0\\ i\\ 1\end{bmatrix}$.

对 $\lambda_2=\sqrt{2}$,解$(\sqrt{2}\boldsymbol{E}-\boldsymbol{A})\boldsymbol{x}=\boldsymbol{0}$,可得 $\boldsymbol{x}_2=\begin{bmatrix}\sqrt{2}\\ -i\\ 1\end{bmatrix}$.

对 $\lambda_3=-\sqrt{2}$,解$(-\sqrt{2}\boldsymbol{E}-\boldsymbol{A})\boldsymbol{x}=\boldsymbol{0}$,可得 $\boldsymbol{x}_3=\begin{bmatrix}-\sqrt{2}\\ -i\\ 1\end{bmatrix}$.

由于 $\boldsymbol{x}_1,\boldsymbol{x}_2,\boldsymbol{x}_3$ 分别对应于 $\boldsymbol{A}$ 的不同特征值,故彼此正交.将它们单位化,得

$$\boldsymbol{\alpha}_1=\begin{bmatrix}0\\ i/\sqrt{2}\\ 1/\sqrt{2}\end{bmatrix},\quad \boldsymbol{\alpha}_2=\begin{bmatrix}1/\sqrt{2}\\ -i/2\\ 1/2\end{bmatrix},\quad \boldsymbol{\alpha}_3=\begin{bmatrix}-1/\sqrt{2}\\ -i/2\\ 1/2\end{bmatrix}.$$

令 $$\boldsymbol{U}=[\boldsymbol{\alpha}_1,\boldsymbol{\alpha}_2,\boldsymbol{\alpha}_3]=\begin{bmatrix}0 & 1/\sqrt{2} & -1/\sqrt{2}\\ i/\sqrt{2} & -i/2 & -i/2\\ 1/\sqrt{2} & 1/2 & 1/2\end{bmatrix},$$

$$\boldsymbol{U}^{H}=\begin{bmatrix}0 & -i\sqrt{2} & 1/\sqrt{2}\\ 1/\sqrt{2} & i/2 & 1/2\\ -1/\sqrt{2} & i/2 & 1/2\end{bmatrix},$$

则 $$\boldsymbol{U}^{H}\boldsymbol{A}\boldsymbol{U}=\begin{bmatrix}0 & 0 & 0\\ 0 & \sqrt{2} & 0\\ 0 & 0 & -\sqrt{2}\end{bmatrix}.$$

(2) $$|\boldsymbol{\lambda E}-\boldsymbol{A}|=\begin{vmatrix}\lambda & -1 & i\\ -1 & \lambda & -i\\ -i & i & \lambda\end{vmatrix}=(\lambda-1)^2(\lambda+2),$$

得　　$\lambda=1,\quad \lambda=-2.$

对于 $\lambda=1$,解 $(\boldsymbol{E}-\boldsymbol{A})\boldsymbol{x}=\boldsymbol{0}$,即 $\begin{bmatrix}1 & -1 & \mathrm{i}\\ -1 & 1 & -\mathrm{i}\\ -\mathrm{i} & \mathrm{i} & 1\end{bmatrix}\begin{bmatrix}\xi_1\\ \xi_2\\ \xi_3\end{bmatrix}=\begin{bmatrix}0\\0\\0\end{bmatrix}$,

亦即　　$\xi_1-\xi_2+\mathrm{i}\xi_3=0$,得 $\xi_1=\xi_2-\mathrm{i}\xi_3$.

若取 $\xi_2=1,\xi_3=0$,则有 $\boldsymbol{x}_1=\begin{bmatrix}1\\1\\0\end{bmatrix}$;

若取 $\xi_2=0,\xi_3=1$,则得 $\boldsymbol{x}_2=\begin{bmatrix}-\mathrm{i}\\0\\1\end{bmatrix}$,因 $\langle \boldsymbol{x}_1,\boldsymbol{x}_2\rangle\neq 0$,故需将 $\{\boldsymbol{x}_1,\boldsymbol{x}_2\}$ 正交化.

令　$\boldsymbol{\beta}_1=\boldsymbol{x}_1=\begin{bmatrix}1\\1\\0\end{bmatrix}$,

$$\boldsymbol{\beta}_2=\boldsymbol{x}_2-\frac{\langle \boldsymbol{x}_2,\boldsymbol{\beta}_1\rangle}{\langle \boldsymbol{\beta}_1,\boldsymbol{\beta}_1\rangle}\boldsymbol{\beta}_1=\begin{bmatrix}-\mathrm{i}\\0\\1\end{bmatrix}+\frac{\mathrm{i}}{2}\begin{bmatrix}1\\1\\0\end{bmatrix}=\begin{bmatrix}-\mathrm{i}/2\\ \mathrm{i}/2\\ 1\end{bmatrix}.$$

对于 $\lambda=-2$,解 $(-2\boldsymbol{E}-\boldsymbol{A})\boldsymbol{x}=\boldsymbol{0}$,得 $\boldsymbol{x}_3=\begin{bmatrix}\mathrm{i}\\-\mathrm{i}\\1\end{bmatrix}$,记 $\boldsymbol{\beta}_3=\boldsymbol{x}_3=\begin{bmatrix}\mathrm{i}\\-\mathrm{i}\\1\end{bmatrix}$,则 $\{\boldsymbol{\beta}_1,\boldsymbol{\beta}_2,\boldsymbol{\beta}_3\}$ 是正交的.将 $\boldsymbol{\beta}_1,\boldsymbol{\beta}_2,\boldsymbol{\beta}_3$ 单位化得

$$\boldsymbol{\alpha}_1=\begin{bmatrix}1/\sqrt{2}\\1/\sqrt{2}\\0\end{bmatrix},\quad \boldsymbol{\alpha}_2=\begin{bmatrix}-\mathrm{i}/\sqrt{6}\\ \mathrm{i}/\sqrt{6}\\ 2/\sqrt{6}\end{bmatrix},\quad \boldsymbol{\alpha}_3=\begin{bmatrix}\mathrm{i}/\sqrt{3}\\ -\mathrm{i}/\sqrt{3}\\ 1/\sqrt{3}\end{bmatrix}.$$

令 $U=[\alpha_1,\alpha_2,\alpha_3]=\begin{bmatrix}1/\sqrt{2} & -\mathrm{i}/\sqrt{6} & \mathrm{i}/\sqrt{3}\\ 1/\sqrt{2} & \mathrm{i}/\sqrt{6} & -\mathrm{i}/\sqrt{3}\\ 0 & 2/\sqrt{6} & 1/\sqrt{3}\end{bmatrix}$,

则 $$U^{\mathrm{H}}AU=\begin{bmatrix}1 & & \\ & 1 & \\ & & -2\end{bmatrix}.$$

17. 求使二次型 $f=-\bar{x}_1x_1+\mathrm{i}\bar{x}_1x_2-\mathrm{i}\bar{x}_2x_1-\mathrm{i}\bar{x}_2x_3+\mathrm{i}\bar{x}_3x_2-\bar{x}_3x_3$ 成为标准形的酉变换,并判断 f 是否是正定二次型.

解 f 的矩阵 $A=\begin{bmatrix}-1 & \mathrm{i} & 0\\ -\mathrm{i} & 0 & -\mathrm{i}\\ 0 & \mathrm{i} & -1\end{bmatrix}$.

因为 $\det(\lambda E-A)=\begin{vmatrix}\lambda+1 & -\mathrm{i} & 0\\ \mathrm{i} & \lambda & \mathrm{i}\\ 0 & -\mathrm{i} & \lambda+1\end{vmatrix}=(\lambda+2)(\lambda+1)(\lambda-1)$,

所以 $\lambda_1=-2,\quad \lambda_2=-1,\quad \lambda_3=1$,

由此可知 f 不是正定的(是不定的).

对于 $\lambda=-2$,解 $(-2E-A)x=0$ 可得 $x^{(1)}=\begin{bmatrix}\mathrm{i}\\ -1\\ \mathrm{i}\end{bmatrix}$;

对于 $\lambda=-1$,解 $(-E-A)x=0$,可得 $x^{(2)}=\begin{bmatrix}1\\ 0\\ -1\end{bmatrix}$;

对于 $\lambda=1$,解 $(E-A)x=0$ 可得 $x^{(3)}=\begin{bmatrix}\mathrm{i}/2\\ 1\\ \mathrm{i}/2\end{bmatrix}$.

将 $x^{(1)},x^{(2)},x^{(3)}$ 单位化得

$$\alpha_1=\begin{bmatrix}\mathrm{i}/\sqrt{3}\\ -1/\sqrt{3}\\ \mathrm{i}/\sqrt{3}\end{bmatrix},\quad \alpha_2=\begin{bmatrix}1/\sqrt{2}\\ 0\\ -1/\sqrt{2}\end{bmatrix},\quad \alpha_3=\begin{bmatrix}\mathrm{i}/\sqrt{6}\\ 2/\sqrt{6}\\ \mathrm{i}/\sqrt{6}\end{bmatrix},$$

令
$$U=[\boldsymbol{\alpha}_1,\boldsymbol{\alpha}_2,\boldsymbol{\alpha}_3]=\begin{bmatrix} \mathrm{i}/\sqrt{3} & 1/\sqrt{2} & \mathrm{i}/\sqrt{6} \\ -1/\sqrt{3} & 0 & 2/\sqrt{6} \\ \mathrm{i}/\sqrt{3} & -1/\sqrt{2} & \mathrm{i}/\sqrt{6} \end{bmatrix},$$
则 $\boldsymbol{U}$ 是酉矩阵,故 $\boldsymbol{x}=\boldsymbol{U}\boldsymbol{y}$ 即为所求的酉变换.

若记 $\boldsymbol{x}=(x_1,x_2,x_3)^{\mathrm{T}},\boldsymbol{y}=(y_1,y_2,y_3)^{\mathrm{T}}$,

则
$$f=\boldsymbol{x}^{\mathrm{H}}\boldsymbol{A}\boldsymbol{x}=\boldsymbol{y}^{\mathrm{H}}\mathrm{diag}(-2,-1,1)\boldsymbol{y}=-2\bar{y}_1y_1-\bar{y}_2y_2+\bar{y}_3y_3.$$

18. 设 $\boldsymbol{A}$ 是半正定矩阵,则 $\boldsymbol{A}$ 是正定的当且仅当 $\boldsymbol{A}$ 是非奇异的.

证明　"$\Rightarrow$":若 $\boldsymbol{A}\in\mathbb{C}^{n\times n}$ 正定,则由定理2.18(4)知 $\det \boldsymbol{A}_n=\det \boldsymbol{A}>0$,故 $\boldsymbol{A}$ 非奇异.

"$\Leftarrow$":若 $\boldsymbol{A}$ 非奇异,则 $\det \boldsymbol{A}=\prod_{i=1}^{n}\lambda_i\neq 0$,从而 $\lambda_i\neq 0(i=1,2,\cdots,n)$.又因为 $\boldsymbol{A}$ 半正定,故有 $\lambda_i\geqslant 0$,于是 $\lambda_i>0(i=1,2,\cdots,n)$,所以 $\boldsymbol{A}$ 是正定的.

19. 设 $\{\boldsymbol{u}_1,\boldsymbol{u}_2,\cdots,\boldsymbol{u}_n\}$ 是内积空间 $\mathbb{C}^n$ 中任一向量组,令
$$\boldsymbol{H}_n=[h_{ij}]=[\langle\boldsymbol{u}_j,\boldsymbol{u}_i\rangle]=\begin{bmatrix} \langle\boldsymbol{u}_1,\boldsymbol{u}_1\rangle & \langle\boldsymbol{u}_2,\boldsymbol{u}_1\rangle & \cdots & \langle\boldsymbol{u}_n,\boldsymbol{u}_1\rangle \\ \langle\boldsymbol{u}_1,\boldsymbol{u}_2\rangle & \langle\boldsymbol{u}_2,\boldsymbol{u}_2\rangle & \cdots & \langle\boldsymbol{u}_n,\boldsymbol{u}_2\rangle \\ \vdots & \vdots & & \vdots \\ \langle\boldsymbol{u}_1,\boldsymbol{u}_n\rangle & \langle\boldsymbol{u}_2,\boldsymbol{u}_n\rangle & \cdots & \langle\boldsymbol{u}_n,\boldsymbol{u}_n\rangle \end{bmatrix}.$$

(1)验证 $\boldsymbol{H}_n$ 是Hermite矩阵;

(2)证明 $\boldsymbol{H}_n$ 是半正定矩阵;

(3)证明 $\boldsymbol{H}_n$ 是非奇异的充要条件是 $\{\boldsymbol{u}_1,\boldsymbol{u}_2,\cdots,\boldsymbol{u}_n\}$ 线性无关.

证明　(1) $\boldsymbol{H}_n^{\mathrm{H}}=[\langle\boldsymbol{u}_j,\boldsymbol{u}_i\rangle]^{\mathrm{H}}=[\overline{\langle\boldsymbol{u}_i,\boldsymbol{u}_j\rangle}]=[\langle\boldsymbol{u}_j,\boldsymbol{u}_i\rangle]=\boldsymbol{H}_n$.

(2)对任意 $\boldsymbol{x}=(x_1,x_2,\cdots,x_n)^{\mathrm{T}}\in\mathbb{C}^n$,且 $\boldsymbol{x}\neq\boldsymbol{0}$,有
$$\begin{aligned}\boldsymbol{x}^{\mathrm{H}}\boldsymbol{H}_n\boldsymbol{x}&=\sum_{i,j=1}^{n}h_{ij}\bar{x}_ix_j=\sum_{i,j=1}^{n}\langle\boldsymbol{u}_j,\boldsymbol{u}_i\rangle\bar{x}_ix_j=\sum_{i,j=1}^{n}\langle x_j\boldsymbol{u}_j,x_i\boldsymbol{u}_i\rangle\\&=\langle\sum_{j=1}^{n}x_j\boldsymbol{u}_j,\sum_{i=1}^{n}x_i\boldsymbol{u}_i\rangle=\left\|\sum_{i=1}^{n}x_i\boldsymbol{u}_i\right\|^2\geqslant 0,\end{aligned}$$
故 $\boldsymbol{H}_n$ 是半正定的.

(3)由(2)知 $\boldsymbol{H}_n$ 是半正定的,根据第18题结论有
$$\boldsymbol{H}_n\text{ 奇异}\Leftrightarrow\boldsymbol{H}_n\text{ 不是正定的}$$

$\Leftrightarrow$存在 $\boldsymbol{x}\neq\boldsymbol{0}$,使得 $\boldsymbol{x}^H\boldsymbol{H}_n\boldsymbol{x}=0$

$\Leftrightarrow x_i(i=1,2,\cdots,n)$不全为零,使得 $\sum_{i=1}^{n}x_iu_i=\boldsymbol{0}$

$\Leftrightarrow\{u_1,u_2,\cdots,u_n\}$线性相关.

第 3 章　赋范线性空间及有界线性算子

本章重点

1. 赋范线性空间概念，由范数导出的度量的性质.

2. 收敛序列及其性质，Cauchy 序列及其性质.

3. Banach 空间及常见空间的完备性，绝对收敛级数必收敛的充要条件.

4. 等价范数及其性质.

5. 连续映射及其充要条件.

6. 有界集、开集、闭集、列紧集、紧集及其性质，集合的闭包及其性质.

7. 有界线性算子及其性质，有界线性算子的范数，有界线性算子空间.

8. 有限维赋范线性空间的性质.

9. 方阵范数及其求法，方阵的谱半径与方阵范数的关系.

复习思考题

一、判断题

1. 设 $x\in(X,\|\cdot\|)$，当 $x\neq 0$ 时，必有 $\|x\|>0$.　（　　）

2. 设 A 是 $(X,\|\cdot\|)$ 的子集，则 A 是有界集的充要条件是

$$\exists r>0,\text{s.t.}\ \forall x\in A，有\ \|x\|\leqslant r.$$　（　　）

3. 在 Banach 空间中，Cauchy 序列与收敛序列是等价的.　（　　）

4. Cauchy 序列是有界序列.　（　　）

5. Cauchy 序列收敛于 $x\in(X,\|\cdot\|)$，当且仅当它有一个子序列收敛于 x.　（　　）

6. Hilbert 空间的子空间是 Hilbert 空间.　（　　）

7. 设 $\|\cdot\|_\alpha,\|\cdot\|_\beta$ 是线性空间 X 上的等价范数，则 $(X,\|\cdot\|_\alpha)$ 与 $(X,\|\cdot\|_\beta)$ 有相同的完备性.　（　　）

8. C$[a,b]$上的范数 $\| x \| = \max\limits_{a\leqslant t\leqslant b} |x(t)|$ 和 $\| x \|_1 = \int_a^b |x(t)|\mathrm{d}t$ 是不等价的. ( )

9. 任意多个闭集的并仍然是闭集. ( )

10. $A\subset(X,\|\cdot\|)$是闭集的充要条件是 $\bar{A}\subset A$. ( )

11. $A\subset(X,\|\cdot\|)$是开集,当且仅当 A^C 是闭集. ( )

12. $\forall A,B\subset(X,\|\cdot\|)$, $\overline{A\cap B}=\bar{A}\cap\bar{B}$. ( )

13. $A\subset(X,\|\cdot\|)$是闭集的充要条件是: A 中的任意序列都在 A 中收敛. ( )

14. $P[a,b]$是 C$[a,b]$中的闭集. ( )

15. $P_n[a,b]$是 C$[a,b]$中的闭集. ( )

16. $x\in\bar{A}\Leftrightarrow\forall r>0$,有 $A\cap B(x,r)\neq\varnothing$. ( )

17. 设 X,Y 是赋范线性空间,若 Y 是有限维的,则 $\mathscr{B}(X,Y)$是完备的. ( )

18. 线性算子 $T:(X,\|\cdot\|)\to(Y,\|\cdot\|)$是连续的,当且仅当 $T(S(0,1))$是 Y 中的有界集. ( )

19. 设 $T:(X,\|\cdot\|)\to(Y,\|\cdot\|)$是线性算子,则 T 是有界的,当且仅当 T 在点 $0\in X$ 处连续. ( )

20. 由 $\boldsymbol{A}\in\mathbb{C}^{n\times n}$确定的线性算子是连续的. ( )

21. 设 $T,S\in\mathscr{B}(X,X)$,则 $\|TS\|\leqslant\|T\|\,\|S\|$. ( )

22. 设 X,Y 都是赋范线性空间,且 X 是有限维的,则映射 $T:X\to Y$ 是连续的. ( )

23. 设 $\|\cdot\|$ 是$\mathbb{C}^{n\times n}$上的任意一种方阵范数,$\boldsymbol{E}\in\mathbb{C}^{n\times n}$是单位矩阵,则 $\|\boldsymbol{E}\|=1$. ( )

24. 设 $\|\cdot\|$ 是$\mathbb{C}^{n\times n}$上的任意一种方阵范数,$\boldsymbol{A}\in\mathbb{C}^{n\times n}$可逆,则

$$\frac{1}{\|\boldsymbol{A}^{-1}\|}\leqslant\rho(\boldsymbol{A})\leqslant\|\boldsymbol{A}\|. \qquad (\quad)$$

25. $\mathbb{C}^{n\times n}$ 上的 F-范数 $\|\cdot\|_F$ 可由内积 $\langle\boldsymbol{A},\boldsymbol{B}\rangle=\sum\limits_{i=1}^{n}\sum\limits_{j=1}^{n}\boldsymbol{a}_{ij}\bar{\boldsymbol{b}}_{ij}$ $(\forall\boldsymbol{A}=[a_{ij}],\boldsymbol{B}=[b_{ij}]\in\mathbb{C}^{n\times n})$导出. ( )

二、填空题

1.设$\|\cdot\|_\alpha$,$\|\cdot\|_\beta$是线性空间X上的等价范数,$\{x_n\}$是X中的序列,$x\in X$.若$\{x_n\}$依范数$\|\cdot\|_\alpha$收敛于x,则$\lim\limits_{n\to\infty}\|x_n-x\|_\beta=$______.

2.设$f:(X,\|\cdot\|)\to(Y,\|\cdot\|)$是双射,则$\|f^{-1}\circ f\|=$______.

3.设$f:(X,\|\cdot\|)\to(Y,\|\cdot\|)$是连续映射,若$\lim\limits_{n\to\infty}x_n=x_0\in X$,且$f(x_0)=y_0$,则$\lim\limits_{n\to\infty}f(x_n)=$______.

4.设有界线性算子T:C$[-1,2]\to$C$[-1,2]$的定义为

$\forall f\in$C$[-1,2]$,

$$(Tf)(x)=\int_{-1}^{x}f(t)\mathrm{d}t\quad(\forall x\in[-1,2]),$$

则 $\|T\|=$______.

5.设$\boldsymbol{A}=\begin{bmatrix}\mathrm{i}&1&-1\\0&2&1-\mathrm{i}\\1&2&0\end{bmatrix}$,则$\|\boldsymbol{A}\|_1=$______,$\|\boldsymbol{A}\|_\infty=$______,$\|\boldsymbol{A}\|_F=$______.

6.设$\boldsymbol{A}=\begin{bmatrix}-3&4&5&1\\&2&6&3\\&&-1&8\\&&&2\end{bmatrix}$,则$\rho(\boldsymbol{A})=$______.

7.设$\boldsymbol{U}\in\mathbb{C}^{n\times n}$是酉矩阵,则$\rho(\boldsymbol{U})=$______.

8.$\boldsymbol{A}\in\mathbb{C}^{n\times n}$是正规矩阵,若$\|\boldsymbol{A}\|_2=3$,则$\rho(\boldsymbol{A})=$______.

9.在赋范线性空间中$\overline{B(x,r)}=$______.

10.$\forall A,B\subset(X,\|\cdot\|)$,有$\overline{A\cup B}=$______.

三、单项选择题

1.下列赋范线性空间不完备的是(　　)

(a)$(\mathbb{C}^{n\times n},\|\cdot\|)$,其中$\|\boldsymbol{A}\|=\sum\limits_{i=1}^{n}\sum\limits_{j=1}^{n}|a_{ij}|$

$(\forall\boldsymbol{A}=[a_{ij}]\in\mathbb{C}^{n\times n})$.

(b)$(l^\infty, \|\cdot\|)$,其中 $\|x\| = \sup_{i\in\mathbb{N}} |\xi_i|$

$$(\forall x = (\xi_1, \xi_2, \cdots, \xi_i, \cdots) \in l^\infty).$$

(c)$(C[a,b], \|\cdot\|_2)$,其中 $\|x\|_2 = (\int_a^b |x(t)|^2 dt)^{\frac{1}{2}}$

$$(\forall x \in C[a,b]).$$

(d)$(\mathbb{C}^n, \|\cdot\|_\infty)$,其中 $\|\boldsymbol{x}\|_\infty = \max_{1\leqslant i\leqslant n} |\xi_i|$

$$(\forall \boldsymbol{x} = (\xi_1, \xi_2, \cdots, \xi_n)^{\mathrm{T}} \in \mathbb{C}^n).$$

2.设 X,Y 是同一数域上的赋范线性空间,若 X 是有限维的,则(　　)

(a)线性算子 $T: X\to Y$ 是有界的. (b)$\mathscr{B}(X,Y)$是完备的.

(c)Y 上任何范数都是等价的. (d)X 的任何子集都是有界的.

3.设 $T:(X\|\cdot\|)\to(Y,\|\cdot\|)$是线性算子,则 T 是连续的充要条件是(　　)

(a)$T(X)$是 Y 中的有界集. (b)T 在 X 的某一点连续.

(c)T 是单射. (d)T 是双射.

4.设 $\|\cdot\|$ 是 $\mathbb{C}^{n\times n}$ 上的方阵范数,则 $\forall \boldsymbol{A}\in\mathbb{C}^{n\times n}$,下列结论不正确的是(　　)

(a)$\rho(\boldsymbol{A}) \leqslant \|\boldsymbol{A}\|$. (b)$\|\boldsymbol{A}\|_1 = \|\boldsymbol{A}^H\|_\infty$.

(c)若 $\boldsymbol{A}$ 可逆,则 $\|\boldsymbol{A}^{-1}\| = \frac{1}{\|\boldsymbol{A}\|}$. (d)$\|\boldsymbol{A}\|_2 \leqslant \|\boldsymbol{A}\|_F$.

5.设 X 是赋范线性空间,$A\subset X$,则 A 是闭集的充要条件是(　　)

(a)A 不是开集. (b)$A\subset\bar{A}$. (c)A 是有限集.

(d)A 中任何收敛序列的极限都在 A 中.

6.设 X 是赋范线性空间,$A\subset X$,$x\in X$,则下列结论不正确的是(　　)

(a)A 是 X 中的闭集,当且仅当 $\bar{A}\subset A$.

(b)A 是 X 的有限维子空间,则 A 是 X 的闭子空间.

(c)$x\in\bar{A}$ 当且仅当存在$\{x_n\}\subset A$,使得 $\lim_{n\to\infty} x_n = x$.

(d)$x\in\bar{A}$ 当且仅当存在某个 $r_0>0$,使得 $B(x,r_0)\cap A\neq\varnothing$.

习题解答

1. 在线性空间$\mathbb{R}^n$中,对于$\boldsymbol{x}=(\xi_1,\cdots,\xi_n)^{\mathrm{T}}\in\mathbb{R}^n$,定义

$$\|\boldsymbol{x}\|_1=\sum_{i=1}^{n}|\xi_i|,\quad \|\boldsymbol{x}\|_2=(\sum_{i=1}^{n}|\xi_i|^2)^{\frac{1}{2}},$$

$$\|\boldsymbol{x}\|_\infty=\max_{1\leqslant i\leqslant n}|\xi_i|.$$

验证$\|\cdot\|_1,\|\cdot\|_2,\|\cdot\|_\infty$都是$\mathbb{R}^n$上的范数.

证明 仅验证三角不等式,其余是显然的.

设$\boldsymbol{x}=(\xi_1,\cdots,\xi_n)^{\mathrm{T}},\boldsymbol{y}=(\eta_1,\cdots,\eta_n)^{\mathrm{T}}$是$\mathbb{R}^n$中的任意两个元素.

$$\begin{aligned}\|\boldsymbol{x}+\boldsymbol{y}\|_1&=\sum_{i=1}^{n}|\xi_i+\eta_i|\leqslant\sum_{i=1}^{n}(|\xi_i|+|\eta_i|)\\&=\sum_{i=1}^{n}|\xi_i|+\sum_{i=1}^{n}|\eta_i|=\|\boldsymbol{x}\|_1+\|\boldsymbol{y}\|_1;\end{aligned}$$

$$\begin{aligned}\|\boldsymbol{x}+\boldsymbol{y}\|_2&=(\sum_{i=1}^{n}|\xi_i+\eta_i|^2)^{1/2}\\&\leqslant(\sum_{i=1}^{n}|\xi_i|^2)^{1/2}+(\sum_{i=1}^{n}|\eta_i|^2)^{1/2}\\&=\|\boldsymbol{x}\|_2+\|\boldsymbol{y}\|_2;\end{aligned}$$

$$\begin{aligned}\|\boldsymbol{x}+\boldsymbol{y}\|_\infty&=\max_{1\leqslant i\leqslant n}|\xi_i+\eta_i|\\&\leqslant\max_{1\leqslant i\leqslant n}\{|\xi_i|+|\eta_i|\}\leqslant\max_{1\leqslant i\leqslant n}|\xi_i|+\max_{1\leqslant i\leqslant n}|\eta_i|\\&=\|\boldsymbol{x}\|_\infty+\|\boldsymbol{y}\|_\infty.\end{aligned}$$

2. 在线性空间$\mathrm{C}[a,b]$中,对于$x\in\mathrm{C}[a,b]$,定义

$$\|x\|_1=\int_a^b|x(t)|\mathrm{d}t.$$

验证$\|\cdot\|_1$是$\mathrm{C}[a,b]$上的范数.

证明 因为$\forall x,y\in\mathrm{C}[a,b]$及$\forall\alpha\in\mathbb{K}$,有

$$(\mathrm{I}_1)\ \|x_1\|=\int_a^b|x(t)|\mathrm{d}t\geqslant0,$$

显然若$x=0$,即$x(t)\equiv0$,则$\|x\|_1=0$;反之,若$\|x\|_1=0$,即

$$\int_a^b|x(t)|\mathrm{d}t=0,$$

则由 $x(t)$ 的连续性,知 $x(t)\equiv 0$,即 $x=0$;

$$(\mathrm{I}_2)\ \|\alpha x\|_1=\int_a^b|\alpha x(t)|\mathrm{d}t=|\alpha|\int_a^b|x(t)|\mathrm{d}t=|\alpha|\,\|x\|_1;$$

$$\begin{aligned}(\mathrm{I}_3)\ \|x+y\|_1&=\int_a^b|x(t)+y(t)|\mathrm{d}t\leqslant\int_a^b|x(t)|\mathrm{d}t+\int_a^b|y(t)|\mathrm{d}t\\&=\|x\|_1+\|y\|_1;\end{aligned}$$

所以 $\|\cdot\|_1$ 是 $\mathrm{C}[a,b]$ 上的范数.

3. 设 X,Y 和 Z 都是赋范线性空间(或度量空间),若 $f:X\to Y$ 与 $g:Y\to Z$ 都是连续映射,证明 $h=g\circ f$ 是 X 到 Z 的连续映射.

证明 $\forall x\in X$,设 $\{x_n\}$ 是 X 中任一序列.若 $x_n\to x(n\to\infty)$,则由 f 的连续性,应用定理 3.1 可知,在 Y 中有 $f(x_n)\to f(x)(n\to\infty)$.又由于 g 连续,故当 $n\to\infty$ 时,有

$$h(x_n)=g(f(x_n))\to g(f(x))=h(x);$$

再应用定理 3.1,得到 h 是连续的.

注 此题还有其他证明方法,例如可按连续的定义证明.

4. 设 X 和 Y 是两个赋范线性空间,若线性映射 $f:X\to Y$ 保持范数,即 $\forall x\in X$ 有 $\|fx\|=\|x\|$,证明 f 是单射.

证明 $\forall x,y\in X$,若 $fx=fy$,则 $0=\|fx-fy\|=\|f(x-y)\|=\|x-y\|$,从而 $x-y=0$,即 $x=y$,故 f 是单射.

5. 证明赋范线性空间(或度量空间)中任一 Cauchy 序列的点构成的集合是有界集.

证明 设 $\{x_n\}$ 是赋范线性空间(或度量空间) X 中任一 Cauchy 序列, 则对于 $\varepsilon=1$,存在 $N\in\mathbb{N}$,使得 $\forall n>N$ 有 $d(x_n,x_N)<1$,令

$$r=\max\{d(x_1,x_N),d(x_2,x_N),\cdots,d(x_{N-1},x_N),1\},$$

则对每一个 $n\in\mathbb{N}$ 都有 $d(x_n,x_N)\leqslant r$,故 $\{x_n\}$ 是有界集.

6. 设 $\{x_n\}$ 和 $\{y_n\}$ 是赋范线性空间 X 中任意两个 Cauchy 序列,证明数列 $\{\|x_n-y_n\|\}$ 收敛.

证明 由于 $\{x_n\}$ 和 $\{y_n\}$ 都是 X 中的 Cauchy 序列,则 $\forall\varepsilon>0$,$\exists N_1,N_2\in\mathbb{N}$,使得

当 $n,m>N_1$ 时，$\|x_n-x_m\|<\frac{\varepsilon}{2}$；当 $n,m>N_2$ 时，$\|y_n-y_m\|<\frac{\varepsilon}{2}$.

令 $N=\max\{N_1,N_2\}$，则当 $m,n>N$ 时，有

$$|\|x_n-y_n\|-\|x_m-y_m\||\leqslant\|(x_n-y_n)-(x_m-y_m)\|$$

$$\leqslant\|x_n-x_m\|+\|y_n-y_m\|<\frac{\varepsilon}{2}+\frac{\varepsilon}{2}=\varepsilon,$$

这表明 $\{\|x_n-y_n\|\}$ 是 $\mathbb{R}$ 中的 Cauchy 序列，由 $\mathbb{R}$ 的完备性知，数列 $\{\|x_n-y_n\|\}$ 收敛.

7. 证明赋范线性空间 l^∞ 是完备的，这里 l^∞ 中任意元素 $x=(\xi_1,\xi_2,\cdots)$ 的范数 $\|x\|_\infty$ 定义为

$$\|x\|_\infty=\sup_{i\in\mathbb{N}}|\xi_i|.$$

证明　设 $\{x_n\}$ 是 l^∞ 中任意 Cauchy 序列，记 $x_n=(\xi_1^{(n)},\xi_2^{(n)},\cdots)$，则 $\forall\varepsilon>0,\exists N\in\mathbb{N}$，使当 $m,n>N$ 时，$\|x_n-x_m\|=\sup\limits_{i\in\mathbb{N}}|\xi_i^{(n)}-\xi_i^{(m)}|<\varepsilon$，从而对每一个 $i\in\mathbb{N}$，有

$$|\xi_i^{(n)}-\xi_i^{(m)}|<\varepsilon. \tag{$*$}$$

这表明对每一个固定的 $i\in\mathbb{N}$，$\{\xi_i^{(n)}\}_{n\in\mathbb{N}}$ 是 Cauchy 数列，故收敛，于是可设

$$\xi_i^{(n)}\to\xi_i\ (n\to\infty).$$

令 $x=(\xi_1,\xi_2,\cdots)$，对每一个 $i\in\mathbb{N}$，由($*$)式，当 $n\to\infty$ 时得到

$$|\xi_i-\xi_i^{(m)}|\leqslant\varepsilon\quad(m>N). \tag{$**$}$$

由于 $x_m\in l^\infty$，故存在常数 K_m 使得 $|\xi_i^{(m)}|\leqslant K_m$，于是

$$|\xi_i|\leqslant|\xi_i-\xi_i^{(m)}|+|\xi_i^{(m)}|\leqslant\varepsilon+K_m.$$

因此 $x\in l^\infty$，并且由($**$)式知，当 $m>N$ 时，有 $\|x_m-x\|\leqslant\varepsilon$，即 $x_n\to x$. 故 l^∞ 是完备的.

8. 证明($\mathbb{R}^n,\|\cdot\|_\infty$)是完备的，这里 $\mathbb{R}^n$ 中任意元素 $\boldsymbol{x}=(\xi_1,\cdots,\xi_n)^{\mathrm{T}}$ 的范数 $\|\boldsymbol{x}\|_\infty$ 定义为

$$\|\boldsymbol{x}\|_\infty=\max_{1\leqslant i\leqslant n}|\xi_i|.$$

证明　设 $\{\boldsymbol{x}_m\}$ 是 $\mathbb{R}^n$ 中任意 Cauchy 序列，记 $\boldsymbol{x}_m=(\xi_1^{(m)},\cdots,\xi_n^{(m)})^{\mathrm{T}}$，

则 $\forall \varepsilon > 0, \exists N \in \mathbb{N}$,使得当 $m, k > N$ 时,

$$\| \boldsymbol{x}_m - \boldsymbol{x}_k \| = \max_{1 \leqslant i \leqslant n} | \xi_i^{(m)} - \xi_i^{(k)} | < \varepsilon .$$

从而对每一个 $i(1 \leqslant i \leqslant n)$有

$$| \xi_i^{(m)} - \xi_i^{(k)} | < \varepsilon . \qquad (*)$$

这表明对每一个固定的 $i(1 \leqslant i \leqslant n)$,$\{ \xi_i^{(m)} \}_{m \in \mathbb{N}}$是 Cauchy 数列,故收敛.

设 $\xi_i^{(m)} \to \xi_i (m \to \infty)$.令 $\boldsymbol{x} = (\xi_1, \cdots, \xi_n)^{\mathrm{T}}$,则 $\boldsymbol{x} \in \mathbb{R}^n$,并且对每一个 $i(1 \leqslant i \leqslant n)$,在$(*)$式中,令 $m \to \infty$ 得

$$| \xi_i - \xi_i^{(k)} | \leqslant \varepsilon \quad (k > N),$$

因此当 $k > N$ 时,有 $\| \boldsymbol{x}_k - \boldsymbol{x} \|_\infty = \max\limits_{1 \leqslant i \leqslant n} | \xi_i^{(k)} - \xi_i | \leqslant \varepsilon$,即 $\boldsymbol{x}_m \to \boldsymbol{x}$,故$(\mathbb{R}^n, \| \cdot \|_\infty)$完备.

9. 设 $\| \cdot \|_1$ 和 $\| \cdot \|_2$ 是线性空间 X 上的两个等价范数,$\{x_n\}$是 X 中的序列.证明:

(1)$\{x_n\}$是$(X, \| \cdot \|_1)$中的 Cauchy 序列,当且仅当$\{x_n\}$是$(X, \| \cdot \|_2)$中的 Cauchy 序列;

(2)$\{x_n\}$依范数 $\| \cdot \|_1$ 收敛于 x,当且仅当$\{x_n\}$依范数 $\| \cdot \|_2$ 收敛于 x.

证明 由于 $\| \cdot \|_1$ 和 $\| \cdot \|_2$ 是 X 上的两个等价范数,则 $\exists a > 0, b > 0$,使得 $\forall x \in X$ 都有

$$a \| x \|_2 \leqslant \| x \|_1 \leqslant b \| x \|_2$$

(1)"$\Rightarrow$":若$\{x_n\}$是$(X, \| \cdot \|_1)$中的 Cauchy 序列,则 $\forall \varepsilon > 0, \exists N \in \mathbb{N}$,使得当 $n, m > N$ 时,$\| x_n - x_m \|_1 < a\varepsilon$,于是 $\| x_n - x_m \|_2 \leqslant \dfrac{1}{a} \| x_n - x_m \|_1 < \varepsilon$.因此$\{x_n\}$是$(X, \| \cdot \|_2)$中的 Cauchy 序列.

"$\Leftarrow$":若$\{x_n\}$是$(X, \| \cdot \|_2)$中的 Cauchy 序列,则 $\forall \varepsilon > 0, \exists N \in \mathbb{N}$,使得当 $n, m > N$ 时,$\| x_n - x_m \|_2 < \dfrac{\varepsilon}{b}$,于是 $\| x_n - x_m \|_1 \leqslant b \| x_n - x_m \|_2 < \varepsilon$.故$\{x_n\}$是$(X, \| \cdot \|_1)$中的 Cauchy 序列.

(2)只证明必要性,充分性的证明完全类似.

由$\{x_n\}$依范数$\|\cdot\|_1$收敛于x,即$\lim\limits_{n\to\infty}\|x_n-x\|_1=0$,立即可得

$$0\leqslant\lim_{n\to\infty}\|x_n-x\|_2\leqslant\lim_{n\to\infty}\frac{1}{a}\|x_n-x\|_1=0,$$

故$\{x_n\}$依范数$\|\cdot\|_2$收敛于x.

10. 设 A 是赋范线性空间(或度量空间)X 的子集,证明:A 是 X 中的开集,当且仅当 A 是一族开球之并.

证明　充分性是显然的,现证必要性.

设 A 是 X 中的开集,则对于每一点 $x\in A$,存在 $r_x>0$,使得 $B(x,r_x)\subset A$,于是 $A\subset\bigcup\limits_{x\in A}B(x,r_x)\subset A$.因此 $A=\bigcup\limits_{x\in A}B(x,r_x)$是一族开球之并.

11. 设 Y 是赋范线性空间 X 的子空间,证明 Y 的闭包 $\bar{Y}$ 也是 X 的子空间.

证明　对于任意 $x,y\in\bar{Y}$ 以及 $\alpha\in\mathbb{K}$,则存在$\{x_n\},\{y_n\}\subset Y$,使得 $x_n\to x,y_n\to y$.由于 Y 是 X 的线性子空间,故有 $x_n+y_n\in Y,\alpha x_n\in Y$,而显然 $x_n+y_n\to x+y\in\bar{Y},\alpha x_n\to\alpha x\in\bar{Y}$,因此 $\bar{Y}$ 是 X 的线性子空间.

12. 设 f 和 g 是赋范线性空间(或度量空间)X 上的实值连续泛函,A 为 X 的稠密子集,若$\forall x\in A$ 有$f(x)\leqslant g(x)$,则$\forall x\in X$ 也有$f(x)\leqslant g(x)$.

证明　$\forall x\in X$,由于 A 在 X 中稠密,故存在$\{x_n\}\subset A$,使得 $x_n\to x$.由假设,对每一个 $n\in\mathbb{N}$,$f(x_n)\leqslant g(x_n)$.利用f 和 g 的连续性,令 $n\to\infty$取极限得 $f(x)\leqslant g(x)$.

13. 设 X 和 Y 是赋范线性空间(或度量空间),$f:X\to Y$ 是连续映射且$f(X)=Y$,若 A 在 X 中稠密,证明 $f(A)$在 Y 中稠密.

证明　要证$\overline{f(A)}=Y$,只需证明 $Y\subset\overline{f(A)}$.

$\forall y\in Y=f(X)$,$\exists x\in X=\bar{A}$,使得 $y=f(x)$;于是存在$\{x_n\}\subset A$ 使得 $x_n\to x$,并且集合$\{f(x_n)\}\subset f(A)$.由于 f 是连续映射,故 $f(x_n)\to f(x)=y\in\overline{f(A)}$,所以 $Y\subset\overline{f(A)}$.

14. 设(X,d)是度量空间,证明$\forall x,y,x_1,y_1\in X$,有

$$|d(x,y)-d(x_1,y_1)|\leqslant d(x,x_1)+d(y,y_1).$$

证明 $|d(x,y)-d(x_1,y_1)|$

$$=|d(x,y)-d(y,x_1)+d(y,x_1)-d(x_1,y_1)|$$

$$\leqslant|d(x,y)-d(y,x_1)|+|d(y,x_1)-d(x_1,y_1)|$$

$$\leqslant d(x,x_1)+d(y,y_1).$$

15. 证明：

(1)有限多个紧集的并是紧集；

(2)任意多个紧集的交是紧集.

证明 (1)设 $A_1,A_2,\cdots,A_m$ 是赋范线性空间(或度量空间)X 中的紧集，$\{x_n\}$是$\bigcup_{i=1}^{m}A_i$ 中任意序列，则必有一个 $A_j(1\leqslant j\leqslant m)$包含$\{x_n\}$中无穷多个元素，从而构成$\{x_n\}$的一个子序列. 由于 A_j 是紧集，则该子序列必有在 A_j 中收敛的子序列，记为$\{x_{n_k}\}$. 于是$\{x_n\}$存在子序列$\{x_{n_k}\}$，使得 $x_{n_k}\to x\in A_j\subset\bigcup_{i=1}^{m}A_i$，因此$\bigcup_{i=1}^{m}A_i$ 是紧集.

(2)设$\{A_\alpha\}_{\alpha\in D}$是赋范线性空间(或度量空间)$X$ 中的一族紧集，记 $A=\bigcap_{\alpha\in D}A_\alpha$. 设$\{x_n\}$是 A 中的任意序列，则对每一个 $\alpha\in D$，$\{x_n\}\subset A_\alpha$. 而 A_α 是紧集，则有子序列$\{x_{n_k}\}\subset\{x_n\}$，使得 $x_{n_k}\to x\in A_\alpha(\forall\alpha\in D)$，因此 $x_{n_k}\to x\in\bigcap_{\alpha\in D}A_\alpha=A$，即 A 是紧集.

16. 证明任何一个紧空间都是完备的.

证明 设$\{x_n\}$是紧度量空间 X 中的任意 Cauchy 序列，则存在子序列$\{x_{n_k}\}\subset\{x_n\}$，使得 $x_{n_k}\to x\in X$. 由于$\{x_n\}$是 Cauchy 序列，故 $x_n\to x\in X$，因此 X 是完备的.

17. 若 $C^1[0,1]$中任意一元素 x 的范数定义为

$$\|x\|_d=\max_{0\leqslant t\leqslant 1}|x(t)|+\max_{0\leqslant t\leqslant 1}\left|\frac{dx(t)}{dt}\right|,$$

并且 $C^1[0,1]$到 $C[0,1]$上的微分算子 D 定义为

$$(Dx)(t)=\frac{dx(t)}{dt}\quad(x\in C^1[0,1]),$$

证明 D 是有界线性算子.

证明　$D: C^1[0,1] \to C[0,1]$ 显然是线性的.因为 $\forall\, x \in C^1[0,1]$,有

$$\|Dx\| = \max_{0 \leqslant t \leqslant 1}\left|\frac{dx(t)}{dt}\right| \leqslant \max_{0 \leqslant t \leqslant 1}|x(t)| + \max_{0 \leqslant t \leqslant 1}\left|\frac{dx(t)}{dt}\right| = \|x\|_d,$$

故 D 是有界的,且 $\|D\| \leqslant 1$.

18. 对于 $x = (\xi_1, \xi_2, \cdots) \in l^2$,定义 l^2 上的左移算子 T_n 为

$$T_n x = (\xi_{n+1}, \xi_{n+2}, \cdots),$$

证明线性算子 $T_n: l^2 \to l^2$ 是有界的,且 $\|T_n\| = 1$.

证明　$\forall\, x = (\xi_1, \xi_2, \cdots) \in l^2$,

$$\|T_n x\| = \left(\sum_{i=n+1}^{\infty}|\xi_i|^2\right)^{\frac{1}{2}} \leqslant \left(\sum_{i=1}^{\infty}|\xi_i|^2\right)^{\frac{1}{2}} = \|x\|,$$

故 T_n 是有界的,且 $\|T_n\| \leqslant 1$;另一方面,取 $x_0 = (\underbrace{0, \cdots, 0}_{n个}, 1, 0, \cdots) \in l^2$,则得 $\|T_n\| \geqslant \|T_n x_0\| = 1$;因此 $\|T_n\| = 1$.

19. 在实赋范线性空间 $C[a,b]$ 上定义泛函 f,使得 $\forall\, x \in C[a,b]$,有 $f(x) = x(t_0)$,其中 t_0 是闭区间 $[a,b]$ 上的固定点.证明 f 是有界线性泛函,并求 f 的范数 $\|f\|$.

证明　(1) $\forall\, x, y \in C[a,b]$ 及 $\forall\, \alpha, \beta \in \mathbb{R}$,有

$$\begin{aligned} f(\alpha x + \beta y) &= (\alpha x + \beta y)(t_0) = \alpha x(t_0) + \beta y(t_0) \\ &= \alpha f(x) + \beta f(y), \end{aligned}$$

故 f 是线性泛函.

(2) $\forall\, x \in C[a,b]$,　$|f(x)| = |x(t_0)| \leqslant \max\limits_{a \leqslant t \leqslant b}|x(t)| = \|x\|$,

故 f 是有界的,且 $\|f\| \leqslant 1$.

(3) 令 x_0 为 $[a,b]$ 上取常值 1 的函数,即 $x_0(t) \equiv 1$,则

$$x_0 \in C[a,b], \quad \|x_0\| = 1,$$

且　　$\|f\| \geqslant |f(x_0)| = |x_0(t)| = 1$,

因此 $\|f\| = 1$.

20. 设 X 和 Y 是线性空间,$T: X \to Y$ 是线性算子,且 T 是满射.证明:

(1) $T^{-1}: Y \to X$ 存在的充分必要条件是若 $Tx=0$,则必有 $x=0$;

(2)若 T^{-1}存在,则 T^{-1}也是线性的.

证明

(1)"$\Rightarrow$":显然,对任一线性算子 T,有 $T0=0$.若 $Tx=0$,则 $Tx=T0$.因为 T^{-1}存在,故 T 必是单射,所以 $x=0$.

"$\Leftarrow$":$\forall x_1, x_2 \in X$,若 $Tx_1 = Tx_2$,则 $T(x_1-x_2) = Tx_1 - Tx_2 = 0$.由假设知 $x_1 - x_2 = 0$,即 $x_1 = x_2$,故 T 必是单射.又因为 T 是满射,因此 $T^{-1}: Y \to X$ 存在.

(2)设 $T^{-1}: Y \to X$ 存在.$\forall y_1, y_2 \in Y$ 及任意 $\alpha, \beta \in \mathbb{K}$,因 T 是满射,故 $\exists x_1, x_2 \in X$,使得 $y_1 = Tx_1, y_2 = Tx_1$,于是

$$T^{-1}(\alpha y_1 + \beta y_2) = T^{-1}(\alpha Tx_1 + \beta Tx_2) = T^{-1}(T(\alpha x_1 + \beta x_2))$$
$$= \alpha x_1 + \beta x_2 = \alpha T^{-1} y_1 + \beta T^{-1} y_2,$$

即 T^{-1}是线性的.

21. 设 X 和 Y 是赋范线性空间,$T: X \to Y$ 是有界线性算子,且 T 是满射.若存在正数 b,使得对一切 $x \in X$ 皆有 $\|Tx\| \geqslant b\|x\|$,则 $T^{-1}: Y \to X$存在,它也是有界线性算子,并且 $\|T^{-1}\| \leqslant \frac{1}{b}$.

证明 若 $Tx=0$,则 $\|Tx\|=0$,由假设 $b\|x\| \leqslant \|Tx\| = 0$ 以及 $b>0$,得 $\|x\|=0$,即 $x=0$.由上题知,$T^{-1}: Y \to X$ 存在,且 T^{-1}是线性的.此外,$\forall y \in Y$, $\exists x \in X$,使得 $y = Tx$,于是

$$\|T^{-1}y\| = \|x\| \leqslant \frac{1}{b}\|Tx\| = \frac{1}{b}\|y\|,$$

故 T^{-1}是有界的,且 $\|T^{-1}\| \leqslant \frac{1}{b}$.

22. 证明有限维赋范线性空间中的有界集是列紧集;有界闭集是紧集.

证明 设 X 是 n 维赋范线性空间,$\{e_1, \cdots, e_n\}$是 X 的基,M 是 X 中的有界集.对于 M 中任意序列$\{x_m\}$,每一个 x_m 在基下有唯一的表示式

$$x_m = \alpha_1^{(m)} e_1 + \alpha_2^{(m)} e_2 + \cdots + \alpha_n^{(m)} e_n.$$

由于 M 有界,从而序列$\{x_m\}$有界,设 $\|x_m\| \leqslant K\ (m \in \mathbb{N})$,应用定

理3.28,存在正数 c,使得

$$K\geqslant\|x_m\|\geqslant c\left(\sum_{i=1}^{n}|\alpha_i^{(m)}|^2\right)^{\frac{1}{2}}.$$

因此,对每一个固定的 $i(i=1,\cdots,n)$,数列 $\{\alpha_i^{(m)}\}$ 是有界的.

当 $i=1$ 时,有界数列 $\{\alpha_1^{(m)}\}$ 有收敛的子序列 $\{\alpha_1^{(1,m)}\}$(因为由例3.8的证明知,$\{\alpha_1^{(m)}\}$ 有一个单调的子序列 $\{\alpha_1^{(1,m)}\}$,由单调有界准则,它是收敛的).设 $\alpha_1^{(1,m)}\to\alpha_1$.

令 $x_{1,m}=\alpha_1^{(1,m)}e_1+\alpha_2^{(1,m)}e_2+\cdots+\alpha_n^{(1,m)}e_n$,则 $\{x_{1,m}\}$ 是 $\{x_m\}$ 的子序列.同理,有界数列 $\{\alpha_2^{(m)}\}$ 有收敛的子序列 $\{\alpha_2^{(2,m)}\}$,并设 $\alpha_2^{(2,m)}\to\alpha_2$.

令 $x_{2,m}=\alpha_1^{(2,m)}e_1+\alpha_2^{(2,m)}e_2+\cdots+\alpha_n^{(2,m)}e_n$,则 $\{x_{2,m}\}$ 是 $\{x_{1,m}\}$ 的子序列,从而是 $\{x_m\}$ 的子序列.由于 $\{\alpha_1^{(2,m)}\}$ 是 $\{\alpha_1^{(1,m)}\}$ 的子序列,因此仍然有 $\alpha_1^{(2,m)}\to\alpha_1$.

按这样的方法继续到第 n 步,可得到 $\{x_m\}$ 的子序列 $\{x_{n,m}\}$,其中

$$x_{n,m}=\alpha_1^{(n,m)}e_1+\alpha_2^{(n,m)}e_2+\cdots+\alpha_n^{(n,m)}e_n,$$

并且对每一个 $i(i=1,\cdots,n)$,有 $\alpha_i^{(n,m)}\to\alpha_i$.令 $x=\alpha_1e_1+\alpha_2e_2+\cdots+\alpha_ne_n$,则 $x_{n,m}\to x$,故 M 是列紧集.

若 M 是 X 中的有界闭集,则由上面的证明知,M 中任意序列 $\{x_m\}$ 有一个在 M 中收敛的子序列 $\{x_{n,m}\}$,即 $x_{n,m}\to x\in M$,因此 M 是紧集.

23. 设 $\|\cdot\|$ 是 $\mathbb{C}^{n\times n}$ 上的方阵范数,$\boldsymbol{D}$ 是 n 阶可逆矩阵,$\forall\boldsymbol{A}\in\mathbb{C}^{n\times n}$ 定义

$$\|\boldsymbol{A}\|_*=\|\boldsymbol{D}^{-1}\boldsymbol{A}\boldsymbol{D}\|,$$

证明 $\|\cdot\|$ 是 $\mathbb{C}^{n\times n}$ 上的方阵范数.

证明　由于 $\|\cdot\|$ 是 $\mathbb{C}^{n\times n}$ 上的方阵范数,故 $\forall\boldsymbol{A},\boldsymbol{B}\in\mathbb{C}^{n\times n}$ 及 $\forall\alpha\in\mathbb{C}$,有

(1) $\|\boldsymbol{A}\|_*=\|\boldsymbol{D}^{-1}\boldsymbol{A}\boldsymbol{D}\|\geqslant0$,并且 $\|\boldsymbol{A}\|_*=\|\boldsymbol{D}^{-1}\boldsymbol{A}\boldsymbol{D}\|=0\Leftrightarrow\boldsymbol{D}^{-1}\boldsymbol{A}\boldsymbol{D}=\boldsymbol{0}\Leftrightarrow\boldsymbol{A}=\boldsymbol{0}$;

(2)
$$\begin{aligned}\|\alpha\boldsymbol{A}\|_*&=\|\boldsymbol{D}^{-1}\alpha\boldsymbol{A}\boldsymbol{D}=\boldsymbol{0}\|=|\alpha|\,\|\boldsymbol{D}^{-1}\boldsymbol{A}\boldsymbol{D}\|\\&=|\alpha|\,\|\boldsymbol{A}\|_*;\end{aligned}$$

(3) $\|A+B\|_*=\|D^{-1}(A+B)D\|=\|D^{-1}AD+D^{-1}BD\|$

$$\leqslant\|D^{-1}AD\|+\|D^{-1}BD\|$$

$$=\|A\|_*+\|B\|_*;$$

(4) $\|AB\|_*=\|D^{-1}ABD\|=\|(D^{-1}AD)(D^{-1}BD)\|$

$$\leqslant\|D^{-1}AD\|\ \|D^{-1}BD\|=\|A\|_*\|B\|_*.$$

因此，$\|\cdot\|_*$是$\mathbb{C}^{n\times n}$上的方阵范数.

24. 设$\|\cdot\|$是$\mathbb{C}^{n\times n}$上的方阵范数，B 和 C 都是 n 阶可逆矩阵，且 $\|B^{-1}\|\leqslant1$，$\|C^{-1}\|\leqslant1$. $\forall A\in\mathbb{C}^{n\times n}$，定义$\|A\|_*=\|BAC\|$.证明$\|\cdot\|_*$是$\mathbb{C}^{n\times n}$上的方阵范数.

证明 仅验证三角不等式和次乘性(其余是显然的).

$\forall A,D\in\mathbb{C}^{n\times n}$，有

$$\|A+D\|_*=\|B(A+D)C\|=\|BAC+BDC\|$$

$$\leqslant\|BAC\|+\|BDC\|=\|A\|_*+\|D\|_*;$$

$$\|AD\|_*=\|BADC\|=\|BACC^{-1}B^{-1}BDC\|$$

$$\leqslant\|BAC\|\cdot\|C^{-1}\|\cdot\|B^{-1}\|\cdot\|BDC\|$$

$$\leqslant\|BAC\|\cdot\|BDC\|=\|A\|_*\|D\|_*.$$

25. 对于$\mathbb{C}^{n\times n}$上的任何算子范数$\|\cdot\|$，证明：

(1)若 $E\in\mathbb{C}^{n\times n}$是单位矩阵，则$\|E\|=1$；

(2)若 $A\in\mathbb{C}^{n\times n}$是可逆矩阵，则$\|A^{-1}\|\geqslant\|A\|^{-1}$.

证明 (1) $\|E\|=\sup\limits_{\|x\|=1}\|Ex\|=\sup\limits_{\|x\|=1}\|x\|=1$.

(2)由于 $1=\|E\|=\|AA^{-1}\|\leqslant\|A\|\ \|A^{-1}\|$，

故 $$\|A^{-1}\|\geqslant\|A\|^{-1}.$$

26. 对于任意 $A\in\mathbb{C}^{n\times n}$，证明$\frac{1}{\sqrt{n}}\|A\|_F\leqslant\|A\|_2\leqslant\|A\|_F$.

证明 设 $A=[a_{ij}]_{n\times n}$，$A^{\mathrm{H}}A$ 的 n 个特征值为

$$\lambda_1\geqslant\lambda_2\geqslant\cdots\geqslant\lambda_n\geqslant0.$$

由例 3.32 知，$\|A\|_2=\sqrt{\rho(A^{\mathrm{H}}A)}=\sqrt{\lambda_1}$，而

$$\|A\|_F=\left(\sum_{i=1}^{n}\sum_{j=1}^{n}|a_{ij}|^2\right)^{1/2}=(\mathrm{tr}(A^HA))^{1/2}=\left(\sum_{i=1}^{n}\lambda_i\right)^{1/2}.$$

因为$\left(\frac{1}{n}\sum_{i=1}^{n}\lambda_i\right)^{1/2}\leqslant\sqrt{\lambda_1}\leqslant\left(\sum_{i=1}^{n}\lambda_i\right)^{1/2}\leqslant(n\lambda_1)^{1/2}=\sqrt{n}\sqrt{\lambda_1}$,

所以 $\frac{1}{\sqrt{n}}\|\boldsymbol{A}\|_F\leqslant\|\boldsymbol{A}\|_2\leqslant\|\boldsymbol{A}\|_F$.

27. 设$\|\cdot\|$是$\mathbb{C}^{n\times n}$上的任一种方阵范数,λ是$\boldsymbol{A}\in\mathbb{C}^{n\times n}$的特征值.若$\boldsymbol{A}$是可逆矩阵,证明:

$$\frac{1}{\|\boldsymbol{A}^{-1}\|}\leqslant|\lambda|\leqslant\|\boldsymbol{A}\|.$$

证明 显然$|\lambda|\leqslant\|\boldsymbol{A}\|$.因为$\lambda$是可逆阵$\boldsymbol{A}$的特征值,则$\frac{1}{\lambda}$是$\boldsymbol{A}^{-1}$特征值,故$\left|\frac{1}{\lambda}\right|\leqslant\|\boldsymbol{A}^{-1}\|$,即$|\lambda|\geqslant\frac{1}{\|\boldsymbol{A}^{-1}\|}$,所以

$$\frac{1}{\|\boldsymbol{A}^{-1}\|}\leqslant|\lambda|\leqslant\|\boldsymbol{A}\|.$$

28. 设$\boldsymbol{A}\in\mathbb{C}^{n\times n}$,证明:

(1)若$\boldsymbol{A}$是正规矩阵,则$\rho(\boldsymbol{A})=\|\boldsymbol{A}\|_2$;

(2)若$\boldsymbol{A}=\boldsymbol{A}^{\mathrm{H}}$,则$\rho(\boldsymbol{A})=\|\boldsymbol{A}\|_2$;

(3)若$\boldsymbol{A}$是酉矩阵,则$\rho(\boldsymbol{A})=1$.

证明 (1)设正规矩阵$\boldsymbol{A}$的n个特征值$\lambda_1,\lambda_2,\cdots,\lambda_n$的模满足不等式$|\lambda_1|\geqslant|\lambda_2|\geqslant\cdots\geqslant|\lambda_n|$,因此$\rho(\boldsymbol{A})=|\lambda_1|$.

因$\boldsymbol{A}$是正规矩阵,故必存在酉矩阵$\boldsymbol{U}\in\mathbb{C}^{n\times n}$,使得

$$\boldsymbol{U}^{\mathrm{H}}\boldsymbol{A}\boldsymbol{U}=\mathrm{diag}(\lambda_1,\lambda_2,\cdots,\lambda_n),$$

从而 $$\boldsymbol{U}^{\mathrm{H}}\boldsymbol{A}^{\mathrm{H}}\boldsymbol{U}=\mathrm{diag}(\bar{\lambda}_1,\bar{\lambda}_2,\cdots,\bar{\lambda}_n).$$

两式相乘得

$$\begin{aligned}\boldsymbol{U}^{\mathrm{H}}\boldsymbol{A}^{\mathrm{H}}\boldsymbol{A}\boldsymbol{U}&=\mathrm{diag}(\bar{\lambda}_1\lambda_1,\bar{\lambda}_2\lambda_2,\cdots,\bar{\lambda}_n\lambda_n)\\&=\mathrm{diag}(|\lambda_1|^2,|\lambda_2|^2,\cdots,|\lambda|_n^2),\end{aligned}$$

由此知$\boldsymbol{A}^{\mathrm{H}}\boldsymbol{A}$的最大特征值为$|\lambda_1|^2$,即$\rho(\boldsymbol{A}^{\mathrm{H}}\boldsymbol{A})=|\lambda_1|^2$,所以

$$\|\boldsymbol{A}\|_2=\sqrt{\rho(\boldsymbol{A}^{\mathrm{H}}\boldsymbol{A})}=|\lambda_1|=\rho(\boldsymbol{A}).$$

(2)若$\boldsymbol{A}=\boldsymbol{A}^{\mathrm{H}}$,即$\boldsymbol{A}$是Hermite矩阵,则$\boldsymbol{A}$是正规矩阵,由(1)立即得证.

(3)由于 $\boldsymbol{A}$ 是酉矩阵,故 $|\lambda_1|=|\lambda_2|=\cdots=|\lambda_n|=1$,所以

$$\rho(\boldsymbol{A})=1.$$

29. 设 $\boldsymbol{A}\in\mathbb{C}^{n\times n}$,若 $\boldsymbol{U}\in\mathbb{C}^{n\times n}$ 是酉矩阵,则 $\rho(\boldsymbol{AU})\leqslant\|\boldsymbol{A}\|_2$.

证明 由定理 3.34 知,$\|\boldsymbol{AU}\|_2=\|\boldsymbol{A}\|_2$,再由定理 3.33 得

$$\rho(\boldsymbol{AU})\leqslant\|\boldsymbol{AU}\|_2=\|\boldsymbol{A}\|_2.$$

30. 设 X 是内积空间,$A\subset X$,证明 $A^{\perp}$ 是 X 的闭子空间.

证明 显然 $A^{\perp}$ 是非空的.下面先证 $A^{\perp}$ 是 X 的子空间,这只需验证 $A^{\perp}$ 对 X 的线性运算是封闭的即可.

$\forall x,y\in A^{\perp}$ 及 $\forall\alpha\in\mathbb{K}$,设 a 是 A 的任一元素,则

$$\langle x,a\rangle=0,$$

$$\langle y,a\rangle=0,$$

于是有 $$\langle x+y,a\rangle=\langle x,a\rangle+\langle y,a\rangle=0,$$

及 $$\langle\alpha x,a\rangle=\alpha\langle x,a\rangle=0,$$

故 $$x+y\in A^{\perp},\alpha x\in A^{\perp}.$$

再证 $A^{\perp}$ 是 X 的闭集,只需证 $\overline{A^{\perp}}\subset A^{\perp}$ 即可.

$\forall x\in\overline{A^{\perp}}$,必存在 $\{x_n\}\subset A^{\perp}$,使得 $x_n\to x$.因为 $x_n\in A^{\perp}$,故 $\forall a\in A$,有 $\langle x_n,a\rangle=0,n=1,2,\cdots$.从而有

$$\langle x,a\rangle=\langle\lim_{n\to\infty}x_n,a\rangle=\lim_{n\to\infty}\langle x_n,a\rangle=0,$$

所以 $x\in A^{\perp}$,因此 $\overline{A^{\perp}}\subset A^{\perp}$.

综上可得 $A^{\perp}$ 是 X 的闭子空间.

第4章 矩阵分析

本章重点

1. 单元函数矩阵的导数与积分,向量值函数的导数.
2. 方阵序列与方阵级数收敛的充要条件,$\lim\limits_{k\to\infty}\boldsymbol{A}^k=\boldsymbol{0}$ 的充要条件.
3. 方阵幂级数收敛的判别法.
4. 常见方阵函数的定义及性质.
5. 常见方阵函数值的计算.
6. 利用 $\mathrm{e}^{\boldsymbol{A}t}$ 解一阶线性常系数微分方程组初值问题.

复习思考题

一、判断题

1. 设 $\boldsymbol{A}(t)=[a_{ij}(t)]_{n\times n}$ 可导,则 $\dfrac{\mathrm{d}\boldsymbol{A}^2(t)}{\mathrm{d}t}=2\boldsymbol{A}(t)\dfrac{\mathrm{d}\boldsymbol{A}(t)}{\mathrm{d}t}$. ( )

2. 设 $\boldsymbol{A}(t)=[a_{ij}(t)]_{n\times n}$ 可导,则 $\dfrac{\mathrm{d}\boldsymbol{A}^{\mathrm{T}}(t)}{\mathrm{d}t}=\left(\dfrac{\mathrm{d}\boldsymbol{A}(t)}{\mathrm{d}t}\right)^{\mathrm{T}}$. ( )

3. 设 $\boldsymbol{A}_m=[a_{ij}^{(m)}]\in\mathbb{C}^{n\times n}(m\in\mathbb{N})$,$\boldsymbol{A}=[a_{ij}]\in\mathbb{C}^{n\times n}$,则
$\lim\limits_{m\to\infty}\boldsymbol{A}_m=\boldsymbol{A}\Leftrightarrow\forall\, i,j=1,2,\cdots,n$ 有 $\lim\limits_{m\to\infty}a_{ij}^{(m)}=a_{ij}$. ( )

4. 设 $\boldsymbol{A}\in\mathbb{C}^{n\times n}$,则 $\lim\limits_{m\to\infty}\boldsymbol{A}^m=\boldsymbol{0}\Leftrightarrow\|\boldsymbol{A}\|_2<1$. ( )

5. $\forall\,\boldsymbol{X}\in\mathbb{C}^{n\times n}$,则 $\mathrm{e}^{\boldsymbol{X}+2\pi\boldsymbol{E}}=\mathrm{e}^{\boldsymbol{X}}$. ( )

6. 设 $\boldsymbol{A}\in\mathbb{C}^{n\times n}$,则 $\det(\mathrm{e}^{\boldsymbol{A}})=\mathrm{e}^{\mathrm{tr}\,\boldsymbol{A}}$. ( )

7. $\forall\,\boldsymbol{A}\in\mathbb{C}^{n\times n}$,$(\mathrm{e}^{\boldsymbol{A}})^{-1}=\mathrm{e}^{\boldsymbol{A}^{-1}}$. ( )

8. $\forall\,\boldsymbol{A}\in\mathbb{C}^{n\times n}$,$\sin(\boldsymbol{A}^{\mathrm{T}})=\sin\boldsymbol{A}$. ( )

9. 设 $\boldsymbol{A}\in\mathbb{C}^{n\times n}$ 是反 Hermite 矩阵(即 $\boldsymbol{A}^{\mathrm{H}}=-\boldsymbol{A}$),则 $\mathrm{e}^{\boldsymbol{A}}$ 是酉矩阵. ( )

10. 设 $\boldsymbol{A}\in\mathbb{C}^{n\times n}$ 是 Hermite 矩阵,则 $\mathrm{e}^{\boldsymbol{A}}$ 是正定矩阵. ( )

二、填空题

1. 设 $f(\boldsymbol{x})=f(x_1,x_2,x_3)=[x_1\mathrm{e}^{x_2},\ x_2\sin\ x_3]^{\mathrm{T}}$,则 $f'(\boldsymbol{x})=$

________.

2.设 $\boldsymbol{A}(t)$是 3 阶可逆方阵,若$\dfrac{\mathrm{d}\boldsymbol{A}(t)}{\mathrm{d}t}=2t\boldsymbol{E}$,且 $\boldsymbol{A}(0)=\boldsymbol{E}$,则$\dfrac{\mathrm{d}\boldsymbol{A}^{-1}(t)}{\mathrm{d}t}=$________.

3.设 $\boldsymbol{A}(t)=\begin{bmatrix}\cos t & \sin t\\ -\sin t & \cos t\end{bmatrix}$,则 $\det\left(\dfrac{\mathrm{d}\boldsymbol{A}(t)}{\mathrm{d}t}\right)=$________.

4.设 $\boldsymbol{U}\in\mathbb{C}^{n\times n}$是酉矩阵,$\boldsymbol{A}=\dfrac{1}{2}\boldsymbol{U}$,则 $\lim\limits_{m\to\infty}\boldsymbol{A}^m=$________.

5.设 $\boldsymbol{A}\in\mathbb{C}^{3\times 3}$的最小多项式 $m(\lambda)=(\lambda+1)(\lambda-2)^2$,则 $\det(\mathrm{e}^{\boldsymbol{A}t})$ =________.

6.设 $\boldsymbol{A}=\begin{bmatrix}-2 & 1 & \\ & -2 & 1\\ & & -2\end{bmatrix}$,则 $\mathrm{e}^{\boldsymbol{A}t}=$____________.

7.设 $\boldsymbol{A}=\begin{bmatrix}-1 & & \\ & 1 & \\ & & 2\end{bmatrix}$,则$\dfrac{\mathrm{d}}{\mathrm{d}t}(\sin \boldsymbol{A}t)=$____________.

8.设 $\boldsymbol{A}=\begin{bmatrix}-1 & & \\ 7 & 0 & \\ -4 & 3 & 2\end{bmatrix}$,则 $\rho(\cos\boldsymbol{A})=$____________.

9.设 $\boldsymbol{A}=\begin{bmatrix}1 & 2\mathrm{i}\\ -1 & 2\end{bmatrix}$,则 $\det[(\mathrm{e}^{\boldsymbol{A}})^{-1}]=$____________.

习题解答

1. 设 $f(\boldsymbol{x})=f(x_1,x_2,x_3)=(x_1\mathrm{e}^{x_2},x_2+\sin x_3)^{\mathrm{T}}$,求 $f'(\boldsymbol{x})$.

解 $f'(\boldsymbol{x})=\begin{bmatrix}\mathrm{e}^{x_2} & x_1\mathrm{e}^{x_2} & 0\\ 0 & 1 & \cos x_3\end{bmatrix}$.

2. 设 $\boldsymbol{A}(t)=\begin{bmatrix}\cos t & \sin t\\ -\sin t & \cos t\end{bmatrix}$,求 $\dfrac{\mathrm{d}\boldsymbol{A}(t)}{\mathrm{d}t}$, $\dfrac{\mathrm{d}}{\mathrm{d}t}(\det\boldsymbol{A}(t))$, $\det\left(\dfrac{\mathrm{d}\boldsymbol{A}(t)}{\mathrm{d}t}\right)$.

解 $\dfrac{\mathrm{d}\boldsymbol{A}(t)}{\mathrm{d}t}=\begin{bmatrix}-\sin t & \cos t\\ -\cos t & -\sin t\end{bmatrix}$,

$$\frac{\mathrm{d}}{\mathrm{d}t}(\det \boldsymbol{A}(t))=\frac{\mathrm{d}}{\mathrm{d}t}(\cos^2 t+\sin^2 t)=0,$$

$$\det\left(\frac{\mathrm{d}\boldsymbol{A}(t)}{\mathrm{d}t}\right)=\begin{vmatrix}-\sin t & \cos t\\ -\cos t & -\sin t\end{vmatrix}=\sin^2 t+\cos^2 t=1.$$

3. 设 $\boldsymbol{A}(t)=\begin{bmatrix}\mathrm{e}^t & t\mathrm{e}^t\\ 1 & 2t\\ \sin t & \cos t\end{bmatrix}$,求 $\int_0^1 \boldsymbol{A}(t)\mathrm{d}t$.

解 $$\int_0^1 \boldsymbol{A}(t)\mathrm{d}t=\begin{bmatrix}\int_0^1 \mathrm{e}^t\mathrm{d}t & \int_0^1 t\mathrm{e}^t\mathrm{d}t\\ \int_0^1 \mathrm{d}t & \int_0^1 2t\mathrm{d}t\\ \int_0^1 \sin t\mathrm{d}t & \int_0^1 \cos t\mathrm{d}t\end{bmatrix}=\begin{bmatrix}\mathrm{e}-1 & 1\\ 1 & 1\\ 1-\cos 1 & \sin 1\end{bmatrix}.$$

4. 设 $\boldsymbol{x}=(x_1(t),x_2(t),\cdots,x_n(t))^{\mathrm{T}}\in\mathbb{R}^n$,$\boldsymbol{A}\in\mathbb{R}^{n\times n}$ 是对称矩阵,$f=\boldsymbol{x}^{\mathrm{T}}\boldsymbol{A}\boldsymbol{x}$. 试证:

(1) $\dfrac{\mathrm{d}f}{\mathrm{d}t}=2\boldsymbol{x}^{\mathrm{T}}\boldsymbol{A}\dfrac{\mathrm{d}\boldsymbol{x}}{\mathrm{d}t}$; (2) $\dfrac{\mathrm{d}}{\mathrm{d}t}(<\boldsymbol{x},\boldsymbol{x}>)=2\boldsymbol{x}^{\mathrm{T}}\dfrac{\mathrm{d}\boldsymbol{x}}{\mathrm{d}t}$.

证明 (1) $$\frac{\mathrm{d}f}{\mathrm{d}t}=\frac{\mathrm{d}}{\mathrm{d}t}(\boldsymbol{x}^{\mathrm{T}}\boldsymbol{A}\boldsymbol{x})=\frac{\mathrm{d}\boldsymbol{x}^{\mathrm{T}}}{\mathrm{d}t}(\boldsymbol{A}\boldsymbol{x})+\boldsymbol{x}^{\mathrm{T}}\frac{\mathrm{d}}{\mathrm{d}t}(\boldsymbol{A}\boldsymbol{x})$$
$$=\left(\frac{\mathrm{d}\boldsymbol{x}}{\mathrm{d}t}\right)^{\mathrm{T}}\boldsymbol{A}\boldsymbol{x}+\boldsymbol{x}^{\mathrm{T}}\boldsymbol{A}\frac{\mathrm{d}\boldsymbol{x}}{\mathrm{d}t}$$
$$=\left(\boldsymbol{x}^{\mathrm{T}}\boldsymbol{A}^{\mathrm{T}}\frac{\mathrm{d}\boldsymbol{x}}{\mathrm{d}t}\right)^{\mathrm{T}}+\boldsymbol{x}^{\mathrm{T}}\boldsymbol{A}\frac{\mathrm{d}\boldsymbol{x}}{\mathrm{d}t}=\boldsymbol{x}^{\mathrm{T}}\boldsymbol{A}^{\mathrm{T}}\frac{\mathrm{d}\boldsymbol{x}}{\mathrm{d}t}+\boldsymbol{x}^{\mathrm{T}}\boldsymbol{A}\frac{\mathrm{d}\boldsymbol{x}}{\mathrm{d}t}$$
$$=2\boldsymbol{x}^{\mathrm{T}}\boldsymbol{A}\frac{\mathrm{d}\boldsymbol{x}}{\mathrm{d}t}.$$

(2) $$\frac{\mathrm{d}}{\mathrm{d}t}(\langle\boldsymbol{x},\boldsymbol{x}\rangle)=\frac{\mathrm{d}}{\mathrm{d}t}(\boldsymbol{x}^{\mathrm{T}}\boldsymbol{x})=\frac{\mathrm{d}\boldsymbol{x}^{\mathrm{T}}}{\mathrm{d}t}\boldsymbol{x}+\boldsymbol{x}^{\mathrm{T}}\frac{\mathrm{d}\boldsymbol{x}}{\mathrm{d}t}=\left(\boldsymbol{x}^{\mathrm{T}}\frac{\mathrm{d}\boldsymbol{x}}{\mathrm{d}t}\right)^{\mathrm{T}}+\boldsymbol{x}^{\mathrm{T}}\frac{\mathrm{d}\boldsymbol{x}}{\mathrm{d}t}$$
$$=2\boldsymbol{x}^{\mathrm{T}}\frac{\mathrm{d}\boldsymbol{x}}{\mathrm{d}t}.$$

5. 设 $\boldsymbol{B}$,$\boldsymbol{C}$ 是数字矩阵且下列所有运算都有意义,试证:

$$\int A(t)B\mathrm{d}t=\left(\int A(t)\mathrm{d}t\right)B;\quad \int CA(t)\mathrm{d}t=C\int A(t)\mathrm{d}t.$$

证明 若设 $A(t)=[a_{ik}(t)]_{m\times s}(t\in I\subset\mathbb{R})$, $B=[b_{kj}]_{s\times n}$,

则
$$\begin{aligned}\int A(t)B\mathrm{d}t&=\int[\sum_{k=1}^{s}a_{ik}(t)b_{kj}]_{m\times n}\mathrm{d}t=[\sum_{k=1}^{s}\int a_{ik}(t)b_{kj}\mathrm{d}t]_{m\times n}\\&=[\sum_{k=1}^{s}(\int a_{ik}(t)\mathrm{d}t)b_{kj}]_{m\times n}\\&=[\int a_{ik}(t)\mathrm{d}t]_{m\times s}\cdot[b_{kj}]_{s\times n}\\&=(\int A(t)\mathrm{d}t)B.\end{aligned}$$

又若记 $C=[c_{ji}]_{n\times m}$,则

$$\begin{aligned}\int CA(t)\mathrm{d}t&=\int[\sum_{i=1}^{m}c_{ji}a_{ik}(t)]_{n\times s}\mathrm{d}t=[\sum_{i=1}^{m}\int c_{ji}a_{ik}(t)\mathrm{d}t]_{n\times s}\\&=[\sum_{i=1}^{m}c_{ji}\int a_{ik}(t)\mathrm{d}t]_{n\times s}=[c_{ji}]_{n\times m}[\int a_{ik}(t)\mathrm{d}t]_{m\times s}\\&=C\int A(t)\mathrm{d}t.\end{aligned}$$

6. 设 $A\in\mathbb{C}^{n\times n}$, $A_m\in\mathbb{C}^{n\times n}$, $m=0,1,2,\cdots$.试证:

(1)若 $\lim\limits_{m\to\infty}A_m=A$,则 $\lim\limits_{m\to\infty}A_m^{\mathrm{T}}=A^{\mathrm{T}}$, $\lim\limits_{m\to\infty}\overline{A}_m=\overline{A}$, $\lim\limits_{m\to\infty}A_m^{\mathrm{H}}=A^{\mathrm{H}}$;

(2)若 $\sum\limits_{m=0}^{\infty}c_mA^m$ 收敛,则 $\sum\limits_{m=0}^{\infty}c_m(A^{\mathrm{T}})^m=(\sum\limits_{m=0}^{\infty}c_mA^m)^{\mathrm{T}}$.

证明 (1)若 $\lim\limits_{m\to\infty}A_m=A$,则 $\lim\limits_{m\to\infty}\|A_m-A\|_2=0$.

因为 $\|A_m^{\mathrm{T}}-A^{\mathrm{T}}\|_2=\|(A_m-A)^{\mathrm{T}}\|_2=\|A_m-A\|_2$(定理3.34),

所以 $\lim\limits_{m\to\infty}\|A_m^{\mathrm{T}}-A^{\mathrm{T}}\|_2=0$,即 $\lim\limits_{m\to\infty}A_m^{\mathrm{T}}=A^{\mathrm{T}}$.

同理可证 $\lim\limits_{m\to\infty}\overline{A}_m=\overline{A}$,由上已证的结果立即可得 $\lim\limits_{m\to\infty}A_m^{\mathrm{H}}=A^{\mathrm{H}}$.

(2)
$$\begin{aligned}\sum_{m=0}^{\infty}c_m(A^{\mathrm{T}})^m&=\lim_{N\to\infty}\sum_{m=0}^{N}c_m(A^{\mathrm{T}})^m=\lim_{N\to\infty}\sum_{m=0}^{N}c_m(A^m)^{\mathrm{T}}\\&=\lim_{N\to\infty}(\sum_{m=0}^{N}c_mA^m)^{\mathrm{T}}\end{aligned}$$

$$=(\lim_{N\to\infty}\sum_{m=0}^{N}c_m\boldsymbol{A}^m)^{\mathrm{T}}=(\sum_{m=0}^{\infty}c_m\boldsymbol{A}^m)^{\mathrm{T}}.$$

7. 设 $\boldsymbol{A}=\begin{bmatrix}2&0&0\\1&1&1\\1&-1&3\end{bmatrix}$,若 $\boldsymbol{B}=\frac{1}{3}\boldsymbol{A}$,则 $\lim\limits_{k\to\infty}\boldsymbol{B}^k=\boldsymbol{0}$.

证明 令 $\det(\lambda\boldsymbol{E}-\boldsymbol{A})=\begin{vmatrix}\lambda-2&0&0\\-1&\lambda-1&-1\\-1&1&\lambda-3\end{vmatrix}=(\lambda-2)^3=0$,得 $\boldsymbol{A}$ 的全部特征值均为 2. 于是 $\boldsymbol{B}=\frac{1}{3}\boldsymbol{A}$ 的所有特征值都是 $\frac{2}{3}$,故 $\rho(\boldsymbol{B})=\frac{2}{3}<1$,因此 $\lim\limits_{k\to\infty}\boldsymbol{B}^k=\boldsymbol{0}$.

8. 设 $\boldsymbol{A}\in\mathbb{C}^{n\times n}$,则 $\lim\limits_{k\to\infty}\boldsymbol{A}^k=\boldsymbol{0}$ 的充要条件是,对任意的 $\boldsymbol{x}\in\mathbb{C}^n$,$\lim\limits_{k\to\infty}(\boldsymbol{A}^k\boldsymbol{x})=\boldsymbol{0}$.

证明 "$\Rightarrow$":若 $\lim\limits_{k\to\infty}\boldsymbol{A}^k=\boldsymbol{0}$,则 $\lim\limits_{k\to\infty}\|\boldsymbol{A}^k\|=0$. 由定理 3.32 知,对此 $\|\cdot\|$ 必存在 $\mathbb{C}^n$ 上的向量范数 $\|\cdot\|_\alpha$,使得 $\forall\,\boldsymbol{x}\in\mathbb{C}^n$,有 $\|\boldsymbol{A}^k\boldsymbol{x}\|_\alpha\leqslant\|\boldsymbol{A}^k\|\,\|\boldsymbol{x}\|_\alpha$. 于是 $\lim\limits_{k\to\infty}\|\boldsymbol{A}^k\boldsymbol{x}\|_\alpha=0$,故 $\lim\limits_{k\to\infty}(\boldsymbol{A}^k\boldsymbol{x})=\boldsymbol{0}$.

"$\Leftarrow$":已知 $\forall\,\boldsymbol{x}\in\mathbb{C}^n$,$\lim\limits_{k\to\infty}(\boldsymbol{A}^k\boldsymbol{x})=\boldsymbol{0}$,要证 $\lim\limits_{k\to\infty}\boldsymbol{A}^k=\boldsymbol{0}$.

<反证法>假设 $\lim\limits_{k\to\infty}\boldsymbol{A}^k\neq\boldsymbol{0}$,于是 $\rho(\boldsymbol{A})\geqslant1$. 设 λ_0 是 $\boldsymbol{A}$ 的满足 $|\lambda_0|=\rho(\boldsymbol{A})$ 的特征值,$\boldsymbol{x}_0$ 是 $\boldsymbol{A}$ 的对应于 λ_0 的特征向量,故有 $\|\boldsymbol{A}^k\boldsymbol{x}_0\|=\|\lambda_0^k\boldsymbol{x}_0\|=|\lambda_0|^k\|\boldsymbol{x}_0\|\nrightarrow0(k\to\infty)$,由此得出 $\lim\limits_{k\to\infty}\boldsymbol{A}^k\boldsymbol{x}\neq\boldsymbol{0}$,与已知条件矛盾. 所以 $\lim\limits_{k\to\infty}\boldsymbol{A}^k=\boldsymbol{0}$.

9. 设 $\boldsymbol{A}_m\in\mathbb{C}^{n\times n}$,$m=0,1,2,\cdots$. 若 $\sum\limits_{m=0}^{\infty}\boldsymbol{A}_m$ 绝对收敛,则

(1) $\sum\limits_{m=0}^{\infty}\boldsymbol{A}_m$ 收敛,反之不真;

(2) 对任意的 $\boldsymbol{P},\boldsymbol{Q}\in\mathbb{C}^{n\times n}$,$\sum\limits_{m=0}^{\infty}\boldsymbol{P}\boldsymbol{A}_m\boldsymbol{Q}$ 绝对收敛.

证明 (1)因空间$\mathbb{C}^{n\times n}$是完备的,故若$\sum\limits_{m=0}^{\infty}\boldsymbol{A}_m$绝对收敛,则其必然收敛.反之不真,例如:

$$\boldsymbol{A}_m=\begin{bmatrix}\frac{(-1)^m}{m+1} & 0\\ 0 & \frac{1}{m^2+1}\end{bmatrix},\quad m=0,1,2,\cdots.$$

由定理4.4易知$\sum\limits_{m=0}^{\infty}\boldsymbol{A}_m$收敛,又由定理4.5知$\sum\limits_{m=0}^{\infty}\boldsymbol{A}_m$不绝对收敛.

(2)因为$\|\boldsymbol{PA}_m\boldsymbol{Q}\|\leqslant\|\boldsymbol{P}\|\ \|\boldsymbol{A}_m\|\ \|\boldsymbol{Q}\|=\|\boldsymbol{P}\|\ \|\boldsymbol{Q}\|\ \|\boldsymbol{A}_m\|$,且$\sum\limits_{m=0}^{\infty}\|\boldsymbol{A}_m\|$收敛,故$\sum\limits_{m=0}^{\infty}(\|\boldsymbol{P}\|\ \|\boldsymbol{Q}\|\ \|\boldsymbol{A}_m\|)$收敛,从而$\sum\limits_{m=0}^{\infty}\|\boldsymbol{PA}_m\boldsymbol{Q}\|$收敛,即$\sum\limits_{m=0}^{\infty}\boldsymbol{PA}_m\boldsymbol{Q}$绝对收敛.

10. 证明定理4.6的推论2:设$\sum\limits_{m=0}^{\infty}c_m(z-\lambda_0)^m$的收敛半径为$R$.若$\boldsymbol{X}\in\mathbb{C}^{n\times n}$的所有特征值都满足不等式$|\lambda_j-\lambda_0|<R(j=1,2,\cdots,n)$,则方阵幂级数$\sum\limits_{m=0}^{\infty}c_m(\boldsymbol{X}-\lambda_0\boldsymbol{E})^m$绝对收敛.若存在$\boldsymbol{X}$的一个特征值$\lambda_k$,使得$|\lambda_k-\lambda_0|>R$,则$\sum\limits_{m=0}^{\infty}c_m(\boldsymbol{X}-\lambda_0\boldsymbol{E})^m$发散.

证明 令$\boldsymbol{Y}=\boldsymbol{X}-\lambda_0\boldsymbol{E}$,则$\sum\limits_{m=0}^{\infty}c_m(\boldsymbol{X}-\lambda_0\boldsymbol{E})^m=\sum\limits_{m=0}^{\infty}c_m\boldsymbol{Y}^m$,且

$$\rho(\boldsymbol{Y})=\max\{|\lambda_j-\lambda_0|\,|\,j=1,2,\cdots,n\}.$$

由定理4.6知,当$\rho(\boldsymbol{Y})<R$即$|\lambda_j-\lambda_0|<R(j=1,2,\cdots,m)$时,$\sum\limits_{m=0}^{\infty}c_m\boldsymbol{Y}^m$绝对收敛,即$\sum\limits_{m=0}^{\infty}c_m(\boldsymbol{X}-\lambda_0\boldsymbol{E})^m$绝对收敛.

若有λ_k使得$|\lambda_k-\lambda_0|>R(k\in\{1,2,\cdots,n\})$,则$\rho(\boldsymbol{Y})>R$,故由定理4.6知$\sum\limits_{m=0}^{\infty}c_m\boldsymbol{Y}^m=\sum\limits_{m=0}^{\infty}c_m(\boldsymbol{X}-\lambda_0\boldsymbol{E})^m$发散.

11. 试证对$t\in\mathbb{C}$,有$\mathrm{e}^{t\begin{bmatrix}0&1\\-1&0\end{bmatrix}}=\begin{bmatrix}\cos t&\sin t\\-\sin t&\cos t\end{bmatrix}$.

证明 方法一 当 $t=0$ 时,显然成立,故设 $t\neq 0$.记

$$t\begin{bmatrix}0 & 1\\ -1 & 0\end{bmatrix}=\begin{bmatrix}0 & t\\ -t & 0\end{bmatrix}=\boldsymbol{A}.$$

$$\det(\lambda\boldsymbol{E}-\boldsymbol{A})=\lambda^2+t^2=(\lambda-\mathrm{i}t)(\lambda+\mathrm{i}t),\quad \lambda_1=\mathrm{i}t,\lambda_2=-\mathrm{i}t.$$

对 $\lambda_1=\mathrm{i}t$,解方程$(\mathrm{i}t\boldsymbol{E}-\boldsymbol{A})\boldsymbol{x}=\boldsymbol{0}$ 可得 $\boldsymbol{x}_1=\begin{bmatrix}1\\ \mathrm{i}\end{bmatrix}$;

对 $\lambda_2=-\mathrm{i}t$ 解方程$(-\mathrm{i}t\boldsymbol{E}-\boldsymbol{A})\boldsymbol{x}=\boldsymbol{0}$ 得 $\boldsymbol{x}_2=\begin{bmatrix}1\\ -\mathrm{i}\end{bmatrix}$.

令 $\boldsymbol{P}=\begin{bmatrix}1 & 1\\ \mathrm{i} & -\mathrm{i}\end{bmatrix}$,则 $\boldsymbol{P}$ 可逆且 $\boldsymbol{P}^{-1}=\begin{bmatrix}1/2 & -\mathrm{i}/2\\ 1/2 & \mathrm{i}/2\end{bmatrix}$.

所以

$$\begin{aligned}
\mathrm{e}^{t\begin{bmatrix}0 & 1\\ -1 & 0\end{bmatrix}}=\mathrm{e}^{\boldsymbol{A}}&=\boldsymbol{P}\mathrm{diag}(\mathrm{e}^{\mathrm{i}t},\mathrm{e}^{-\mathrm{i}t})\boldsymbol{P}^{-1}\\
&=\begin{bmatrix}1 & 1\\ \mathrm{i} & -\mathrm{i}\end{bmatrix}\begin{bmatrix}\mathrm{e}^{\mathrm{i}t} & 0\\ 0 & \mathrm{e}^{-\mathrm{i}t}\end{bmatrix}\begin{bmatrix}1/2 & -i/2\\ 1/2 & i/2\end{bmatrix}\\
&=\begin{bmatrix}\dfrac{1}{2}(\mathrm{e}^{\mathrm{i}t}+\mathrm{e}^{-\mathrm{i}t}) & \dfrac{1}{2\mathrm{i}}(\mathrm{e}^{\mathrm{i}t}-\mathrm{e}^{\mathrm{i}t})\\ \dfrac{-1}{2\mathrm{i}}(\mathrm{e}^{\mathrm{i}t}-\mathrm{e}^{-\mathrm{i}t}) & \dfrac{1}{2}(\mathrm{e}^{\mathrm{i}t}+\mathrm{e}^{-\mathrm{i}t})\end{bmatrix}\\
&=\begin{bmatrix}\cos t & \sin t\\ -\sin t & \cos t\end{bmatrix}.
\end{aligned}$$

方法二 记 $\boldsymbol{B}=\begin{bmatrix}0 & 1\\ -1 & 0\end{bmatrix}$, $\det(\lambda\boldsymbol{E}-\boldsymbol{B})=\begin{vmatrix}\lambda & -1\\ 1 & \lambda\end{vmatrix}=\lambda^2+1$,

$\sigma(\boldsymbol{B})=\{\mathrm{i},-\mathrm{i}\}$,$\boldsymbol{B}$ 的最小多项式 $\varphi(\lambda)=\lambda^2+1$,$\deg\varphi(\lambda)=2$.故设

$$\mathrm{e}^{t\boldsymbol{B}}=a_0(t)\boldsymbol{E}+a_1(t)\boldsymbol{B}.$$

因为 $\mathrm{e}^{t\lambda}$ 与 $a_0(t)+a_1(t)\lambda$ 在 $\sigma(\boldsymbol{B})$ 上的值相等,即

$$\begin{cases}a_0(t)+\mathrm{i}a_1(t)=\mathrm{e}^{\mathrm{i}t},\\ a_0(t)-\mathrm{i}a_1(t)=\mathrm{e}^{-\mathrm{i}t},\end{cases}$$

所以 $$a_0(t)=\frac{\mathrm{e}^{\mathrm{i}t}+\mathrm{e}^{-\mathrm{i}t}}{2}=\cos t,\quad a_1(t)=\frac{\mathrm{e}^{\mathrm{i}t}-\mathrm{e}^{-\mathrm{i}t}}{2\mathrm{i}}=\sin t.$$

因此 $\mathrm{e}^{t\begin{bmatrix}0 & 1\\ -1 & 0\end{bmatrix}}=\cos t\boldsymbol{E}+\sin t\boldsymbol{B}=\begin{bmatrix}\cos t & \sin t\\ -\sin t & \cos t\end{bmatrix}$.

12. 设 $\boldsymbol{A}=\begin{bmatrix}-2 & 1 & 0\\ 0 & -2 & 1\\ 0 & 0 & -2\end{bmatrix}$，求 $\mathrm{e}^{t\boldsymbol{A}}$.

解 因为 $\boldsymbol{A}=\begin{bmatrix}-2 & 0 & 0\\ 1 & -2 & 0\\ 0 & 1 & -2\end{bmatrix}^{\mathrm{T}}=\boldsymbol{J}^{\mathrm{T}}$，

所以
$$\mathrm{e}^{t\boldsymbol{A}}=(\mathrm{e}^{t\boldsymbol{J}})^{\mathrm{T}}=\begin{bmatrix}\mathrm{e}^{-2t} & 0 & 0\\ t\mathrm{e}^{-2t} & \mathrm{e}^{-2t} & 0\\ \frac{t^2}{2}\mathrm{e}^{-2t} & t\mathrm{e}^{-2t} & \mathrm{e}^{-2t}\end{bmatrix}^{\mathrm{T}}$$
$$=\begin{bmatrix}\mathrm{e}^{-2t} & t\mathrm{e}^{-2t} & \frac{t^2}{2}\mathrm{e}^{-2t}\\ 0 & \mathrm{e}^{-2t} & t\mathrm{e}^{-2t}\\ 0 & 0 & \mathrm{e}^{-2t}\end{bmatrix}.$$

13. 设 $\boldsymbol{A}=\frac{\pi}{2}\begin{bmatrix}2 & 0 & 0\\ 0 & 1 & 1\\ 0 & 0 & 1\end{bmatrix}$，求 $\sin\boldsymbol{A}$.

解　方法一

因为 $\boldsymbol{A}=\frac{\pi}{2}\begin{bmatrix}2 & 0 & 0\\ 0 & 1 & 1\\ 0 & 0 & 1\end{bmatrix}=\frac{\pi}{2}\begin{bmatrix}2 & 0 & 0\\ 0 & 1 & 0\\ 0 & 1 & 1\end{bmatrix}^{\mathrm{T}}=\frac{\pi}{2}\boldsymbol{J}^{\mathrm{T}}$.

所以
$$\sin\boldsymbol{A}=\sin\left(\frac{\pi}{2}\boldsymbol{J}^{\mathrm{T}}\right)=\left(\sin\frac{\pi}{2}\boldsymbol{J}\right)^{\mathrm{T}}=\begin{bmatrix}\sin\pi & 0 & 0\\ 0 & \sin\frac{\pi}{2} & 0\\ 0 & \frac{\pi}{2}\cos\frac{\pi}{2} & \sin\frac{\pi}{2}\end{bmatrix}^{\mathrm{T}}$$
$$=\begin{bmatrix}0 & 0 & 0\\ 0 & 1 & 0\\ 0 & 0 & 1\end{bmatrix}.$$

方法二

因为 $A=\frac{\pi}{2}\begin{bmatrix}2&0&0\\0&1&1\\0&0&1\end{bmatrix}=\begin{bmatrix}\pi&0&0\\0&\frac{\pi}{2}&\frac{\pi}{2}\\0&0&\frac{\pi}{2}\end{bmatrix}$,

令 $$\det(\lambda E-A)=(\lambda-\pi)\left(\lambda-\frac{\pi}{2}\right)^2=0,$$

得 $$\lambda_1=\pi,\quad \lambda_2=\lambda_3=\frac{\pi}{2}.$$

令 $\sin A=a_0E+a_1A+a_2A^2$,因为 $\sin\lambda$ 与 $a_0+a_1\lambda+a_2\lambda^2$ 在 A 上的谱值相等,即

$$\begin{cases}a_0+\pi a_1+\pi^2a_2=\sin\pi=0,\\ a_0+\frac{\pi}{2}a_1+\frac{\pi^2}{4}a_2=\sin\frac{\pi}{2}=1,\\ a_1+\pi a_2=\cos\frac{\pi}{2}=0,\end{cases}\text{解之得}\begin{cases}a_0=0,\\ a_1=\frac{4}{\pi},\\ a_2=-\frac{4}{\pi^2}.\end{cases}$$

所以 $$\sin A=\frac{4}{\pi}A-\frac{4}{\pi^2}A^2=\frac{4}{\pi}\begin{bmatrix}\pi&0&0\\0&\frac{\pi}{2}&\frac{\pi}{2}\\0&0&\frac{\pi}{2}\end{bmatrix}-\frac{4}{\pi^2}\begin{bmatrix}\pi^2&0&0\\0&\frac{\pi^2}{4}&\frac{\pi^2}{2}\\0&0&\frac{\pi^2}{4}\end{bmatrix}$$

$$=\begin{bmatrix}0&0&0\\0&1&0\\0&0&1\end{bmatrix}.$$

14. 求 e^{tA},若

(1) $A=\begin{bmatrix}0&1\\-2&-3\end{bmatrix}$;　　(2) $A=\begin{bmatrix}3&0&0&0\\0&-2&1&0\\0&0&-2&1\\0&0&0&-2\end{bmatrix}$.

解 (1)令 $\det(\lambda\boldsymbol{E}-\boldsymbol{A})=\begin{vmatrix}\lambda & -1\\ 2 & \lambda+3\end{vmatrix}=\lambda^2+3\lambda+2=0$,

得 $\lambda_1=-1,\quad \lambda_2=-2.$

设 $e^{t\boldsymbol{A}}=a_0(t)\boldsymbol{E}+a_1(t)\boldsymbol{A}$.

由 $\begin{cases}a_0(t)-a_1(t)=e^{-t},\\ a_0(t)2a_1(t)=e^{-2t},\end{cases}$ 解得 $\begin{cases}a_0=2e^{-t}-e^{-2t},\\ a_1=e^{-t}-e^{-2t}.\end{cases}$

所以 $$e^{t\boldsymbol{A}}=(2e^{-t}-e^{-2t})\boldsymbol{E}+(e^{-t}-e^{-2t})\boldsymbol{A}$$
$$=\begin{bmatrix}2e^{-t}-e^{-2t} & e^{-t}-e^{-2t}\\ -2e^{-t}+2e^{-2t} & -e^{-t}+2e^{-2t}\end{bmatrix}.$$

(2)因为 $\boldsymbol{A}=\begin{bmatrix}\boldsymbol{A}_1 & \\ & \boldsymbol{A}_2\end{bmatrix}$,其中 $\boldsymbol{A}_1=[3]$,$\boldsymbol{A}_2=\begin{bmatrix}-2 & 1 & 0\\ 0 & -2 & 1\\ 0 & 0 & -2\end{bmatrix}$,

又 $e^{t\boldsymbol{A}_1}=[e^{3t}]$, $e^{t\boldsymbol{A}_2}=\begin{bmatrix}e^{-2t} & te^{-2t} & \frac{t^2}{2}e^{-2t}\\ 0 & e^{-2t} & te^{-2t}\\ 0 & 0 & e^{-2t}\end{bmatrix}$(见第12题),

所以 $$e^{t\boldsymbol{A}}=\begin{bmatrix}e^{t\boldsymbol{A}_1} & \\ & e^{t\boldsymbol{A}_2}\end{bmatrix}=\begin{bmatrix}e^{3t} & 0 & 0 & 0\\ 0 & e^{-2t} & te^{-2t} & \frac{t^2}{2}e^{-2t}\\ 0 & 0 & e^{-2t} & te^{-2t}\\ 0 & 0 & 0 & e^{-2t}\end{bmatrix}.$$

15. 已知 $\boldsymbol{A}=\begin{bmatrix}2 & 1 & 4\\ 0 & 2 & 0\\ 0 & 3 & 1\end{bmatrix}$,求 $e^{t\boldsymbol{A}}$,$\sin(t\boldsymbol{A})$.

解 $\det(\lambda\boldsymbol{E}-\boldsymbol{A})\begin{vmatrix}\lambda-2 & -1 & 4\\ 0 & \lambda-2 & 0\\ 0 & -3 & \lambda-1\end{vmatrix}=(\lambda-2)^2(\lambda-1)$.

因为$(\boldsymbol{A}-2\boldsymbol{E})(\boldsymbol{A}-\boldsymbol{E})\neq\boldsymbol{0}$,

所以 $\boldsymbol{A}$ 的最小多项式 $\varphi(\lambda)=(\lambda-2)^2(\lambda-1)$. $\deg\varphi(\lambda)=3$,

故设　$f(t\boldsymbol{A})=a_0(t)\boldsymbol{E}+a_1(t)\boldsymbol{A}+a_1(t)\boldsymbol{A}^2=T(t\boldsymbol{A})$.

由 $f(t\lambda)$ 与 $T(t\lambda)$ 在 $\boldsymbol{A}$ 上的谱值相等,于是

(1)对 $f(t\boldsymbol{A})=\mathrm{e}^{t\boldsymbol{A}}$ 有

$$\begin{cases}a_0(t)+a_1(t)+a_2(t)=\mathrm{e}^t,\\a_0(t)+2a_1(t)+4a_2(t)=\mathrm{e}^{2t},\\a_1(t)+4a_2(t)=t\mathrm{e}^{2t},\end{cases}\quad\text{解得}\begin{cases}a_0(t)=4\mathrm{e}^t-3\mathrm{e}^{2t}+2t\mathrm{e}^{2t},\\a_1(t)=-4\mathrm{e}^t+4\mathrm{e}^{2t}-3t\mathrm{e}^{2t},\\a_2(t)=\mathrm{e}^t-\mathrm{e}^{2t}+t\mathrm{e}^{2t},\end{cases}$$

所以

$$\mathrm{e}^{t\boldsymbol{A}}=(4\mathrm{e}^t-3\mathrm{e}^{2t}+2t\mathrm{e}^{2t})\begin{bmatrix}1&0&0\\0&1&0\\0&0&1\end{bmatrix}+$$

$$(-4\mathrm{e}^t+4\mathrm{e}^{2t}-3t\mathrm{e}^{2t})\begin{bmatrix}2&1&4\\0&2&0\\0&3&1\end{bmatrix}+(\mathrm{e}^t-\mathrm{e}^{2t}+t\mathrm{e}^{2t})\begin{bmatrix}4&16&12\\0&4&0\\0&9&1\end{bmatrix}$$

$$=\begin{bmatrix}\mathrm{e}^{2t}&12\mathrm{e}^t-12\mathrm{e}^{2t}+13t\mathrm{e}^{2t}&-4\mathrm{e}^t+4\mathrm{e}^{2t}\\0&\mathrm{e}^{2t}&0\\0&-3\mathrm{e}^t+3\mathrm{e}^{2t}&\mathrm{e}^t\end{bmatrix}.$$

(2)对 $f(t\boldsymbol{A})=\sin(t\boldsymbol{A})$ 有

$$\begin{cases}a_0(t)+a_1(t)+a_2(t)=\sin t,\\a_0(t)+2a_1(t)+4a_2(t)=\sin 2t,\\a_1(t)+4a_2(t)=t\cos 2t,\end{cases}$$

解得

$$\begin{cases}a_0(t)=4\sin t-3\sin 2t+2t\cos 2t,\\a_1(t)=-4\sin t+4\sin 2t-3t\cos 2t,\\a_2(t)=\sin t-\sin 2t+t\cos 2t.\end{cases}$$

所以 $\sin(t\boldsymbol{A})=a_0(t)\boldsymbol{E}+a_1(t)\boldsymbol{A}+a_2(t)\boldsymbol{A}^2$

$$=\begin{bmatrix}\sin 2t&12\sin t-12\sin 2t+13t\cos 2t&-4\sin t+4\sin 2t\\0&\sin 2t&0\\0&-3\sin t+3\sin 2t&\sin t\end{bmatrix}.$$

注　可利用(1)的结果求(2)(或 $\cos(t\boldsymbol{A})$):在(1)中分别以 $\mathrm{i}t$ 和 $-\mathrm{i}t$ 替代 t 得 $\mathrm{e}^{\mathrm{i}t\boldsymbol{A}}$ 和 $\mathrm{e}^{-\mathrm{i}t\boldsymbol{A}}$,再由公式 $\sin(t\boldsymbol{A})=\dfrac{\mathrm{e}^{\mathrm{i}t\boldsymbol{A}}-\mathrm{e}^{-\mathrm{i}t\boldsymbol{A}}}{2\mathrm{i}}$(或 $\cos(t\boldsymbol{A})=$

$\frac{e^{itA}+e^{-itA}}{2}$)即得.

16. 证明:

(1)若 $\boldsymbol{A}$ 是反 Hermite 矩阵,则 $e^{\boldsymbol{A}}$ 是酉矩阵;

(2)若 $\boldsymbol{A}$ 是 Hermite 矩阵,则 $e^{i\boldsymbol{A}}$ 是酉矩阵.

证明 (1)因为 $\boldsymbol{A}^{H}=-\boldsymbol{A}$,

所以
$$(e^{\boldsymbol{A}})^{-1}=e^{-\boldsymbol{A}}=e^{\boldsymbol{A}^{H}}=e^{(\bar{\boldsymbol{A}})^{T}}=(e^{\bar{\boldsymbol{A}}})^{T}=\left(\sum_{k=0}^{\infty}\frac{(\bar{\boldsymbol{A}})^{k}}{k!}\right)^{T}$$
$$=\overline{\left(\sum_{k=0}^{\infty}\frac{\boldsymbol{A}^{k}}{k!}\right)}^{T}=(e^{\boldsymbol{A}})^{H},$$

即 $e^{\boldsymbol{A}}$ 是酉矩阵.

(2)因为 $\boldsymbol{A}^{H}=\boldsymbol{A}$,所以 $(i\boldsymbol{A})^{H}=\bar{i}\boldsymbol{A}^{H}=-i\boldsymbol{A}$,即 $i\boldsymbol{A}$ 是反 Hermite 矩阵,由(1)知 $e^{i\boldsymbol{A}}$ 是酉矩阵.

17. 设 $\boldsymbol{A}=\begin{bmatrix}2&-1&1\\0&3&-1\\2&1&3\end{bmatrix}$,求 $\det(e^{\boldsymbol{A}})$.

解 $\det(e^{\boldsymbol{A}})=e^{\operatorname{tr}\boldsymbol{A}}=e^{2+3+3}=e^{8}$.

18. 求解初值问题
$$\begin{cases}\dfrac{dx_1}{dt}=-7x_1-7x_2+5x_3,\\[2mm]\dfrac{dx_2}{dt}=-8x_1-8x_2-x_3,\\[2mm]\dfrac{dx_3}{dt}=-5x_2,\\[2mm]x_1(0)=3,\quad x_2(0)=-2,\quad x_3(0)=1.\end{cases}$$

解 此处 $\boldsymbol{A}=\begin{bmatrix}-7&-7&5\\-8&-8&-5\\0&-5&0\end{bmatrix}$, $\boldsymbol{x}(t)=\begin{bmatrix}x_1(t)\\x_2(t)\\x_3(t)\end{bmatrix}$, $\boldsymbol{c}=\begin{bmatrix}3\\-2\\1\end{bmatrix}$.

因为 $\det(\lambda\boldsymbol{E}-\boldsymbol{A})=\begin{vmatrix}\lambda+7&7&5\\8&\lambda+8&5\\0&5&\lambda\end{vmatrix}=(\lambda-5)(\lambda+5)(\lambda+15)$,

$\sigma(\boldsymbol{A})=\{5,-5,-15\}$,

故设 $e^{At}=a_0(t)E+a_1(t)A+a_2(t)A^2=T(At)$.

由 $e^{\lambda t}$ 与 $T(\lambda t)$ 在 $\sigma(A)=\{5,-5,-15\}$ 上的值相同,得方程组

$$\begin{cases}a_0(t)+5a_1(t)+25a_2(t)=e^{5t},\\ a_0(t)-5a_1(t)+25a_2(t)=e^{-5t},\\ a_0(t)-15a_1(t)+225a_2(t)=e^{-15t},\end{cases}$$

解得
$$\begin{cases}a_0(t)=\dfrac{1}{8}(3e^{5t}+6e^{-5t}-e^{-15t}),\\ a_1(t)=\dfrac{1}{10}(e^{5t}-e^{-5t}),\\ a_2(t)=\dfrac{1}{200}(e^{5t}-2e^{-5t}+e^{-15t}),\end{cases}$$

于是
$$e^{At}=a_0(t)\begin{bmatrix}1&&\\&1&\\&&1\end{bmatrix}+a_1(t)\begin{bmatrix}-7&-7&5\\-8&-8&-5\\0&-5&0\end{bmatrix}$$

$$+a_2(t)\begin{bmatrix}105&80&0\\120&145&0\\40&40&25\end{bmatrix}$$

$$=\frac{1}{10}\begin{bmatrix}2e^{5t}+4e^{-5t}+4e^{-15t}&-3e^{5t}-e^{-5t}+4e^{-15t}&5e^{5t}-5e^{-5t}\\-2e^{5t}-4e^{-5t}+6e^{-15t}&3e^{5t}-e^{-5t}+6e^{-15t}&-5e^{5t}+5e^{-5t}\\2e^{5t}-4e^{-5t}+2e^{-15t}&-3e^{5t}-e^{-5t}+2e^{-15t}&5e^{5t}+5e^{-5t}\end{bmatrix}.$$

所以,解为
$$x(t)=e^{At}c=\frac{1}{10}\begin{bmatrix}17e^{5t}+9e^{-5t}+4e^{-15t}\\-17e^{5t}-9e^{-5t}+6e^{-15t}\\17e^{5t}-9e^{-5t}+2e^{-15t}\end{bmatrix},$$

即
$$\begin{cases}x_1(t)=\dfrac{1}{10}(17e^{5t}+9e^{-5t}+4e^{-15t}),\\ x_2(t)=\dfrac{1}{10}(-17e^{5t}-9e^{-5t}+6e^{-15t}),\\ x_3(t)=\dfrac{1}{10}(17e^{5t}-9e^{-5t}+2e^{-15t}).\end{cases}$$

第 5 章　广义逆矩阵及其应用

本章重点

1. $\boldsymbol{A}\in\mathbb{C}^{m\times n}$的广义逆$\boldsymbol{A}^{-}$的定义及求法.

2. $\boldsymbol{A}\in\mathbb{C}^{m\times n}$的广义逆$\boldsymbol{A}^{+}$的定义、性质及求法.

3. 线性方程组有解的充要条件,有解时的通解公式、最小范数解.

4. 无解线性方程组的最小二乘解、最小范数最小二乘解.

5. 矩阵的满秩分解与奇异值分解.

复习思考题

一、判断题

1. 对任意 $\boldsymbol{A}\in\mathbb{C}^{m\times n}$,存在 $\boldsymbol{A}^{-}\in\mathbb{C}^{n\times m}$,使得 $\boldsymbol{A}^{-}\boldsymbol{A}=\boldsymbol{E}$.　(　　)

2. $\boldsymbol{A}\in\mathbb{C}^{m\times n}$的广义逆矩阵$\boldsymbol{A}^{-}\in\mathbb{C}^{n\times m}$是唯一的.　(　　)

3. 对任意 $\boldsymbol{A}\in\mathbb{C}^{m\times n}$,$\boldsymbol{A}$ 的广义逆矩阵$\boldsymbol{A}^{+}\in\mathbb{C}^{n\times m}$存在且唯一.　(　　)

4. 对任意非零矩阵 $\boldsymbol{A}\in\mathbb{C}^{m\times n}$,均可进行满秩分解,但分解式不唯一.　(　　)

5. 对任意 $\boldsymbol{D}\in\boldsymbol{A}\{1,4\}$,$\boldsymbol{Db}$ 是有解线性方程组$\boldsymbol{Ax}=\boldsymbol{b}$ 的唯一的最小范数解.　(　　)

6. 对任意 $\boldsymbol{A}\in\mathbb{C}^{m\times n}$,$\boldsymbol{A}^{+}=\boldsymbol{A}^{[1,3]}\boldsymbol{A}\boldsymbol{A}^{[1,4]}$.　(　　)

二、填空题

1. 设 $\boldsymbol{A}\in\mathbb{C}^{m\times n}$是列满秩矩阵,则 $\boldsymbol{A}$ 的满秩分解为$\boldsymbol{A}=$________.

2. 对任意 $\boldsymbol{A}\in\mathbb{C}^{m\times n}$,若 $\boldsymbol{A}$ 的奇异值分解为$\boldsymbol{A}=\boldsymbol{V}\begin{bmatrix}\boldsymbol{S} & \boldsymbol{0}\\ \boldsymbol{0} & \boldsymbol{0}\end{bmatrix}_{m\times n}\boldsymbol{U}^{\mathrm{H}}$,则 $\boldsymbol{A}^{+}=$________.

3. 无解线性方程组 $\boldsymbol{Ax}=\boldsymbol{b}$ 的唯一最小范数最小二乘解 $\boldsymbol{x}=$________.

4. 设 $A=\begin{bmatrix}1 & 0 & 1\\ 0 & \frac{1}{2} & 0\\ 0 & 0 & 2\end{bmatrix}$，则 $A^{-}=$________.

5. 线性方程组 $\begin{bmatrix}1 & 2\\ 0 & 0\\ 2 & 4\end{bmatrix}\begin{bmatrix}x_1\\ x_2\end{bmatrix}=\begin{bmatrix}1\\ 0\\ 2\end{bmatrix}$ 的最小范数解 $x=$________.

习题解答

1. 设 A 是 $n\times n$ 矩阵，证明存在可逆的 A^{-}.

证明　根据矩阵的初等标准形理论，存在 n 阶可逆矩阵 P 和 Q，使

$$PAQ=\begin{bmatrix}E_{r\times r} & 0\\ 0 & 0\end{bmatrix},$$

其中 $r=\operatorname{rank} A$. 于是

$$A=P^{-1}\begin{bmatrix}E_{r\times r} & 0\\ 0 & 0\end{bmatrix}Q^{-1},$$

$$\begin{aligned}AQPA&=P^{-1}\begin{bmatrix}E_{r\times r} & 0\\ 0 & 0\end{bmatrix}Q^{-1}QPP^{-1}\begin{bmatrix}E_{r\times r} & 0\\ 0 & 0\end{bmatrix}Q^{-1}\\ &=P^{-1}\begin{bmatrix}E_{r\times r} & 0\\ 0 & 0\end{bmatrix}Q^{-1}=A.\end{aligned}$$

上式表明 $A^{-}=QP$，且由 P 和 Q 可逆，知 A^{-} 可逆.

2. 设 A 是 $m\times n$ 矩阵，证明 $(A^{-})^{\mathrm{T}}\in A^{\mathrm{T}}\{1\}$.

证明　因为 $A^{\mathrm{T}}(A^{-})^{\mathrm{T}}A^{\mathrm{T}}=(AA^{-}A)^{\mathrm{T}}=A^{\mathrm{T}}$，所以 $(A^{-})^{\mathrm{T}}\in A^{\mathrm{T}}\{1\}$.

3. 设 $A=\begin{bmatrix}1 & 1 & 1 & 0\\ -1 & -1 & -1 & 0\\ 1 & 1 & 0 & 0\end{bmatrix}$，$B=\begin{bmatrix}0 & 0 & 2\\ 1 & 1 & 0\\ 0 & 0 & 1\\ 1 & 1 & 1\end{bmatrix}$，求 A^{-}，B^{-}.

解 因为

$$\begin{bmatrix} A & E \\ E & 0 \end{bmatrix} = \begin{bmatrix} 1 & 1 & 1 & 0 & 1 & 0 & 0 \\ -1 & -1 & -1 & 0 & 0 & 1 & 0 \\ 1 & 1 & 0 & 0 & 0 & 0 & 1 \\ 1 & 0 & 0 & 0 & 0 & 0 & 0 \\ 0 & 1 & 0 & 0 & 0 & 0 & 0 \\ 0 & 0 & 1 & 0 & 0 & 0 & 0 \\ 0 & 0 & 0 & 1 & 0 & 0 & 0 \end{bmatrix}$$

$$\rightarrow \begin{bmatrix} 1 & 0 & 0 & 0 & 0 & 0 & 1 \\ 0 & 1 & 0 & 0 & 1 & 0 & -1 \\ 0 & 0 & 0 & 0 & 1 & 1 & 0 \\ 1 & 0 & -1 & 0 & 0 & 0 & \\ 0 & 0 & 1 & 0 & 0 & 0 & 0 \\ 0 & 1 & 0 & 0 & 0 & 0 & 0 \\ 0 & 0 & 0 & 1 & 0 & 0 & 0 \end{bmatrix},$$

所以

$$A^{-} = \begin{bmatrix} 1 & 0 & -1 & 0 \\ 0 & 0 & 1 & 0 \\ 0 & 1 & 0 & 0 \\ 0 & 0 & 0 & 1 \end{bmatrix} \begin{bmatrix} 1 & 0 & 0 \\ 0 & 1 & 0 \\ 0 & 0 & 0 \\ 0 & 0 & 0 \end{bmatrix} \begin{bmatrix} 0 & 0 & 1 \\ 1 & 0 & -1 \\ 1 & 1 & 0 \end{bmatrix}$$

$$= \begin{bmatrix} 0 & 0 & 1 \\ 0 & 0 & 0 \\ 1 & 0 & -1 \\ 0 & 0 & 0 \end{bmatrix}.$$

因为

$$\begin{bmatrix} B & E \\ E & 0 \end{bmatrix} = \begin{bmatrix} 0 & 0 & 2 & 1 & 0 & 0 & 0 \\ 1 & 1 & 0 & 0 & 1 & 0 & 0 \\ 0 & 0 & 1 & 0 & 0 & 1 & 0 \\ 1 & 1 & 1 & 0 & 0 & 0 & 1 \\ 1 & 0 & 0 & 0 & 0 & 0 & 0 \\ 0 & 1 & 0 & 0 & 0 & 0 & 0 \\ 0 & 0 & 1 & 0 & 0 & 0 & 0 \end{bmatrix}$$

$$
\to\begin{bmatrix}0&0&0&1&0&-2&0\\1&0&0&0&1&0&0\\0&0&1&0&0&1&0\\0&0&0&0&-1&-1&1\\1&-1&0&0&0&0&0\\0&1&0&0&0&0&0\\0&0&1&0&0&0&0\end{bmatrix}
$$

$$
\to\begin{bmatrix}1&0&0&0&1&0&0\\0&0&1&0&0&1&0\\0&0&0&1&0&-2&0\\0&0&0&0&-1&-1&1\\1&-1&0&0&0&0&0\\0&1&0&0&0&0&0\\0&0&1&0&0&0&0\end{bmatrix}
$$

$$
\to\begin{bmatrix}1&0&0&0&1&0&0\\0&1&0&0&0&1&0\\0&0&0&1&0&-2&0\\0&0&0&0&-1&-1&1\\1&0&-1&0&0&0&0\\0&0&1&0&0&0&0\\0&1&0&0&0&0&0\end{bmatrix}.
$$

所以 $\boldsymbol{B}^{-}=\begin{bmatrix}1&0&-1\\0&0&1\\0&1&0\end{bmatrix}\begin{bmatrix}1&0&0&0\\0&1&0&0\\0&0&0&0\end{bmatrix}\begin{bmatrix}0&1&0&0\\0&0&1&0\\1&0&-2&0\\0&-1&-1&1\end{bmatrix}$

$$
=\begin{bmatrix}0&1&0&0\\0&0&0&0\\0&0&1&0\end{bmatrix}.
$$

(**注**　答案不唯一.)

4. 设 $\boldsymbol{A}=\begin{bmatrix}1&0&1\\-1&2&3\\2&3&8\end{bmatrix}$, $\boldsymbol{B}=\begin{bmatrix}1&-1\\2&-2\\4&-4\end{bmatrix}$,求 $\boldsymbol{A},\boldsymbol{B}$ 的满秩分解.

解 因为 $\boldsymbol{A}=\begin{bmatrix}1&0&1\\-1&2&3\\2&3&8\end{bmatrix}\to\begin{bmatrix}1&0&1\\0&2&4\\0&3&6\end{bmatrix}\to\begin{bmatrix}1&0&1\\0&1&2\\0&0&0\end{bmatrix}$,

所以 $$\boldsymbol{A}=\begin{bmatrix}1&0\\-1&2\\2&3\end{bmatrix}\begin{bmatrix}1&0&1\\0&1&2\end{bmatrix}.$$

因为 $\boldsymbol{B}=\begin{bmatrix}1&-1\\2&-2\\4&-4\end{bmatrix}\to\begin{bmatrix}1&-1\\0&0\\0&0\end{bmatrix}$,所以 $\boldsymbol{B}=\begin{bmatrix}1\\2\\4\end{bmatrix}\begin{bmatrix}1&-1\end{bmatrix}$.

5. 设 $\boldsymbol{A}=\begin{bmatrix}1&2&1\\-1&0&1\end{bmatrix}$, $\boldsymbol{B}=\begin{bmatrix}1&1\\1&1\\0&0\end{bmatrix}$,求 $\boldsymbol{A},\boldsymbol{B}$ 的奇异值分解和 $\boldsymbol{A}^+,\boldsymbol{B}^+$.

解 (1) $\boldsymbol{A}=\begin{bmatrix}1&2&1\\-1&0&1\end{bmatrix}$, $m=2$, $n=3$, $\operatorname{rank}\boldsymbol{A}=2$.

$$\boldsymbol{A}^{\mathrm{H}}\boldsymbol{A}=\begin{bmatrix}1&-1\\2&0\\1&1\end{bmatrix}\begin{bmatrix}1&2&1\\-1&0&1\end{bmatrix}=\begin{bmatrix}2&2&0\\2&4&2\\0&2&2\end{bmatrix},$$

$$\det(\lambda\boldsymbol{E}-\boldsymbol{A}^{\mathrm{H}}\boldsymbol{A})=\begin{vmatrix}\lambda-2&-2&0\\-2&\lambda-4&-2\\0&-2&\lambda-2\end{vmatrix}=\lambda(\lambda-2)(\lambda-6),$$

$\lambda_1=6$, $\lambda_2=2$, $\lambda_3=0$. $\mu_1=\sqrt{6}$, $\mu_2=\sqrt{2}$.

$$\boldsymbol{S}=\begin{bmatrix}\sqrt{6}&0\\0&\sqrt{2}\end{bmatrix},\quad \boldsymbol{S}_0=\begin{bmatrix}\boldsymbol{S}&\boldsymbol{0}\\\boldsymbol{0}&\boldsymbol{0}\end{bmatrix}=\begin{bmatrix}\sqrt{6}&0&0\\0&\sqrt{2}&0\end{bmatrix}.$$

对 $\lambda_1=6$,解方程组 $(6\boldsymbol{E}-\boldsymbol{A}^{\mathrm{H}}\boldsymbol{A})\boldsymbol{x}=\boldsymbol{0}$,得基础解系

$$x_2=(1,2,1)^{\mathrm{T}},$$

单位化得 $u_1=\left(\frac{1}{\sqrt{6}},\frac{2}{\sqrt{6}},\frac{1}{\sqrt{6}}\right)^{\mathrm{T}}$;

对 $\lambda_2=2$,解方程组$(2E-A^{\mathrm{H}}A)x=\mathbf{0}$,得基础解系

$$x_1=(1,0,-1)^{\mathrm{T}},$$

单位化得 $u_2=\left(\frac{1}{\sqrt{2}},0,\frac{-1}{\sqrt{2}}\right)^{\mathrm{T}}$;

对 $\lambda_3=0$,解方程组$(0E-A^{\mathrm{H}}A)x=\mathbf{0}$,得基础解系 $x_3=(1,-1,1)^{\mathrm{T}}$,单位化得

$$u_3=\left(\frac{1}{\sqrt{3}},\frac{-1}{\sqrt{3}},\frac{1}{\sqrt{3}}\right)^{\mathrm{T}}.$$

于是得 $$U_1=[u_1,u_2]=\begin{bmatrix}\frac{1}{\sqrt{6}} & \frac{1}{\sqrt{2}}\\ \frac{2}{\sqrt{6}} & 0\\ \frac{1}{\sqrt{6}} & \frac{-1}{\sqrt{2}}\end{bmatrix},$$

$$U=[u_1,u_2,u_3]=\begin{bmatrix}\frac{1}{\sqrt{6}} & \frac{1}{\sqrt{2}} & \frac{1}{\sqrt{3}}\\ \frac{2}{\sqrt{6}} & 0 & \frac{-1}{\sqrt{3}}\\ \frac{1}{\sqrt{6}} & \frac{-1}{\sqrt{2}} & \frac{1}{\sqrt{3}}\end{bmatrix}.$$

$$V_1=AU_1S^{-1}=\begin{bmatrix}1 & 2 & 1\\ -1 & 0 & 1\end{bmatrix}\begin{bmatrix}\frac{1}{\sqrt{6}} & \frac{1}{\sqrt{2}}\\ \frac{2}{\sqrt{6}} & 0\\ \frac{1}{\sqrt{6}} & \frac{-1}{\sqrt{2}}\end{bmatrix}\begin{bmatrix}\frac{1}{\sqrt{6}} & 0\\ 0 & \frac{1}{\sqrt{2}}\end{bmatrix}$$

$$=\begin{bmatrix}1 & 0\\ 0 & -1\end{bmatrix}=[v_1,v_2].$$

因为 $m-r=2-2=0$，故 $\boldsymbol{V}_2$ 不出现，即 $\boldsymbol{V}=\boldsymbol{V}_1=\begin{bmatrix}1 & 0\\0 & -1\end{bmatrix}$，

所以 $$\boldsymbol{A}=\boldsymbol{V}\boldsymbol{S}_0\boldsymbol{U}^{\mathrm{H}}=\begin{bmatrix}1 & 0\\0 & -1\end{bmatrix}\begin{bmatrix}\sqrt{6} & 0 & 0\\0 & \sqrt{2} & 0\end{bmatrix}\begin{bmatrix}\frac{1}{\sqrt{6}} & \frac{2}{\sqrt{6}} & \frac{1}{\sqrt{6}}\\ \frac{1}{\sqrt{2}} & 0 & \frac{-1}{\sqrt{2}}\\ \frac{1}{\sqrt{3}} & \frac{-1}{\sqrt{3}} & \frac{1}{\sqrt{3}}\end{bmatrix};$$

$$\boldsymbol{A}^{+}=\boldsymbol{U}\begin{bmatrix}\boldsymbol{S}^{-1} & \boldsymbol{0}\\ \boldsymbol{0} & \boldsymbol{0}\end{bmatrix}\boldsymbol{V}^{\mathrm{H}}=\begin{bmatrix}\frac{1}{\sqrt{6}} & \frac{1}{\sqrt{2}} & \frac{1}{\sqrt{3}}\\ \frac{2}{\sqrt{6}} & 0 & \frac{-1}{\sqrt{3}}\\ \frac{1}{\sqrt{6}} & \frac{-1}{\sqrt{2}} & \frac{1}{\sqrt{3}}\end{bmatrix}\begin{bmatrix}\frac{1}{\sqrt{6}} & 0\\ 0 & \frac{1}{\sqrt{2}}\\ 0 & 0\end{bmatrix}\begin{bmatrix}1 & 0\\0 & -1\end{bmatrix}$$

$$=\begin{bmatrix}\frac{1}{6} & \frac{-1}{2}\\ \frac{1}{3} & 0\\ \frac{1}{6} & \frac{1}{2}\end{bmatrix}.$$

(2) $\boldsymbol{B}=\begin{bmatrix}1 & 1\\1 & 1\\0 & 0\end{bmatrix}$，$m=3$，$n=2$，$\operatorname{rank}\boldsymbol{B}=1$.

$$\boldsymbol{B}^{\mathrm{H}}\boldsymbol{B}=\begin{bmatrix}1 & 1 & 0\\1 & 1 & 0\end{bmatrix}\begin{bmatrix}1 & 1\\1 & 1\\0 & 0\end{bmatrix}=\begin{bmatrix}2 & 2\\2 & 2\end{bmatrix},$$

$$\det(\lambda\boldsymbol{E}-\boldsymbol{B}^{\mathrm{H}}\boldsymbol{B})=\begin{vmatrix}\lambda-2 & -2\\-2 & \lambda-2\end{vmatrix}=\lambda(\lambda-4),$$

$\lambda_1=4$，　$\lambda_2=0$，　$\mu_1=2$.　$\boldsymbol{S}=[2]$，　$\boldsymbol{S}_0=\begin{bmatrix}\boldsymbol{S} & \boldsymbol{0}\\ \boldsymbol{0} & \boldsymbol{0}\end{bmatrix}=\begin{bmatrix}2 & 0\\0 & 0\\0 & 0\end{bmatrix}$.

对 $\lambda_1=4$,解方程组$(4\boldsymbol{E}-\boldsymbol{B}^{\mathrm{H}}\boldsymbol{B})\boldsymbol{x}=\boldsymbol{0}$,得基础解系 $\boldsymbol{x}_1=(1,1)^{\mathrm{T}}$,单位化得

$$\boldsymbol{u}_1=\left(\frac{1}{\sqrt{2}},\frac{1}{\sqrt{2}}\right)^{\mathrm{T}};$$

对 $\lambda_2=0$,解方程组$(0\boldsymbol{E}-\boldsymbol{B}^{\mathrm{H}}\boldsymbol{B})\boldsymbol{x}=\boldsymbol{0}$,得基础解系 $\boldsymbol{x}_2=(1,-1)^{\mathrm{T}}$,单位化得

$$\boldsymbol{u}_2=\left(\frac{1}{\sqrt{2}},\frac{-1}{\sqrt{2}}\right)^{\mathrm{T}}.$$

于是 $$\boldsymbol{U}_1=[\boldsymbol{u}_1]=\begin{bmatrix}\frac{1}{\sqrt{2}}\\ \frac{1}{\sqrt{2}}\end{bmatrix},\quad \boldsymbol{U}=[\boldsymbol{u}_1,\boldsymbol{u}_2]=\begin{bmatrix}\frac{1}{\sqrt{2}} & \frac{1}{\sqrt{2}}\\ \frac{1}{\sqrt{2}} & \frac{-1}{\sqrt{2}}\end{bmatrix}.$$

$$\boldsymbol{V}_1=\boldsymbol{B}\boldsymbol{U}_1\boldsymbol{S}^{-1}=\begin{bmatrix}1 & 1\\ 1 & 1\\ 0 & 0\end{bmatrix}\begin{bmatrix}\frac{1}{\sqrt{2}}\\ \frac{1}{\sqrt{2}}\end{bmatrix}\left[\frac{1}{2}\right]==\begin{bmatrix}\frac{1}{\sqrt{2}}\\ \frac{1}{\sqrt{2}}\\ 0\end{bmatrix};$$

解齐次方程组 $\boldsymbol{V}_1^{\mathrm{H}}\boldsymbol{x}=\boldsymbol{0}$,即$\left(\frac{1}{\sqrt{2}},\frac{1}{\sqrt{2}},0\right)\begin{bmatrix}\xi_1\\ \xi_2\\ \xi_3\end{bmatrix}=\begin{bmatrix}0\\ 0\\ 0\end{bmatrix}$,

得标准正交基础解系

$$\boldsymbol{v}_2=\left(\frac{1}{\sqrt{2}},\frac{-1}{\sqrt{2}},0\right)^{\mathrm{T}},\boldsymbol{v}_3=(0,0,1)^{\mathrm{T}}.$$

记 $\boldsymbol{V}_2=[\boldsymbol{v}_2,\boldsymbol{v}_3]$,于是

$$\boldsymbol{V}=[\boldsymbol{V}_1,\boldsymbol{V}_2]=\begin{bmatrix}\frac{1}{\sqrt{2}} & \frac{1}{\sqrt{2}} & 0\\ \frac{1}{\sqrt{2}} & \frac{-1}{\sqrt{2}} & 0\\ 0 & 0 & 1\end{bmatrix}.$$

所以 $$\boldsymbol{B}=\boldsymbol{V}\boldsymbol{S}_0\boldsymbol{U}^{\mathrm{H}}=\begin{bmatrix}\frac{1}{\sqrt{2}} & \frac{1}{\sqrt{2}} & 0\\ \frac{1}{\sqrt{2}} & \frac{-1}{\sqrt{2}} & 0\\ 0 & 0 & 1\end{bmatrix}\begin{bmatrix}2 & 0\\ 0 & 0\\ 0 & 0\end{bmatrix}\begin{bmatrix}\frac{1}{\sqrt{2}} & \frac{1}{\sqrt{2}}\\ \frac{1}{\sqrt{2}} & \frac{-1}{\sqrt{2}}\end{bmatrix};$$

$$\boldsymbol{B}^{+}=\boldsymbol{U}\begin{bmatrix}\boldsymbol{S}^{-1} & \boldsymbol{0}\\ \boldsymbol{0} & \boldsymbol{0}\end{bmatrix}\boldsymbol{V}^{\mathrm{H}}$$

$$=\begin{bmatrix}\frac{1}{\sqrt{2}} & \frac{1}{\sqrt{2}}\\ \frac{1}{\sqrt{2}} & \frac{-1}{\sqrt{2}}\end{bmatrix}\begin{bmatrix}\frac{1}{2} & 0 & 0\\ 0 & 0 & 0\end{bmatrix}\begin{bmatrix}\frac{1}{\sqrt{2}} & \frac{1}{\sqrt{2}} & 0\\ \frac{1}{\sqrt{2}} & \frac{-1}{\sqrt{2}} & 0\\ 0 & 0 & 1\end{bmatrix}$$

$$=\frac{1}{4}\begin{bmatrix}1 & 1 & 0\\ 1 & 1 & 0\end{bmatrix}.$$

6. 设 $\boldsymbol{A}=\begin{bmatrix}-1 & 0 & 1\\ 2 & 0 & -2\end{bmatrix}$，利用公式 $\boldsymbol{A}^{+}=\boldsymbol{U}_1(\boldsymbol{S}^2)^{-1}\boldsymbol{U}_1^{\mathrm{H}}\boldsymbol{A}^{\mathrm{H}}$，计算 $\boldsymbol{A}^{+}$.

解 $\boldsymbol{A}=\begin{bmatrix}-1 & 0 & 1\\ 2 & 0 & -2\end{bmatrix}$，$m=2,n=3,\operatorname{rank}\boldsymbol{A}=1$.

$$\boldsymbol{A}^{\mathrm{H}}\boldsymbol{A}=\begin{bmatrix}-1 & 2\\ 0 & 0\\ 1 & -2\end{bmatrix}\begin{bmatrix}-1 & 0 & 1\\ 2 & 0 & -2\end{bmatrix}=\begin{bmatrix}5 & 0 & -5\\ 0 & 0 & 0\\ -5 & 0 & 5\end{bmatrix},$$

$$\det(\lambda\boldsymbol{E}-\boldsymbol{A}^{\mathrm{H}}\boldsymbol{A})=\begin{vmatrix}\lambda-5 & 0 & 5\\ 0 & \lambda & 0\\ 5 & 0 & \lambda-5\end{vmatrix}$$

$$=\lambda^2(\lambda-10),\lambda_1=10,\lambda_2=\lambda_3=0.$$

$$\boldsymbol{S}^2=[10].$$

对 $\lambda_1=10$，解方程组 $(10\boldsymbol{E}-\boldsymbol{A}^{\mathrm{H}}\boldsymbol{A})\boldsymbol{x}=\boldsymbol{0}$，得基础解系

$$\boldsymbol{x}_1=(1,0,-1)^{\mathrm{T}},$$

单位化得 $u_1=\left(\frac{1}{\sqrt{2}},0,\frac{-1}{\sqrt{2}}\right)^{\mathrm{T}}$;

于是 $$U_1=[u_1]=\begin{bmatrix}\frac{1}{\sqrt{2}}\\0\\\frac{-1}{\sqrt{2}}\end{bmatrix}.$$

所以 $$A^+=U_1(S^2)^{-1}U_1^{\mathrm{H}}A^{\mathrm{H}}=\begin{bmatrix}\frac{1}{\sqrt{2}}\\0\\\frac{-1}{\sqrt{2}}\end{bmatrix}\frac{1}{10}\left[\frac{1}{\sqrt{2}},0,\frac{-1}{\sqrt{2}}\right]\begin{bmatrix}-1&2\\0&0\\1&-2\end{bmatrix}$$

$$=\frac{1}{10}\begin{bmatrix}-1&2\\0&0\\1&-2\end{bmatrix}.$$

7. 设 $A^2=A=A^{\mathrm{H}}$,证明 $A=A^+$.

证明 (1)$AAA=A^2A=AA=A^2=A$, (2)$AAA=A$,

(3)$[AA]^{\mathrm{H}}=(A^2)^{\mathrm{H}}=A^{\mathrm{H}}=A=A^2=AA$, (4)$[AA]^{\mathrm{H}}=AA$,

故由定义得 $A=A^+$.

8. 设 $A=BC$ 是 A 的满秩分解,试证 $A^+=C^+B^+$.

证明 由题设知,B 列满秩,C 行满秩,于是有 $B=BE$,$C=EC$,

故 $$B^+=(B^{\mathrm{H}}B)^{-1}B^{\mathrm{H}},C^+=C^{\mathrm{H}}(CC^{\mathrm{H}})^{-1},$$

所以 $$A^+=C^{\mathrm{H}}(CC^{\mathrm{H}})^{-1}(B^{\mathrm{H}}B)^{-1}B^{\mathrm{H}}=C^+B^+.$$

9. 设 $A\in\mathbb{C}^{m\times n}$,$U$ 是 m 阶酉矩阵,V 是 n 阶酉矩阵,证明:

$$(UAV^{\mathrm{H}})^+=VA^+U^{\mathrm{H}}.$$

证明 因为

(1)$(UAV^{\mathrm{H}})(VA^+U^{H})(UAV^{\mathrm{H}})=UAA^+AV^{\mathrm{H}}=UAV^{\mathrm{H}}$,

(2)$(VA^+U^{\mathrm{H}})(UAV^{\mathrm{H}})(VA^+U^{\mathrm{H}})=VA^+AA^+U^{\mathrm{H}}=VA^+U^{\mathrm{H}}$,

(3)$$[(UAV^{\mathrm{H}})(VA^+U^{\mathrm{H}})]^{\mathrm{H}}=[UAA^+U^{\mathrm{H}}]^{\mathrm{H}}=U(AA^+)^{\mathrm{H}}U^{\mathrm{H}}$$
$$=U(AA^+)U^{\mathrm{H}}=(UAV^{\mathrm{H}})(VA^+U^{\mathrm{H}}),$$

$$(4)[(\boldsymbol{VA}^{+}\boldsymbol{U}^{\mathrm{H}})(\boldsymbol{UAV}^{\mathrm{H}})]^{\mathrm{H}}=[\boldsymbol{VA}^{+}\boldsymbol{AV}^{\mathrm{H}}]^{\mathrm{H}}=\boldsymbol{V}(\boldsymbol{A}^{+}\boldsymbol{A})^{\mathrm{H}}\boldsymbol{V}^{\mathrm{H}}$$
$$=\boldsymbol{V}(\boldsymbol{A}^{+}\boldsymbol{A})\boldsymbol{V}^{\mathrm{H}}=(\boldsymbol{VA}^{+}\boldsymbol{U}^{\mathrm{H}})(\boldsymbol{UAV}^{\mathrm{H}}),$$

所以 $(\boldsymbol{AUV}^{\mathrm{H}})^{+}=\boldsymbol{VA}^{+}\boldsymbol{U}^{\mathrm{H}}$.

10. 设 $\boldsymbol{A}$ 是 $m\times n$ 矩阵，$\boldsymbol{b}$ 是 m 维列向量，证明线性方程组 $\boldsymbol{A}^{\mathrm{H}}\boldsymbol{Ax}=\boldsymbol{A}^{\mathrm{H}}\boldsymbol{b}$ 有解.

证明 利用奇异值分解及广义逆矩阵的定理，得

$$\boldsymbol{A}=\boldsymbol{V}\begin{bmatrix}\boldsymbol{S}&\boldsymbol{0}\\\boldsymbol{0}&\boldsymbol{0}\end{bmatrix}\boldsymbol{U}^{\mathrm{H}},\boldsymbol{A}^{+}=\boldsymbol{U}\begin{bmatrix}\boldsymbol{S}^{-1}&\boldsymbol{0}\\\boldsymbol{0}&\boldsymbol{0}\end{bmatrix}\boldsymbol{V}^{\mathrm{H}},$$

从而 $\boldsymbol{A}^{\mathrm{H}}\boldsymbol{A}(\boldsymbol{A}^{+}\boldsymbol{b})$

$$=\left(\boldsymbol{V}\begin{bmatrix}\boldsymbol{S}&\boldsymbol{0}\\\boldsymbol{0}&\boldsymbol{0}\end{bmatrix}\boldsymbol{U}^{\mathrm{H}}\right)^{\mathrm{H}}\boldsymbol{V}\begin{bmatrix}\boldsymbol{S}&\boldsymbol{0}\\\boldsymbol{0}&\boldsymbol{0}\end{bmatrix}\boldsymbol{U}^{\mathrm{H}}\boldsymbol{U}\begin{bmatrix}\boldsymbol{S}^{-1}&\boldsymbol{0}\\\boldsymbol{0}&\boldsymbol{0}\end{bmatrix}\boldsymbol{V}^{\mathrm{H}}\boldsymbol{b}$$

$$=\boldsymbol{U}\begin{bmatrix}\boldsymbol{S}&\boldsymbol{0}\\\boldsymbol{0}&\boldsymbol{0}\end{bmatrix}\boldsymbol{V}^{\mathrm{H}}\boldsymbol{V}\begin{bmatrix}\boldsymbol{S}&\boldsymbol{0}\\\boldsymbol{0}&\boldsymbol{0}\end{bmatrix}\boldsymbol{U}^{\mathrm{H}}\boldsymbol{U}\begin{bmatrix}\boldsymbol{S}^{-1}&\boldsymbol{0}\\\boldsymbol{0}&\boldsymbol{0}\end{bmatrix}\boldsymbol{V}^{\mathrm{H}}\boldsymbol{b}$$

$$=\boldsymbol{U}\begin{bmatrix}\boldsymbol{S}&\boldsymbol{0}\\\boldsymbol{0}&\boldsymbol{0}\end{bmatrix}\boldsymbol{V}^{\mathrm{H}}\boldsymbol{b}=\left(\boldsymbol{V}\begin{bmatrix}\boldsymbol{S}&\boldsymbol{0}\\\boldsymbol{0}&\boldsymbol{0}\end{bmatrix}\boldsymbol{U}^{\mathrm{H}}\right)^{\mathrm{H}}\boldsymbol{b}=\boldsymbol{A}^{\mathrm{H}}\boldsymbol{b}.$$

上式表明，$\boldsymbol{x}=\boldsymbol{A}^{+}\boldsymbol{b}$ 是 $\boldsymbol{A}^{\mathrm{H}}\boldsymbol{Ax}=\boldsymbol{A}^{\mathrm{H}}\boldsymbol{b}$ 的解.

11. 设 $\boldsymbol{A}\begin{bmatrix}1&0\\1&-1\\0&1\end{bmatrix}$，$\boldsymbol{b}=\begin{bmatrix}1\\1\\1\end{bmatrix}$，求无解线性方程组 $\boldsymbol{Ax}=\boldsymbol{b}$ 的最小范数最小二乘解.

解 易知 $\boldsymbol{A}$ 列满秩，于是

$$\boldsymbol{A}^{+}=\left(\begin{bmatrix}1&1&0\\0&-1&1\end{bmatrix}\begin{bmatrix}1&0\\1&-1\\0&1\end{bmatrix}\right)^{-1}\begin{bmatrix}1&1&0\\0&-1&1\end{bmatrix}$$

$$=\frac{1}{3}\begin{bmatrix}2&1\\1&2\end{bmatrix}\begin{bmatrix}1&1&0\\0&-1&1\end{bmatrix}=\frac{1}{3}\begin{bmatrix}2&1&1\\1&-1&2\end{bmatrix},$$

故最小范数最小二乘解

$$\boldsymbol{x}=\boldsymbol{A}^{+}\boldsymbol{b}==\frac{1}{3}\begin{bmatrix}2&1&1\\1&-1&2\end{bmatrix}\begin{bmatrix}1\\1\\1\end{bmatrix}=\frac{2}{3}(2,1)^{\mathrm{T}}.$$

12. 设 $\boldsymbol{A}=\begin{bmatrix}1&0&-1&1\\0&2&2&2\\-1&4&5&3\end{bmatrix}$，$\boldsymbol{b}=\begin{bmatrix}4\\1\\2\end{bmatrix}$，求无解线性方程组 $\boldsymbol{Ax}=\boldsymbol{b}$ 的最小范数最小二乘解.

解

$$\boldsymbol{A}=\begin{bmatrix}1&0&-1&1\\0&2&2&2\\-1&4&5&3\end{bmatrix}\to\begin{bmatrix}1&0&-1&1\\0&1&1&1\\0&0&0&0\end{bmatrix},$$

$$\boldsymbol{A}=\boldsymbol{BC}=\begin{bmatrix}1&0\\0&2\\-1&4\end{bmatrix}\begin{bmatrix}1&0&-1\\0&1&1\end{bmatrix},$$

$$\boldsymbol{A}^{+}=\boldsymbol{C}^{\mathrm{H}}(\boldsymbol{CC}^{\mathrm{H}})^{-1}(\boldsymbol{B}^{\mathrm{H}}\boldsymbol{B})^{-1}\boldsymbol{B}^{\mathrm{H}}=\frac{1}{18}\begin{bmatrix}5&2&-1\\1&1&1\\-4&-1&2\\6&3&0\end{bmatrix},$$

故最小范数最小二乘解 $\boldsymbol{x}=\boldsymbol{A}^{+}\boldsymbol{b}=\frac{1}{18}(20,7,-13,27)^{\mathrm{T}}$.

第 6 章　广义 Fourier 级数与最佳平方逼近

本章重点

1. 正交投影与投影定理.
2. 广义 Fourier 系数与 Bessel 不等式.
3. 广义 Fourier 级数及其收敛性.
4. 完全标准正交系及其等价条件.
5. 最佳平方逼近, n 次最佳平方逼近的求法.
6. Legendre 正交多项式及其主要性质.
7. 几种重要的带权正交多项式概念及其主要性质.
8. 曲线拟合的最小二乘法.

复习思考题

一、判断题

1. 设 M 是内积空间 X 的子空间, 若 $x\in X$ 在 M 上的正交投影存在, 则 x 在 M 上的正交投影必定是唯一的.　（　　）

2. 设 $\{e_i\}$ 是 $(X, <\cdot,\cdot>)$ 的标准正交系, 则 $x\in X$ 在 $M=\text{span}\{e_1, e_2,\cdots,e_n\}$ 上的正交投影可表示为 $x_0=\sum\limits_{i=1}^{n}<x,e_i>e_i$.　（　　）

3. 设 $\{e_i\}$ 是 $(X, <\cdot,\cdot>)$ 的标准正交系, 则 $\forall\, x\in X$ 有

$$\sum_{i=1}^{\infty}|<x,e_i>|^2=\|x\|^2.$$　（　　）

4. 若 $\{e_i\}$ 是 Hilbert 空间 H 的标准正交系, 则 $\forall\, x\in H$ 都可以展为关于 $\{e_i\}$ 的广义 Fourier 级数, 即 $x=\sum\limits_{i=1}^{\infty}<x,e_i>e_i$.　（　　）

5. Hilbert 空间 H 的标准正交系 $\{e_i\}$ 是完全的, 当且仅当 H 中不存在与每个 e_i 都正交的非零元素.　（　　）

6. Hilbert 空间 H 的标准正交系 $\{e_i\}$ 是完全的, 当且仅当 $\forall\, x,y\in H$

有　$$<x,y> = \sum_{i=1}^{\infty} <x,e_i>\overline{<y,e_i>}.$$　(　　)

7.若$\{e_i\}$是 Hilbert 空间 H 的完全标准正交系,则 $\forall x\in H$ 的广义 Fourier 级数的前 n 项和,即 $s_n = \sum_{i=1}^{n} <x,e_i> e_i$ 就是 x 在 $M = \text{span}\{e_1,e_2,\cdots,e_n\}$上的正交投影.　(　　)

8.$F = \{e_n\}_{n=1}^{\infty}\left(\text{其中 } e_n = \left(0,0,\cdots,0,\frac{n}{n+1},0,\cdots\right)\right)$是内积空间 l^2 的完全正交系.　(　　)

9.设 $p_n(x)$是 n 阶 Legendre 多项式,则 $\forall x\in[-1,1]$有

$$p_n(-x) = (-1)^n p_n(x).$$　(　　)

10.设 X 是内积空间,$A\subset X$,$x\in X$,若 $x\perp A$,则 $x\perp \bar{A}$.　(　　)

二、填空题

1.设 M 是内积空间 X 的完备子空间,$x\in X$,y_0 是 x 在 M 上的正交投影,则 x 到 M 的距离 $d(x,M)=$________.

2.设$\{e_n\}$是$(X,<\cdot,\cdot>)$的标准正交系,则 $\forall x\in X$,有

$$\lim_{n\to\infty} <x,e_n> = \_\_\_\_\_\_\_\_.$$

3.设 $F=\{e_i\}$是$(X,<\cdot,\cdot>)$的正交系,若$\overline{\text{span } F} = X$,则称 F 是 X 中的________正交系.

4.设 $F=\{e_i\}$是 Hilbert 空间 H 的标准正交系,则 Parseval 恒等式成立的充要条件是:F 是 H 的________标准正交系.

5.设 $p_n(x)$是 n 阶 Legendre 多项式,则 $\|p_n\| =$________.

6.设$\{u_1,u_2,\cdots,u_n,\cdots\}$是 $L^2[a,b]$的完全正交系,则 $\forall f\in L^2[a,b]$的广义 Fourier 级数$\sum_{n=1}^{\infty}\frac{<f,u_n>}{<u_n,u_n>}u_n(x)$在$[a,b]$上________收敛于 $f(x)$.

7.设 $p_5(x)$是 5 阶 Legendre 多项式,则

$$\int_{-1}^{1}(3x^4+x^3+x+1)p_5(x)\mathrm{d}x = \_\_\_\_\_\_\_\_.$$

8.$f\in L^2[-1,1]$的 Fourier-Legendre 级数 $f=$________.

9. n 阶 Legendre 多项式 $p_n(x)$ 的 n 个零点都是________数，且均在________内.

10. 设 $T_n(x)$ 是 n 阶 Чебышев 多项式，$Q_{n-1}(x)$ 是任意 $n-1$ 次多项式，则广义积分

$$\int_{-1}^{1}\frac{Q_{n-1}(x)T_n(x)}{\sqrt{1-x^2}}dx = \_\_\_\_\_\_\_\_.$$

习题解答

1. 设 A 和 B 是内积空间 X 的子集，证明：

(1) 若 $x\perp A$，则 $x\perp \bar{A}$；

(2) $A^{\perp}=(\overline{\mathrm{span}\,A})^{\perp}$.

证明　(1) 对任意 $y\in\bar{A}$，则存在序列 $\{y_n\}\subset A$，使 $y_n\to y$，由假设 $x\perp A$，于是对每一个 $n\in\mathbb{N}$，$<x,y_n>=0$，由内积的连续性，得到

$$<x,y>=\lim_{n\to\infty}<x,y_n>=0,$$

即 $x\perp y$，因此 $x\perp\bar{A}$.

(2) 因 $A\subset\overline{\mathrm{span}\,A}$，故 $A^{\perp}\supset(\overline{\mathrm{span}\,A})^{\perp}$（见习题 1，12 题）.

另一方面，设任意的 $x\in A^{\perp}$，即 $x\perp A$，对任意 $y\in\mathrm{span}\,A$，则存在 $y_1,\cdots,y_n\in A$ 及 $\alpha_1,\cdots,\alpha_n\in\mathbb{K}$，使 $y=\alpha_1y_1+\cdots+\alpha_ny_n$，于是

$$<x,y>=\bar{\alpha}_1<x,y_1>+\cdots+\bar{\alpha}_n<x,y_n>=0,$$

故 $x\perp\mathrm{span}\,A$，由 (1) 得 $x\perp\overline{\mathrm{span}\,A}$，因此 $A^{\perp}\subset(\overline{\mathrm{span}\,A})^{\perp}$.

2. 设 A 是 Hilbert 空间 H 的子空间，证明 $A^{\perp}=(\bar{A})^{\perp}$，$\bar{A}=(A^{\perp})^{\perp}$.

证明　因 A 是 H 的子空间，故 $A=\mathrm{span}\,A$. 由上题的结论，得到

$$A^{\perp}=(\bar{A})^{\perp}.$$

因 $\bar{A}$ 是 H 的闭子空间，由定理 6.2 的推论 2 及 $A^{\perp}=(\bar{A})^{\perp}$，得

$$\bar{A}=(\bar{A})^{\perp\perp}=A^{\perp\perp}.$$

注　此题证明方法较多，下面介绍另一证明方法.

因 $\bar{A}$ 是 H 的闭子空间，由定理 6.2 的推论 2，得 $\bar{A}=(\bar{A})^{\perp\perp}$，于是 $A^{\perp\perp}\subset(\bar{A})^{\perp\perp}=\bar{A}$. 由习题 1 的 12 题知 $A\subset A^{\perp\perp}$，而 $A^{\perp\perp}$ 是闭集，故 $\bar{A}\subset A^{\perp\perp}$，因此 $\bar{A}=A^{\perp\perp}$.

又 $A^{\perp}$ 是 H 的闭子空间,再应用定理 6.2 的推论 2 及 $\bar{A}=A^{\perp\perp}$,即得

$$A^{\perp}=(A^{\perp})^{\perp\perp}=(A^{\perp\perp})^{\perp}=(\bar{A})^{\perp}.$$

3. 设 $\{e_i\}$ 是 Hilbert 空间 H 的标准正交系,$M=\text{span}\{e_i\}$,$x\in H$.证明 $x\in\bar{M}$ 的充分必要条件是 x 可以表示为 $x=\sum\limits_{i=1}^{\infty}<x,e_i>e_i$.

证明　"$\Rightarrow$":由于 $\bar{M}=\overline{\text{span}\{e_i\}}$ 是 Hilbert 空间 H 的闭子空间,故 $\bar{M}$ 作为 H 的子空间是完备的,且 $\{e_i\}$ 是 $\bar{M}$ 中的完全标准正交系.由定理 6.5,每一个 $x\in\bar{M}$ 可表示为

$$x=\sum_{i=1}^{\infty}<x,e_i>e_i.$$

"$\Leftarrow$":若 $x=\sum\limits_{i=1}^{\infty}<x,e_i>e_i$,令 $x_n=\sum\limits_{i=1}^{n}<x,e_i>e_i$,则 $x_n\in\text{span}\{e_i\}=M$,且 $x_n\to x$,故 $x\in\bar{M}$.

4. 设 $\{e_i\}$ 是 Hilbert 空间 H 的标准正交系,证明 $\{e_i\}$ 是完全标准正交系的充分必要条件是对于任意 $x,y\in H$ 皆有

$$<x,y>=\sum_{i=1}^{\infty}<x,e_i>\overline{<y,e_i>}.$$

证明　"$\Rightarrow$":设 $\{e_i\}$ 是 H 的完全标准正交系,则任意 $x\in H$ 可表示为

$$x=\sum_{i=1}^{\infty}<x,e_i>e_i,$$

于是 $\forall\, y\in H$,有

$$\begin{aligned}<x,y>&=\left\langle\sum_{i=1}^{\infty}<x,e_i>e_i,y\right\rangle\\&=\sum_{i=1}^{\infty}<x,e_i><e_i,y>\\&=\sum_{i=1}^{\infty}<x,e_i>\overline{<y,e_i>}.\end{aligned}$$

"$\Leftarrow$":对任意 $x\in H$,令 $y=x$,由假设得

$$\|x\|^2=<x,x>=\sum_{i=1}^{\infty}<x,e_i>\overline{<x,e_i>}$$

$$=\sum_{i=1}^{\infty}|<x,e_i>|^2,$$

由定理 6.5 知，$\{e_i\}$ 是 H 的完全标准正交系.

5. 将下列函数关于 Legendre 多项式系展开成广义 Fourier 级数.

(1) $f(x)=x^3$;

(2) $f(x)=\begin{cases}0, & \text{当 } -1\leqslant x<\alpha,\\ 1, & \text{当 } \alpha\leqslant x\leqslant 1.\end{cases}$

解　对于 $f\in L^2[-1,1]$，f 的 Fourier-Legendre 级数为

$$f=\sum_{i=0}^{\infty}\frac{2n+1}{2}<f,p_n>p_n=\sum_{i=0}^{\infty}C_n p_n .$$

(1) $f(x)=x^3$，有

$$C_0=\frac{1}{2}\int_{-1}^{1}x^3\mathrm{d}x=0,\qquad C_1=\frac{3}{2}\int_{-1}^{1}x^3\cdot x\mathrm{d}x=\frac{3}{5},$$

$$C_2=\frac{5}{2}\int_{-1}^{1}x^3\cdot\frac{1}{2}(3x^2-1)\mathrm{d}x=0,$$

$$C_3=\frac{7}{2}\int_{-1}^{1}x^3\cdot\frac{1}{2}(5x^3-3x)\mathrm{d}x=\frac{2}{5},$$

当 $n>3$ 时，$<f,p_n>=0$，于是 $C_n=0$，故

$$x^3=\frac{3}{5}p_1(x)+\frac{2}{5}p_3(x)\quad(x\in[-1,1]).$$

(2) $f(x)=\begin{cases}0, & \text{当 } -1\leqslant x<\alpha,\\ 1, & \text{当 } \alpha\leqslant x\leqslant 1,\end{cases}$

有
$$C_0=\frac{1}{2}\int_{\alpha}^{1}\mathrm{d}x=\frac{1-\alpha}{2},$$

$$C_n=\frac{2n+1}{2}\int_{\alpha}^{1}p_n(x)\mathrm{d}x=\frac{1}{2}\int_{\alpha}^{1}[p'_{n+1}(x)-p'_{n-1}(x)]\mathrm{d}x$$

$$=-\frac{1}{2}[p_{n+1}(\alpha)-p_{n-1}(\alpha)],\quad n=1,2,\cdots.$$

故
$$f(x)=\frac{1}{2}(1-\alpha)+\frac{1}{2}\sum_{n=1}^{\infty}(p_{n+1}(\alpha)-p_{n-1}(\alpha))p_n(x)$$

$$(x\in[-1,1]).$$

注　在计算 C_n 时用到了递推公式

$$(2n+1)\mathrm{p}_n(x)=\mathrm{p}'_{n+1}(x)-\mathrm{p}'_{n-1}(x)(n=1,2,3,\cdots),$$

它很容易由教材中的公式

$$n\mathrm{p}_n(x)=x\mathrm{p}'_n(x)-\mathrm{p}'_{n-1}(x),n\mathrm{p}_{n-1}(x)=\mathrm{p}'_n(x)-x\mathrm{p}'_{n-1}(x),$$

即 $$(n+1)\mathrm{p}_n(x)=\mathrm{p}'_{n+1}(x)-x\mathrm{p}'_n(x),$$

相加得到.

6. 在$[-1,1]$上,求函数 $f(x)=|x|$在 span $\{1,x^2,x^4\}$中的最佳平方逼近.

解　设所求最佳平方逼近为

$$s^*(x)=a_0+a_1x^2+a_2x^4.$$

若记 $e_0(x)=1,\quad e_1(x)=x^2,\quad e_2(x)=x^4,$

则 $$<e_0,e_0>=\int_{-1}^{1}1\mathrm{d}x=2,$$

$$<e_0,e_1>=<e_1,e_0>=\int_{-1}^{1}x^2\mathrm{d}x=\frac{2}{3},$$

$$<e_0,e_2>=<e_2,e_0>=<e_1,e_1>\int_{-1}^{1}x^4\mathrm{d}x=\frac{2}{5},$$

$$<e_1,e_2>=<e_2,e_1>=\int_{-1}^{1}x^6\mathrm{d}x=\frac{2}{7},$$

$$<e_2,e_2>=\int_{-1}^{1}x^8\mathrm{d}x=\frac{2}{9},$$

$$d_0=\int_{-1}^{1}|x|\mathrm{d}x=1,\quad d_1=\int_{-1}^{1}|x|x^2\mathrm{d}x=\frac{1}{2},$$

$$d_2=\int_{-1}^{1}|x|x^4\mathrm{d}x=\frac{1}{3}.$$

于是法方程为

$$\begin{cases}2a_0+\frac{2}{3}a_1+\frac{2}{5}a_2=1,\\ \frac{2}{3}a_0+\frac{2}{5}a_1+\frac{2}{7}a_2=\frac{1}{2},\\ \frac{2}{5}a_0+\frac{2}{7}a_1+\frac{2}{9}a_2=\frac{1}{3},\end{cases}$$

解得　$a_0=0.117\ 18,\quad a_1=1.640\ 67,\quad a_2=-0.820\ 37.$

因此 $s^*(x)=0.117\ 18+1.640\ 67x^2-0.820\ 37x^4$.

7.求函数 $f(x)=\dfrac{1}{x}$ 在区间 $[1,2]$ 上的二次最佳平方逼近 $s_2^*(x)$，并求误差 $(\| f-s_2^* \|_2)^2$.

解 作变换 $x=\dfrac{1}{2}(3+t)$，即 $t=2x-3$，则 $f(x)=\dfrac{2}{3+t}$，记 $\varphi(t)=\dfrac{2}{3+t}$. 对 $\varphi(t)$ 在 $[-1,1]$ 上用 Legendre 多项式做二次最佳平方逼近，设最佳平方逼近函数为

$$\bar{s}_2(t)=a_0\mathrm{p}_0(t)+a_1\mathrm{p}_1(t)+a_2\mathrm{p}_2(t),$$

则

$$a_0=\frac{1}{2}\int_{-1}^{1}\frac{2}{3+t}\mathrm{d}t=\ln 2,$$

$$a_1=\frac{3}{2}\int_{-1}^{1}\frac{2}{3+t}t\mathrm{d}t=6-9\ln 2,$$

$$a_2=\frac{5}{4}\int_{-1}^{1}\frac{2}{3+t}(3t^2-1)\mathrm{d}t=0.5\ln 2-45,$$

因此

$$\bar{s}_2(t)=\ln 2+(6-9\ln 2)t+(65\ln 2-45)\left(\frac{3}{2}t^2-\frac{1}{2}\right),$$

$$\begin{aligned}s_2^*(x)&=\ln 2+(6-9\ln 2)(2x-3)\\&\quad+(65\ln 2-45)\left[\frac{3}{2}(2x-3)^2-\frac{1}{2}\right]\\&=873\times\ln 2-603+(822-1\ 188\times\ln 2)x+(390\times\ln 2-270)x^2\\&=2.117\ 49-1.458\ 85x+0.327\ 40x^2.\end{aligned}$$

平方误差为

$$\begin{aligned}(\|f-s_2^*\|_2)^2&=\int_1^2|f(x)-s_2^*(x)|^2\mathrm{d}x\quad\left(令\ x=\frac{1}{2}(3+t)\right)\\&=\int_{-1}^{1}|\varphi(t)-\bar{s}_2(t)|^2\frac{1}{2}\mathrm{d}t=\frac{1}{2}\|\varphi-\bar{s}_2\|_2^2\\&=\frac{1}{2}\int_{-1}^{1}|\varphi(t)|^2\mathrm{d}t-\frac{1}{2}\sum_{k=0}^{2}\frac{2}{2k+1}a_k^2\\&=\frac{1}{2}-\frac{1}{2}\left[2(\ln 2)^2+\frac{2}{3}(6-9\ln 2)^2+\frac{2}{5}(65\ln 2-45)^2\right]\end{aligned}$$

$$= -416.5 + 1\,206 \times \ln 2 - 873 \times \ln^2 2$$
$$= 0.000\,018\,6.$$

8. 利用 Legendre 多项式,在区间$[-1,1]$上求函数 $f(x) = \sin \dfrac{\pi x}{2}$的三次最佳平方逼近 $s_3^*(x)$,并计算误差$(\|f - s_3^*\|_2)^2$.

解　设三次最佳平方逼近为

$$s_3^*(x) = a_0 p_0(x) + a_1 p_1(x) + a_2 p_2(x) + a_3 p_3(x),$$

则

$$a_0 = \frac{1}{2}\int_{-1}^{1} \sin \frac{\pi x}{2} dx = 0,$$

$$a_1 = \frac{3}{2}\int_{-1}^{1} x \sin \frac{\pi x}{2} dx = \frac{12}{\pi^2} = 1.215\,85,$$

$$a_2 = \frac{5}{2}\int_{-1}^{1} \frac{1}{2}(3x^2 - 1) \sin \frac{\pi x}{2} dx = 0,$$

$$a_3 = \frac{7}{2}\int_{-1}^{1} \frac{1}{2}(5x^3 - 3x) \sin \frac{\pi x}{2} dx = \frac{168}{\pi^2}\left(1 - \frac{10}{\pi^2}\right) = -0.224\,89,$$

因此

$$s_3^*(x) = 1.215\,85 p_1(x) - 0.224\,89 p_3(x)$$
$$= 1.553\,19x - 0.562\,23x^3.$$

平方误差为

$$(\|f - s_3^*\|_2)^2 = \int_{-1}^{1} \sin^2 \frac{\pi x}{2} dx - \sum_{k=0}^{3} \frac{2}{2k+1} a_k^2 = 0.000\,022\,4.$$

9. 已知一组数据为

x_i	-2	-1	0	1	2
y_i	-1	-1	0	1	1

分别用一次、二次和三次多项式拟合以上数据.

解　(1)取 $\Phi = \{1, x\}$,设拟合曲线为

$$s_1(x) = a_0 + a_1 x.$$

因为此时 $\varphi_0=1,\varphi_1=x,m=4$,而

$$<\varphi_0,\varphi_0> = \sum_{i=0}^{4}\varphi_0(x_i)\varphi_0(x_i)=5,$$

$$<\varphi_0,\varphi_1> = <\varphi_1,\varphi_0> = \sum_{i=0}^{4}\varphi_0(x_i)\varphi_1(x_i)=0,$$

$$<\varphi_1,\varphi_1> = \sum_{i=0}^{4}\varphi_1(x_i)\varphi_1(x_i)=10,$$

$$<f,\varphi_0> = \sum_{i=0}^{4}f(x_i)\varphi_0(x_i)=0,$$

$$<f,\varphi_1> = \sum_{i=0}^{4}f(x_i)\varphi_1(x_i)=6,$$

所以法方程为$\begin{cases}5a_0=0,\\10a_1=6,\end{cases}$ 由此得 $a_0=0,a_1=0.6$.故

$$s_1(x)=0.6x.$$

(2)取 $\Phi=\{1,x,x^2\}$,设拟合曲线为

$$s_2(x)=a_0+a_1x+a_2x^2.$$

因为

$$<\varphi_0,\varphi_0>=5,\quad <\varphi_0,\varphi_1>=0,\quad <\varphi_0,\varphi_2>=10,$$

$$<\varphi_1,\varphi_1>=10,\quad <\varphi_1,\varphi_2>=0,\quad <\varphi_2,\varphi_2>=34,$$

$$<f,\varphi_0>=0,\quad <f,\varphi_1>=6,\quad <f,\varphi_2>=0,$$

所以法方程为$\begin{cases}5a_0+10a_2=0,\\10a_1=6,\\10a_0+34a_2=0,\end{cases}$ 解得 $a_0=0,a_1=0.6,a_2=0$,

因此 $\quad s_2(x)=0.6x.$

(3)取 $\Phi=\{1,x,x^2,x^3\}$,设拟合曲线为

$$s_3(x)=a_0+a_1x+a_2x^2+a_3x^3.$$

因为

$$<\varphi_0,\varphi_0>=5,\quad <\varphi_0,\varphi_1>=0,\quad <\varphi_0,\varphi_2>=10,$$

$$<\varphi_0,\varphi_3>=0,\quad <\varphi_1,\varphi_1>=10,\quad <\varphi_1,\varphi_2>=0,$$

$$<\varphi_1,\varphi_3>=34,\quad <\varphi_2,\varphi_2>=34,\quad <\varphi_2,\varphi_3>=0,$$

$<\varphi_3,\varphi_3>=130$,　$<f,\varphi_0>=0$,　$<f,\varphi_1>=6$,

$<f,\varphi_2>=0$,　$<f,\varphi_3>=18$,

所以法方程为 $\begin{cases}5a_0+10a_2=0,\\10a_1+34a_3=6,\\10a_0+34a_2=0,\\34a_1+130a_2=18,\end{cases}$

解得　$a_0=0$,　$a_1=\dfrac{7}{6}$,　$a_2=0$,　$a_3=-\dfrac{1}{6}$.

因此 $s_3(x)=\dfrac{7}{6}x-\dfrac{1}{6}x^3$.

10. 已知一组数据为

x_i	1	2	3	4	5	6	7
y_i	4	3	2	0	-1	-2	-5

用二次多项式拟合以上数据,并计算 $\|\delta\|^2$.

解　取 $\Phi=\{1,x,x^2\}$,设拟合曲线为

$$s_2(x)=a_0+a_1x+a_2x^2.$$

因为

$<\varphi_0,\varphi_0>=7$,　$<\varphi_0,\varphi_1>=28$,　$<\varphi_0,\varphi_2>=140$,

$<\varphi_1,\varphi_1>=140$,　$<\varphi_1,\varphi_2>=784$,　$<\varphi_2,\varphi_2>=4\ 676$,

$<f,\varphi_0>=1$,　$<f,\varphi_1>=-36$,　$<f,\varphi_2>=-308$,

所以法方程为 $\begin{cases}7a_0+28a_1+140a_2=1,\\28a_0+140a_1+784a_2=-36,\\140a_0+784a_1+4\ 676a_2=-308,\end{cases}$

解得　$a_0=\dfrac{33}{7}$,　$a_1=-\dfrac{2}{3}$,　$a_2=-\dfrac{2}{21}$,

因此　$s_2(x)=\dfrac{33}{7}-\dfrac{2}{3}x-\dfrac{2}{21}x^2$.

$$\|\delta\|^2=\sum_{i=0}^{6}|s_2(x_i)-y_i|^2=0.952\ 38.$$

第二编　工程与科学计算

第7章　代数方程组的解法

本章重点

1. Gauss 消去法.
2. 矩阵的 Doolittle 分解,解三对角方程组的追赶法.
3. 矩阵的条件数与线性方程组的状态,严格对角占优矩阵的性质.
4. 不动点与方程的解,压缩映射原理.
5. 解线性方程组的迭代格式的收敛性.
6. Jacobi 迭代法、Seidel 迭代法、SOR 方法及其收敛性判定.
7. 解非线性方程组的 Newton 法.

复习思考题

一、判断题

1. 求解 n 阶线性方程组 $\boldsymbol{A}\boldsymbol{x}=\boldsymbol{b}$ 的 Jacobi 迭代格式收敛的充要条件是 $\rho(\boldsymbol{A})<1$. (　　)

2. 若 $\boldsymbol{A}\in\mathbb{R}^{n\times n}$ 严格对角占优,则求解 $\boldsymbol{A}\boldsymbol{x}=\boldsymbol{b}$ 的 Jacobi 迭代格式和 Seidel 迭代格式都收敛. (　　)

3. 若 $\boldsymbol{A}\in\mathbb{R}^{n\times n}$ 对称正定,则求解 $\boldsymbol{A}\boldsymbol{x}=\boldsymbol{b}$ 的 Jacobi 迭代格式一定收敛. (　　)

4. 若求解线性方程组 $\boldsymbol{A}\boldsymbol{x}=\boldsymbol{b}$ 的 Jacobi 迭代格式收敛,则其 Seidel 迭代格式也收敛. (　　)

5. 若求解线性方程组 $\boldsymbol{A}\boldsymbol{x}=\boldsymbol{b}$ 的 Seidel 迭代格式收敛,则其 Jacobi 迭代格式也收敛. (　　)

6. 设 $\boldsymbol{M}$ 是求解线性方程组 $\boldsymbol{Ax}=\boldsymbol{b}$ 的 Seidel 迭代矩阵，则 Seidel 迭代格式收敛的充要条件是 $\|\boldsymbol{M}\|_\infty<1$.　(　　)

7. 若求解线性方程组 $\boldsymbol{Ax}=\boldsymbol{b}$ 的 Seidel 迭代格式收敛，则

$\lim\limits_{k\to\infty}\boldsymbol{A}^k=\boldsymbol{0}$.　(　　)

8. 若求解线性方程组 $\boldsymbol{Ax}=\boldsymbol{b}$ 的迭代格式收敛，$\boldsymbol{M}$ 是迭代矩阵，则

$\lim\limits_{k\to\infty}\|\boldsymbol{M}^k\|_2=0$.　(　　)

9. 改变方程组中方程的排列顺序，不可能改变迭代格式的收敛性.

(　　)

10. 设 $\boldsymbol{A}\in\mathbb{C}^{n\times n}$ 是非奇异矩阵，则 $\operatorname{cond}\boldsymbol{A}\geqslant 1$.　(　　)

11. 若 SOR 迭代格式收敛，则松弛因子 $\omega\in(0,2)$.　(　　)

12. 设 $\boldsymbol{M}$ 是求解线性方程组 $\boldsymbol{Ax}=\boldsymbol{b}$ 的 Jacobi 迭代矩阵，若 $\boldsymbol{A}$ 严格列对角占优，则 $\|\boldsymbol{M}\|_1<1$.　(　　)

13. 设 X 是赋范线性空间，$T:X\to X$ 是压缩映射，则 T 在 X 中必有唯一的不动点.　(　　)

14. 设求解线性方程组 $\boldsymbol{Ax}=\boldsymbol{b}$ 的迭代格式为 $\boldsymbol{x}^{(k+1)}=\boldsymbol{Mx}^{(k)}+\boldsymbol{f}$ $(k=0,1,2,\cdots)$，$\boldsymbol{x}^*$ 是 $\boldsymbol{Ax}=\boldsymbol{b}$ 的解，则对任意初始向量 $\boldsymbol{x}^{(0)}\in\mathbb{R}^n$，当 $\|\boldsymbol{M}\|_\infty<1$ 时，有误差估计式

$$\|\boldsymbol{x}^{(k)}-\boldsymbol{x}^*\|_\infty\leqslant\frac{\|\boldsymbol{M}\|_\infty}{1-\|\boldsymbol{M}\|_\infty}\|\boldsymbol{x}^{(k)}-\boldsymbol{x}^{(k-1)}\|_\infty.$$　(　　)

15. 若 $\boldsymbol{A}\in\mathbb{R}^{n\times n}$ 是非奇异矩阵，则 $\boldsymbol{A}$ 存在唯一的 Doolittle 分解的充要条件是：$\boldsymbol{A}$ 的各阶顺序主子式均大于零.　(　　)

16. 用顺序 Gauss 消去法解线性方程组 $\boldsymbol{Ax}=\boldsymbol{b}$ 时，只要 $\boldsymbol{A}$ 非奇异，其消元过程就能进行到底.　(　　)

17. 用列主元素 Gauss 消去法解线性方程组 $\boldsymbol{Ax}=\boldsymbol{b}$ 时，只要 $\boldsymbol{A}$ 非奇异，其消元过程就能进行到底.　(　　)

二、填空题

1. 设 $\boldsymbol{A}=\begin{bmatrix}2&-1&1\\1&1&1\\1&1&-2\end{bmatrix}$，则求解 $\boldsymbol{Ax}=\boldsymbol{b}$ 的 Jacobi 迭代矩阵 $\boldsymbol{M}=$

________.

2.已知求解三阶线性方程组 $\boldsymbol{Ax}=\boldsymbol{b}$ 的 Jacobi 迭代格式为

$$\begin{cases} x_1^{(k+1)} = \dfrac{1}{4}(\qquad -3x_2^{(k)} \qquad +24), \\ x_2^{(k+1)} = \dfrac{1}{4}(-3x_1^{(k)} \qquad + x_3^{(k)} +30), \quad k=0,1,2,\cdots, \\ x_3^{(k+1)} = \dfrac{1}{4}(\qquad x_2^{(k)} \qquad -24), \end{cases}$$

则求解此方程组的 Seidel 迭代格式为________________.

3.若将 $\boldsymbol{Ax}=\boldsymbol{b}$ 的系数矩阵分裂为 $\boldsymbol{A}=\boldsymbol{D}-\boldsymbol{L}-\boldsymbol{U}$(其中 $\boldsymbol{D},\boldsymbol{L},\boldsymbol{U}$ 如教材所规定),则 Seidel 迭代矩阵 $\boldsymbol{M}=$________.

4.若对于线性方程组 $\boldsymbol{Ax}=\boldsymbol{b}$,Jacobi 迭代格式和 Seidel 迭代格式都收敛,则一般说来________迭代格式要比________迭代格式收敛得快.

5.设 $\boldsymbol{A}=\begin{bmatrix} 0 & 0 & 2 \\ 0 & 2 & 0 \\ 3 & 0 & 0 \end{bmatrix}$,则 $\mathrm{cond}_1\boldsymbol{A}=$________.

6.$\boldsymbol{A}=\begin{bmatrix} 10 & 7 & 8 \\ 7 & 5 & 6 \\ 8 & 6 & 10 \end{bmatrix}$,则 $\boldsymbol{A}$ 的 Doolittle 分解为 $\boldsymbol{A}=$________.

7.设 $\boldsymbol{M}$ 是求解线性方程组 $\boldsymbol{Ax}=\boldsymbol{b}$ 的 Jacobi 迭代矩阵,则 $\det(\mathrm{e}^{\boldsymbol{M}})$ =________.

8.线性方程组 $\boldsymbol{Ax}=\boldsymbol{b}(\boldsymbol{b}\neq\boldsymbol{0})$中的 $\boldsymbol{b}$ 的扰动 $\delta\boldsymbol{b}$ 引起的解 $\boldsymbol{x}$ 的相对误差 $\dfrac{\|\delta\boldsymbol{x}\|}{\|\boldsymbol{x}\|}\leqslant$________.

9.用 Gauss 消去法解线性方程组 $\boldsymbol{Ax}=\boldsymbol{b}$ 的演算,分为________和________两个过程.

10.求解非线性方程 $f(x)=0$ 的 Newton 迭代格式为________________.

习题解答

1. 用顺序 Gauss 消去法解下列方程组.

(1) $\begin{cases} 2x_1+x_2+x_3=4, \\ 3x_1+x_2+2x_3=6, \\ x_1+2x_2+2x_3=5, \end{cases}$　　(2) $\begin{cases} x_1+x_2+3x_4=4, \\ 2x_1+x_2-x_3+x_4=1, \\ 3x_1-x_2-x_3+2x_4=-3, \\ -x_1+2x_2+3x_3-x_4=4. \end{cases}$

解　(1)对增广矩阵施行初等行变换:

$$\begin{bmatrix} 2 & 1 & 1 & 4 \\ 3 & 1 & 2 & 6 \\ 1 & 2 & 2 & 5 \end{bmatrix} \to \begin{bmatrix} 2 & 1 & 1 & 4 \\ 0 & -\frac{1}{2} & \frac{1}{2} & 0 \\ 0 & \frac{3}{2} & \frac{3}{2} & 3 \end{bmatrix} \to \begin{bmatrix} 2 & 1 & 1 & 4 \\ 0 & -\frac{1}{2} & \frac{1}{2} & 0 \\ 0 & 0 & 3 & 3 \end{bmatrix},$$

得到等价的上三角方程组 $\begin{cases} 2x_1+x_2+x_3=4, \\ -\frac{1}{2}x_2+\frac{1}{2}x_3=0, \\ 3x_3=3. \end{cases}$

进行回代,得方程组的解为

$$x_3=3/3=1, \quad x_2=-\frac{1}{2}x_3/\left(-\frac{1}{2}\right)=1,$$

$$x_1=(4-x_2-x_3)/2=1.$$

(2)对增广矩阵施行初等行变换:

$$\begin{bmatrix} 1 & 1 & 0 & 3 & 4 \\ 2 & 1 & -1 & 1 & 1 \\ 3 & -1 & -1 & 2 & -3 \\ -1 & 2 & 3 & -1 & 4 \end{bmatrix} \to \begin{bmatrix} 1 & 1 & 0 & 3 & 4 \\ 0 & -1 & -1 & -5 & -7 \\ 0 & -4 & -1 & -7 & -15 \\ 0 & 3 & 3 & 2 & 8 \end{bmatrix}$$

$$\to \begin{bmatrix} 1 & 1 & 0 & 3 & 4 \\ 0 & -1 & -1 & -5 & -7 \\ 0 & 0 & 3 & 13 & 13 \\ 0 & 0 & 0 & -13 & -13 \end{bmatrix},$$

得到等价的上三角方程组
$$\begin{cases} x_1 + x_2 \qquad\quad + 3x_4 = 4, \\ \quad - x_2 - x_3 \ - 5x_4 = -7, \\ \qquad\qquad 3x_3 + 13x_4 = 13, \\ \qquad\qquad\qquad -13x_4 = -13. \end{cases}$$

进行回代,得方程组的解:$x_4 = -13/(-13) = 1,$

$$x_3 = (13 - 13x_4)/3 = 0,$$

$$x_2 = -(-7 + x_3 + 5x_4) = 2,$$

$$x_1 = 4 - x_2 - 3x_4 = -1.$$

2. 分别用顺序 Gauss 消去法和列主元素 Gauss 消去法解下列方程组,计算过程取 4 位有效数字,把所得解代入方程组检验看哪种方法所得结果较精确.

$$\begin{cases} 0.012x_1 \quad + 0.01x_2 + 0.167x_3 = 0.678\,1, \\ \qquad x_1 + 0.833\,4x_2 \ + 5.91x_3 = 12.1, \\ 3\,200x_1 \ + 1\,200x_2 \ \ + 4.2x_3 = 981. \end{cases}$$

解 首先用顺序 Gauss 消去法.对增广矩阵施行初等行变换:

$$\begin{bmatrix} 0.012 & 0.01 & 0.167 & 0.678\,1 \\ 1 & 0.833\,4 & 5.91 & 12.1 \\ 3\,200 & 1\,200 & 4.2 & 98.1 \end{bmatrix}$$

$$\to \begin{bmatrix} 0.012 & 0.01 & 0.167 & 0.678\,1 \\ 0 & 0.666\,7\times10^{-4} & -0.800\,7\times10 & -0.444\,1\times10^{2} \\ 0 & -0.146\,7\times10^{4} & -0.445\,3\times10^{5} & -0.179\,8\times10^{6} \end{bmatrix}$$

$$\to \begin{bmatrix} 0.012 & 0.01 & 0.167 & 0.678\,1 \\ 0 & 0.666\,7\times10^{-4} & -0.800\,7\times10 & -0.444\,1\times10^{2} \\ 0 & 0 & -0.176\,2\times10^{9} & -0.977\,4\times10^{9} \end{bmatrix},$$

经回代得 $x_3 = 5.547, \quad x_2 = 72.43, \quad x_1 = -81.05.$

此时,$\| \boldsymbol{Ax} - \boldsymbol{b} \|_2 = 0.174\,3\times10^{6}$.

下面用列主元素 Gauss 消去法.对增广矩阵施行初等行变换(下画画横线者为主元素)

$$\begin{bmatrix} 0.012 & 0.01 & 0.167 & 0.678\,1 \\ 1 & 0.833\,4 & 5.91 & 12.1 \\ \underline{3\,200} & 1\,200 & 4.2 & 981 \end{bmatrix}$$

$$\to\begin{bmatrix} 3\,200 & 1\,200 & 4.2 & 981 \\ 0 & \underline{0.458\,4} & 0.590\,9\times10 & 0.117\,9\times10^2 \\ 0 & 0.550\,0\times10^{-2} & 0.167\,0 & 0.674\,4 \end{bmatrix}$$

$$\to\begin{bmatrix} 3\,200 & 1\,200 & 4.2 & 981 \\ 0 & 0.458\,4 & 0.590\,9\times10 & 0.117\,9\times10^2 \\ 0 & 0 & 0.961\,0\times10^{-1} & 0.532\,9 \end{bmatrix},$$

经回代得 $x_3=5.545$，　$x_2=-45.76$，　$x_1=17.46$.

此时，$\|\boldsymbol{Ax}-\boldsymbol{b}\|_2=2.289$.

经检验，列主元素 Gauss 消去法比较精确.

3. 计算下列矩阵关于行范数的条件数.

(1) $\boldsymbol{A}=\begin{bmatrix} 1 & 2 \\ 1.000\,1 & 2 \end{bmatrix}$；　(2) $\boldsymbol{B}=\begin{bmatrix} 4.56 & 2.18 \\ 2.79 & 1.38 \end{bmatrix}$；

(3) $\boldsymbol{C}=\begin{bmatrix} 1 & \frac{1}{2} & \frac{1}{3} \\ 5 & \frac{10}{3} & \frac{5}{2} \\ \frac{100}{3} & 25 & 20 \end{bmatrix}$.

解　(1) $\boldsymbol{A}^{-1}=\begin{bmatrix} -10\,000 & 10\,000 \\ 5\,000.5 & -5\,000 \end{bmatrix}$,

$\|\boldsymbol{A}\|_\infty=3.000\,1$，　$\|\boldsymbol{A}^{-1}\|_\infty=20\,000$，

所以　$\mathrm{cond}_\infty\boldsymbol{A}=60\,002$.

(2) $\boldsymbol{B}^{-1}=\dfrac{1}{0.210\,6}\begin{bmatrix} 1.38 & -2.18 \\ -2.79 & 4.56 \end{bmatrix}$,

$\|\boldsymbol{B}\|_\infty=6.74$，　$\|\boldsymbol{B}^{-1}\|_\infty=34.90$，

所以　$\mathrm{cond}_\infty\boldsymbol{B}=235.2$.

(3) $C^{-1}=\begin{bmatrix} 9 & -3.6 & 0.3 \\ -36 & 19.2 & -1.8 \\ 30 & -18 & 1.8 \end{bmatrix}$,

$$\|C\|_\infty=\frac{235}{3},\quad \|C^{-1}\|_\infty=57,$$

所以 $\quad \mathrm{cond}_\infty C=4\,465.$

4.利用 Doolittle 分解法解下列方程组.

(1) $\begin{cases} 8.1x_1+2.3x_2-1.5x_3=6.1, \\ 0.5x_1-6.23x_2+0.87x_3=2.3, \\ 2.5x_1+1.5x_2+10.2x_3=1.8, \end{cases}$

取 4 位有效数字;

(2) $\begin{cases} 10x_1+7x_2+8x_3+7x_4=10, \\ 7x_1+5x_2+6x_3+5x_4=8, \\ 8x_1+6x_2+10x_3+9x_4=6, \\ 7x_1+5x_2+9x_3+10x_4=7. \end{cases}$

解 (1)利用紧凑格式分解得

8.1	2.3	−1.5	6.1
$0.617\,3\times10^{-1}$	$-0.637\,2\times10$	$0.962\,6$	$0.192\,3\times10$
$0.308\,6$	$-0.124\,0$	$0.107\,8\times10^2$	$0.156\,0$

进行回代得

$$x_3=0.156\,0/(0.107\,8\times10^2)=0.144\,7\times10^{-1},$$

$$\begin{aligned} x_2&=(0.192\,3\times10-0.962\,6x_3)/(-0.637\,2\times10) \\ &=-0.299\,6, \end{aligned}$$

$$x_1=(6.1-2.3x_2+1.5x_3)/8.1=0.840\,8.$$

(2)

10	7	8	7	10
0.7	0.1	0.4	0.1	1
0.8	4	2	3	-6
0.7	1	1.5	0.5	8

进行回代得

$$x_4 = 8/0.5 = 16,$$

$$x_3 = (-6-3x_4)/2 = -27,$$

$$x_2 = (1-0.4x_3-0.1x_4)/0.1 = 102,$$

$$x_1 = (10-7x_2-8x_3-7x_4)/10 = -60.$$

5.用追赶法解下列方程组.

$$(1)\begin{cases}3x_1+x_2=-1,\\2x_1+4x_2+x_3=7,\\2x_2+5x_3=9;\end{cases}\qquad(2)\begin{cases}0.5x_1+0.25x_2=0.35,\\0.35x_1+0.8x_2+0.4x_3=0.77,\\0.25x_2+x_3+0.5x_4=-0.5,\\x_3+2x_4=-2.25;\end{cases}$$

$$(3)\begin{cases}4x_1+x_2=1,\\x_1+4x_2+x_3=0.5,\\x_2+4x_3+x_4=-1,\\x_3+4x_4+x_5=3,\\x_4+4x_5=-2.\end{cases}$$

解　(1)系数矩阵 $\boldsymbol{A}=\begin{bmatrix}3&1&0\\2&4&1\\0&2&5\end{bmatrix}$.

$$u_1=3,\qquad l_2=2/u_1=2/3,$$

$$u_2=4-1\cdot l_2=10/3,\qquad l_3=2/u_2=3/5,$$

$$u_3=5-1\cdot l_3=22/5;$$

$y_1 = -1,$ $y_2 = 7 - l_2 y_1 = 23/3,$

$y_3 = 9 - l_3 y_2 = 22/5;$

所以 $x_3 = y_3 / u_3 = 1,$ $x_2 = (y_2 - 1 \cdot x_3)/u_2 = 2,$

$x_1 = (y_1 - 1 \cdot x_2)/u_1 = -1.$

(2)系数矩阵 $\boldsymbol{A} = \begin{bmatrix} 0.5 & 0.25 & 0 & 0 \\ 0.35 & 0.8 & 0.4 & 0 \\ 0 & 0.25 & 1 & 0.5 \\ 0 & 0 & 1 & 2 \end{bmatrix}.$

$u_1 = 0.5,$ $l_2 = 0.35/u_1 = 0.7,$

$u_2 = 0.8 - 0.25 l_2 = 0.625,$ $l_3 = 0.25/u_2 = 0.4,$

$u_3 = 1 - 0.4 l_3 = 0.84,$ $l_4 = 1/u_3 = 25/21,$

$u_4 = 2 - 0.5 l_4 = 59/42;$

$y_1 = 0.35,$ $y_2 = 0.77 - l_2 y_1 = 0.525,$

$y_3 = 0.5 - l_3 y_2 = -0.71,$ $y_4 = -2.25 - l_4 y_3 = 59/42;$

故 $x_4 = y_4 / u_4 = -1,$ $x_3 = (y_3 - 0.5 x_4)/u_3 = -0.25,$

$x_2 = (y_2 - 0.4 x_3)/u_2 = 1,$ $x_1 = (y_1 - 0.25 x_2)/u_1 = 0.2.$

(3)系数矩阵 $\boldsymbol{A} = \begin{bmatrix} 4 & 1 & 0 & 0 & 0 \\ 1 & 4 & 1 & 0 & 0 \\ 0 & 1 & 4 & 1 & 0 \\ 0 & 0 & 1 & 4 & 1 \\ 0 & 0 & 0 & 1 & 4 \end{bmatrix}.$

$u_1 = 4,$ $l_2 = 1/u_1 = 0.25,$

$u_2 = 4 - 1 \cdot l_2 = 15/4,$ $l_3 = 1/u_2 = 4/15,$

$u_3 = 4 - 1 \cdot l_3 = 56/15,$ $l_4 = 1/u_3 = 15/56,$

$u_4 = 4 - 1 \cdot l_4 = 209/56;$ $l_5 = 1/u_4 = 56/209,$

$u_5 = 4 - 1 \cdot l_5 = 780/209;$

$y_1 = 1,$ $y_2 = 0.5 - l_2 y_1 = 1/4,$

$y_3 = -1 - l_3 y_2 = -16/15,$ $y_4 = 3 - l_4 y_3 = 23/7,$

$$y_5 = 6 - l_5 y_4 = -602/209;$$

故

$$x_5 = y_5/u_5 = -301/390 = -0.771\,8,$$

$$x_4 = (y_4 - 1x_5)/u_4 = 212/195 = 1.087,$$

$$x_3 = (y_3 - 1x_4)/u_3 = -105/182 = -0.576\,9,$$

$$x_2 = (y_2 - 1x_3)/u_2 = 301/136\,5 = 0.220\,5,$$

$$x_1 = (y_1 - 1x_2)/u_1 = 266/1\,365 = 0.194\,9.$$

6. 设函数 $g(x)$在闭区间 $I=[x_0-r, x_0+r]$上可导,并且满足

$$|g(x_0) - x_0| < (1-\alpha)r, \quad |g'(x)| \leqslant \alpha < 1, \quad x \in I.$$

证明方程 $x=g(x)$在 I 上有唯一解 x^*,且 x^* 是序列$\{x_n\}$的极限,此处 $x_n = g(x_{n-1}), n=1,2,\cdots$.

证明　$\forall x \in I$,由 $g(x)$的可导性,存在 ξ 介于x_0 与 x 之间使得

$$\begin{aligned}|g(x) - x_0| &\leqslant |g(x) - g(x_0)| + |g(x_0) - x_0| \\ &< |g'(\xi)||x - x_0| + (1-\alpha)r \\ &\leqslant \alpha r + (1-\alpha)r = r,\end{aligned}$$

因此,映射 $g: I \to \mathbb{R}$ 满足:$g(x) \in I$,且$\forall x, y \in I$,

$$|g(x) - g(y)| = |g'(\eta)(x-y)| \leqslant \alpha|x-y| (\text{其中 } \alpha < 1),$$

即 g 是压缩映射.

又由于 I 是$\mathbb{R}$上的闭集,所以由压缩映射原理及其证明过程可知,g 在I上存在唯一不动点,即方程 $x=g(x)$在 I 上有唯一解 x^*,且 x^* 是由 $x_n = g(x_{n-1})(n=1,2,\cdots)$生成的序列$\{x_n\}$的极限.

7. 设 D 是$\mathbb{R}^n$ 中的闭集.映射 $G: D \to \mathbb{R}^n$ 满足$\|G(\boldsymbol{x}) - G(\boldsymbol{y})\| < \|\boldsymbol{x} - \boldsymbol{y}\| (\boldsymbol{x}, \boldsymbol{y} \in D, \boldsymbol{x} \neq \boldsymbol{y})$,且 $G(D) \subset D$.证明 G 在 D 上有且仅有一个不动点.

证明　令 $\varphi(\boldsymbol{x}) = \|\boldsymbol{x} - G(\boldsymbol{x})\|$,

则

$$\begin{aligned}|\varphi(\boldsymbol{x}) - \varphi(\boldsymbol{y})| &= |\,\|\boldsymbol{x} - G(\boldsymbol{x})\| - \|\boldsymbol{y} - G(\boldsymbol{y})\|\,| \\ &\leqslant \|\boldsymbol{x} - \boldsymbol{y}\| + \|G(\boldsymbol{x}) - G(\boldsymbol{y})\| \\ &< 2\|\boldsymbol{x} - \boldsymbol{y}\| \to 0 (\text{当 } \boldsymbol{x} \to \boldsymbol{y} \text{ 时}).\end{aligned}$$

因此 $\varphi(\boldsymbol{x})$在闭集 D 上连续,故存在 $\boldsymbol{x}^* \in D$,使得 $\varphi(\boldsymbol{x}^*) = \min\limits_{\boldsymbol{x} \in D} \varphi(\boldsymbol{x})$.

下面证明 $\boldsymbol{x}^*$ 是 G 的不动点.假若不然,则 $\boldsymbol{x}^* \neq G(\boldsymbol{x}^*)$,从而

$$\begin{aligned}\varphi(G(\boldsymbol{x}^*)) &= \| G(\boldsymbol{x}^*) - G(G(\boldsymbol{x}^*)) \| \\ &< \| \boldsymbol{x}^* - G(\boldsymbol{x}^*) \| = \varphi(\boldsymbol{x}^*),\end{aligned}$$

这与 $\boldsymbol{x}^*$ 是 $\varphi(\boldsymbol{x})$的最小点矛盾,这也就证明了 G 在 D 上不动点的存在性.

假设 $\boldsymbol{x}^*, \boldsymbol{y}^* \in D$ 都是 G 的不动点,且 $\boldsymbol{x}^* \neq \boldsymbol{y}^*$,则由

$$\boldsymbol{x}^* = G(\boldsymbol{x}^*), \quad \boldsymbol{y}^* = G(\boldsymbol{y}^*)$$

得
$$\| G(\boldsymbol{x}^*) - G(\boldsymbol{y}^*) \| = \| \boldsymbol{x}^* - \boldsymbol{y}^* \|.$$

而由已知条件,当 $\boldsymbol{x}^* \neq \boldsymbol{y}^*$ 时,有

$$\| G(\boldsymbol{x}^*) - G(\boldsymbol{y}^*) \| < \| \boldsymbol{x}^* - \boldsymbol{y}^* \|,$$

此与上式矛盾.故 G 在 D 上的不动点是唯一的.

8. 用 Jacobi 迭代法和 Seidel 迭代法解方程组

$$\begin{cases} 20x_1 + 2x_2 + 3x_3 = 24, \\ x_1 + 8x_2 + x_3 = 12, \\ 2x_1 - 3x_2 + 15x_3 = 30, \end{cases}$$

取初始向量 $\boldsymbol{x}^{(0)} = (0,0,0)^{\mathrm{T}}$,当 $\| \boldsymbol{x}^{(k)} - \boldsymbol{x}^{(k-1)} \|_\infty \leqslant 10^{-5}$时终止迭代.

解 Jacobi 迭代格式为

$$\begin{cases} x_1^{(k+1)} = \dfrac{1}{20}[\qquad - 2x_2^{(k)} - 3x_3^{(k)} + 24], \\ x_2^{(k+1)} = \dfrac{1}{8}[- x_1^{(k)} \qquad - x_3^{(k)} + 12], \\ x_3^{(k+1)} = \dfrac{1}{15}[- 2x_1^{(k)} + 3x_2^{(k)} \qquad + 30], \end{cases} \quad k = 0,1,2,\cdots.$$

计算结果如下表:

k	1	2	3	4	5	6	7	8
$x_1^{(k)}$	1.200 000	0.750 000	0.769 000	0.768 125	0.767 330	0.767 363	0.767 355	0.767 354
$x_2^{(k)}$	1.500 000	1.100 000	1.138 750	1.138 875	1.138 332	1.138 414	1.138 410	1.138 410
$x_3^{(k)}$	2.000 000	2.140 000	2.120 000	2.125 217	2.125 358	2.125 356	2.125 368	2.125 368

解为　　$x_1=0.767\ 354$，　$x_2=1.138\ 410$，　$x_3=2.125\ 368$.

Seidel 迭代格式与计算结果如下：

$$\begin{cases} x_1^{(k+1)}=\frac{1}{20}[\qquad\qquad -2x_2^{(k)}-3x_3^{(k)}+24], \\ x_2^{(k+1)}=\frac{1}{8}[-x_1^{(k+1)}\qquad\qquad -x_3^{(k)}+12], \quad k=0,1,2,\cdots, \\ x_3^{(k+1)}=\frac{1}{15}[-2x_1^{(k+1)}+3x_2^{(k+1)}\qquad\qquad +30], \end{cases}$$

1	2	3	4	5	6	
$x_1^{(k)}$	1.200 000	0.748 500	0.766 421	0.767 375	0.767 356	0.767 354
$x_2^{(k)}$	1.350 000	1.142 688	1.138 105	1.138 399	1.138 410	1.138 410
$x_3^{(k)}$	2.110 000	2.128 738	2.125 432	2.125 363	2.125 368	2.125 368

9. 判断方程组 $\boldsymbol{Ax}=\boldsymbol{b}$ 的 Jacobi 迭代格式和 Seidel 迭代格式的收敛性，其中

(1) $\boldsymbol{A}=\begin{bmatrix} 2 & -1 & 1 \\ 1 & 1 & 1 \\ 1 & 1 & -2 \end{bmatrix}$；　　(2) $\boldsymbol{A}=\begin{bmatrix} 1 & 2 & -2 \\ 1 & 1 & 1 \\ 2 & 2 & 1 \end{bmatrix}$；

(3) $\boldsymbol{A}=\begin{bmatrix} 3 & 1 & 1 \\ 1 & 3 & 0 \\ 1 & 1 & 2 \end{bmatrix}$；　　(4) $\boldsymbol{A}=\begin{bmatrix} 2 & -1 & -1 \\ -1 & 6 & 0 \\ -1 & 0 & 4 \end{bmatrix}$.

解　(1) Jacobi 迭代矩阵

$$\boldsymbol{M}=\boldsymbol{D}^{-1}(\boldsymbol{L}+\boldsymbol{U})=\begin{bmatrix} 0 & \frac{1}{2} & -\frac{1}{2} \\ -1 & 0 & -1 \\ \frac{1}{2} & \frac{1}{2} & 0 \end{bmatrix};$$

$$\det(\lambda\boldsymbol{E}-\boldsymbol{M})=\lambda\left(\lambda^2+\frac{5}{4}\right), \rho(\boldsymbol{M})=\frac{\sqrt{5}}{2}>1.$$

因此，Jacobi 迭代格式不收敛.

Seidel 迭代矩阵

$$M=(D-L)^{-1}U=\begin{bmatrix}\frac{1}{2} & 0 & 0\\ -\frac{1}{2} & 1 & 0\\ 0 & \frac{1}{2} & -\frac{1}{2}\end{bmatrix}\begin{bmatrix}0 & 1 & -1\\ 0 & 0 & -1\\ 0 & 0 & 0\end{bmatrix}$$

$$=\begin{bmatrix}0 & \frac{1}{2} & -\frac{1}{2}\\ 0 & -\frac{1}{2} & -\frac{1}{2}\\ 0 & 0 & -\frac{1}{2}\end{bmatrix};$$

$$\det(\lambda E-M)=\lambda\left(\lambda+\frac{1}{2}\right)^2,\rho(M)=\frac{1}{2}<1.$$

因此 Seidel 迭代格式收敛.

(2)Jacobi 迭代矩阵

$$M=\begin{bmatrix}1 & 0 & 0\\ 0 & 1 & 0\\ 0 & 0 & 1\end{bmatrix}\begin{bmatrix}0 & -2 & 2\\ -1 & 0 & -1\\ -2 & -2 & 0\end{bmatrix}=\begin{bmatrix}0 & -2 & 2\\ -1 & 0 & -1\\ -2 & -2 & 0\end{bmatrix};$$

$$\det(\lambda E-M)=\lambda^3,\rho(M)=0<1.$$

因此,Jacobi 迭代格式收敛.

Seidel 迭代矩阵

$$M=\begin{bmatrix}1 & 0 & 0\\ -1 & 1 & 0\\ 0 & -2 & 1\end{bmatrix}\begin{bmatrix}0 & -2 & 2\\ 0 & 0 & -1\\ 0 & 0 & 0\end{bmatrix}=\begin{bmatrix}0 & -2 & 2\\ 0 & 2 & -3\\ 0 & 0 & 2\end{bmatrix};$$

$$\det(\lambda E-M)=\lambda(\lambda-2)^2,\rho(M)=2>1.$$

因此,Seidel 迭代格式不收敛.

(3)因为 $\boldsymbol{A}$ 严格列对角占优,所以 Jacobi 迭代格式和 Seidel 迭代格式都收敛.

(4)Jacobi 迭代矩阵

$$M=\begin{bmatrix}\frac{1}{2}&0&0\\0&\frac{1}{6}&0\\0&0&\frac{1}{4}\end{bmatrix}\begin{bmatrix}0&1&1\\1&0&0\\1&0&0\end{bmatrix}=\begin{bmatrix}0&\frac{1}{2}&\frac{1}{2}\\\frac{1}{6}&0&0\\\frac{1}{4}&0&0\end{bmatrix},$$

$\|M\|_1=\frac{1}{2}<1$,因此,Jacobi 迭代格式收敛;

因为 A 是正定矩阵,所以 Seidel 迭代格式收敛.

10. 用 SOR 迭代法(取 $\omega=1.46$)解方程组

$$\begin{cases}2x_1-x_2=1,\\-x_1+2x_2-x_3=0,\\-x_2+2x_3-x_4=1,\\-x_3+2x_4=0.\end{cases}$$

取初始向量 $x^{(0)}=(1,1,1,1)^{\mathrm{T}}$,当 $\|x^{(k)}-x^{(k-1)}\|_\infty\leqslant10^{-5}$ 时终止迭代.

解　SOR 迭代格式($\omega=1.46$)为

$$\begin{cases}x_1^{(k+1)}=-0.46x_1^{(k)}+0.73x_2^{(k)}+0.73,\\x_2^{(k+1)}=0.73x_1^{(k+1)}-0.46x_2^{(k)}+0.73x_3^{(k)},\\x_3^{(k+1)}=0.73x_2^{(k+1)}-0.46x_3^{(k)}+0.73x_3^{k)}+0.73,\\x_4^{(k+1)}=0.73x_3^{(k+1)}-0.46x_4^{(k)},\end{cases}\quad k=0,1,2,\cdots.$$

计算数据如下表:

k	$x_1^{(k)}$	$x_2^{(k)}$	$x_3^{(k)}$	$x_4^{(k)}$	k	$x_1^{(k)}$	$x_2^{(k)}$	$x_3^{(k)}$	$x_4^{(k)}$
1	1.000 000	1.000 000	1.730 000	0.802 900	6	1.198 698	1.388 040	1.597 126	0.798 284
2	1.000 000	1.532 900	1.639 334	0.827 380	7	1.191 868	1.397 905	1.598 268	0.799 523
3	1.389 017	1.505 562	1.678 954	0.845 042	8	1.202 211	1.401 314	1.601 407	0.801 249
4	1.190 112	1.401 860	1.597 920	0.777 762	9	1.199 942	1.400 380	1.600 542	0.799 821
5	1.205 906	1.401 938	1.586 139	0.200 110	10	1.200 304	1.400 143	1.599 943	0.800 041

续表

k	$x_1^{(k)}$	$x_2^{(k)}$	$x_3^{(k)}$	$x_4^{(k)}$	k	$x_1^{(k)}$	$x_2^{(k)}$	$x_3^{(k)}$	$x_4^{(k)}$
11	1.200 184	1.399 889	1.599 975	0.799 963	14	1.199 989	1.399 995	1.600 001	0.799 999
12	1.199 834	1.399 912	1.599 920	0.799 959	15	1.200 001	1.400 004	1.600 002	0.800 002
13	1.200 012	1.399 991	1.600 000	0.800 019	16	1.200 002	1.400 001	1.600 002	0.800 000

解为 $x_1 = 1.200\ 002$, $x_2 = 1.400\ 001$, $x_3 = 1.600\ 002$,

$x_4 = 0.800\ 000$.

11. 对方程组

$$\begin{cases} 2x_1 + x_2 + 3x_3 = 6, \\ x_1 + 4x_2 = 8, \\ 2x_1 + x_3 = 2. \end{cases}$$

适当调整未知量的排列顺序,使所得方程组的 Seidel 迭代格式收敛.

解 把方程组调整为

$$\begin{cases} 3x_3 + x_2 + 2x_1 = 6, \\ 4x_2 + x_1 = 8, \\ x_3 + 2x_1 = 2. \end{cases}$$

此时系数矩阵为

$$\boldsymbol{A} = \begin{bmatrix} 3 & 1 & 2 \\ 0 & 4 & 1 \\ 1 & 0 & 2 \end{bmatrix}.$$

Seidel 迭代矩阵

$$\boldsymbol{M} = (\boldsymbol{D} - \boldsymbol{L})^{-1}\boldsymbol{U} = \begin{bmatrix} \frac{1}{3} & 0 & 0 \\ 0 & \frac{1}{4} & 0 \\ -\frac{1}{6} & 0 & \frac{1}{2} \end{bmatrix} \begin{bmatrix} 0 & -1 & -2 \\ 0 & 0 & -1 \\ 0 & 0 & 0 \end{bmatrix}$$

$$=\begin{bmatrix}0 & -\frac{1}{3} & -\frac{2}{3}\\ 0 & 0 & -\frac{1}{4}\\ 0 & \frac{1}{6} & \frac{1}{3}\end{bmatrix},$$

$$\det(\lambda\boldsymbol{E}-\boldsymbol{M})=\lambda\left(\lambda-\frac{1}{6}-\frac{1}{6\sqrt{2}}\mathrm{i}\right)\left(\lambda-\frac{1}{6}+\frac{1}{6\sqrt{2}}\mathrm{i}\right),$$

$$\rho(\boldsymbol{M})=\frac{\sqrt{6}}{12}<1.$$

因此,此时 Seidel 迭代格式

$$\begin{cases}x_3^{(k+1)}=\frac{1}{3}(6-x_2^{(k)}-2x_1^{(k)}),\\ x_2^{(k+1)}=\frac{1}{4}(8-x_1^{(k)}),\\ x_1^{(k+1)}=\frac{1}{2}(2-x_3^{(k+1)})\end{cases}$$

收敛.

12. 设方程组 $\boldsymbol{Ax}=\boldsymbol{b}$ 的系数矩阵正定,β 是 $\boldsymbol{A}$ 的特征值的最大值. 证明当 $\omega\in\left(0,\frac{2}{\beta}\right)$ 时,对任意初始向量 $\boldsymbol{x}^{(0)}$,按迭代格式 $\boldsymbol{x}^{(k+1)}=\boldsymbol{x}^{(k)}+\omega(\boldsymbol{b}-\boldsymbol{Ax}^{(k)})$ 生成的迭代序列 $\{\boldsymbol{x}^{(k)}\}$ 都收敛于方程组的解.

证明　迭代格式可写为 $\boldsymbol{x}^{(k+1)}=(\boldsymbol{E}-\omega\boldsymbol{A})\boldsymbol{x}^{(k)}+\omega\boldsymbol{b}$,因此迭代矩阵为

$$\boldsymbol{M}=\boldsymbol{E}-\omega\boldsymbol{A}.$$

设 λ 是 $\boldsymbol{M}$ 的任一特征值,由

$$\lambda\boldsymbol{E}-\boldsymbol{M}=(\lambda-1)\boldsymbol{E}+\omega\boldsymbol{A}=-\omega\left[\frac{1}{\omega}(1-\lambda)\boldsymbol{E}-\boldsymbol{A}\right],$$

可知 $\mu=\frac{1}{\omega}(1-\lambda)$ 是 $\boldsymbol{A}$ 的特征值. 于是

$$\frac{1}{\mu}(1-\lambda)=\omega\in\left(0,\frac{2}{\beta}\right),\text{即 } 0<\frac{1}{\mu}(1-\lambda)<\frac{2}{\beta}.$$

因为 $\boldsymbol{A}$ 正定,$\mu>0$,所以 $\lambda<1$;又因为 $\mu\leqslant\beta$,所以

$$\lambda > 1 - \frac{2\mu}{\beta} \geqslant -1;$$

故 $|\lambda| < 1$,从而 $\rho(\boldsymbol{M}) < 1$,因此迭代格式收敛.

13. 用简单迭代法解方程 $9x^2 - \sin x - 1 = 0$,取初始值 $x^{(0)} = 0.4$,当 $|x^{(k)} - x^{(k+1)}| \leqslant 10^{-9}$ 时终止迭代.

解 原方程化为等价形式 $x = \frac{1}{3}\sqrt{1 + \sin x}$.

按迭代格式 $x^{(k+1)} = \frac{1}{3}\sqrt{1 + \sin x^{(k)}}$ 进行迭代,所得数据如下:

$x^{(1)}$	0.392 911 969	$x^{(4)}$	0.391 849 302	$x^{(7)}$	0.391 846 912
$x^{(2)}$	0.391 986 409	$x^{(5)}$	0.391 847 220	$x^{(8)}$	0.391 846 907
$x^{(3)}$	0.391 865 185	$x^{(6)}$	0.391 846 948	$x^{(9)}$	0.391 846 907

解为 $x = 0.391\ 846\ 907$.

14. 用 Newton 法解方程 $x^3 + 2x^2 + 10x - 20 = 0$,取初始值 $x^{(0)} = 1$,当 $|x^{(k)} - x^{(k+1)}| \leqslant 10^{-9}$ 时终止迭代.

解 令 $f(x) = x^3 + 2x^2 + 10x - 20$,则 $f'(x) = 3x^2 + 4x + 10$.

迭代格式为

$$x^{(k+1)} = x^{(k)} - \frac{(x^{(k)})^3 + 2(x^{(k)})^2 + 10x^{(k)} - 20}{3(x^{(k)})^2 + 4x^{(k)} + 10}.$$

迭代结果如下:

$x^{(1)}$	1.411 764 706	$x^{(3)}$	1.370 999 541	$x^{(5)}$	1.368 808 108
$x^{(2)}$	1.456 794 330	$x^{(4)}$	1.368 809 497	$x^{(6)}$	1.368 808 108

解为 $x = 1.368\ 808\ 108$.

15. 用 Newton 法解方程组 $\begin{cases} 3x_1 - \cos(x_2 x_3) - 0.5 = 0, \\ 2x_1^2 - 81(x_2 + 0.1)^2 + \sin x_3 + 1.06 = 0, \\ \mathrm{e}^{-x_1 x_2} + 20x_3 + \frac{10}{3}\pi - 1 = 0, \end{cases}$

取初始向量 $\boldsymbol{x}^{(0)}=(0.1,0.1,-0.1)^{\mathrm{T}}$,迭代5次.

解　设 $F(\boldsymbol{x})=\begin{bmatrix}3x_1-\cos(x_2x_3)-0.5\\2x_1^2-81(x_2+0.1)^2+\sin x_3+1.06\\\mathrm{e}^{-x_1x_2}+20x_3+\dfrac{10}{3}\pi-1\end{bmatrix}$,

则 $F'(\boldsymbol{x})=\begin{bmatrix}3 & x_3\sin(x_2x_3) & x_2\sin(x_2x_3)\\4x_1 & -162(x_2+0.1) & \cos x_3\\-x_2\mathrm{e}^{-x_1x_2} & -x_1\mathrm{e}^{-x_1x_2} & 20\end{bmatrix}$.

因此实用 Newton 格式为

$$\begin{cases}x_1^{(k+1)}=x_1^{(k)}-y_1^{(k)},\\x_2^{(k+1)}=x_2^{(k)}-y_2^{(k)},\\x_3^{(k+1)}=x_3^{(k)}-y_3^{(k)};\end{cases}$$

及

$$\begin{bmatrix}3 & x_3^{(k)}\sin(x_2^{(k)}x_3^{(k)}) & x_2^{(k)}\sin(x_2^{(k)}x_3^{(k)})\\4x_1^{(k)} & -162(x_2^{(k)}+0.1) & \cos x_3^{(k)}\\-x_2^{(k)}\mathrm{e}^{-x_1^{(k)}x_2^{(k)}} & -x_1^{(k)}\mathrm{e}^{-x_1^{(k)}x_2^{(k)}} & 20\end{bmatrix}\begin{bmatrix}y_1^{(k)}\\y_2^{(k)}\\y_1^{(k)}\end{bmatrix}$$

$$=\begin{bmatrix}3x_1^{(k)}-\cos(x_2^{(k)}x_3^{(k)})-0.5\\2(x_1^{(k)})^2-81(x_2^{(k)}+0.1)^2+\sin x_3^{(k)}+1.06\\\mathrm{e}^{-x_1^{(k)}x_2^{(k)}}+20x_3^{(k)}+\dfrac{10}{3}\pi-1\end{bmatrix}.$$

迭代过程略,迭代结果为

$$x_1=0.500\,000\,00,\quad x_2=0.000\,000\,00,$$

$$x_3=-0.523\,598\,77.$$

16. 用 Newton 法给出求 $c>0$ 的 n 次方根的迭代格式.

解　令 $f(x)=x^n-c$,则 $f'(x)=nx^{n-1}$,因此求 c 的 n 次方根的 Newton 迭代格式为

$$x^{(k+1)}=x^{(k)}-\frac{(x^{(k)})^n-c}{n(x^{(k)})^{n-1}}.$$

17. $\boldsymbol{A}\in\mathbb{R}^{n\times n}$ 是严格列对角占优矩阵,证明求解方程组 $\boldsymbol{A}\boldsymbol{x}=\boldsymbol{b}$ 的 Jacobi 迭代格式收敛.

证明 <反证法>假设 Jacobi 迭代格式不收敛,则 $\rho(\boldsymbol{M})\geqslant 1$,其中 $\boldsymbol{M}=\boldsymbol{D}^{-1}(\boldsymbol{L}+\boldsymbol{U})$是 Jacobi 迭代矩阵.于是$\exists\lambda\in\sigma(\boldsymbol{M})$,使得$|\lambda|\geqslant 1$.

因为
$$\det(\lambda\boldsymbol{E}-\boldsymbol{M})=\det[\lambda\boldsymbol{D}^{-1}\boldsymbol{D}-\boldsymbol{D}^{-1}(\boldsymbol{L}+\boldsymbol{U})]$$
$$=\lambda^n\det\boldsymbol{D}^{-1}\cdot\det\left(\boldsymbol{D}-\frac{\boldsymbol{L}+\boldsymbol{U}}{\lambda}\right)=0,$$

而 $\lambda^n\det\boldsymbol{D}^{-1}\neq 0$,故必有 $\det\left(\boldsymbol{D}-\frac{\boldsymbol{L}}{\lambda}-\frac{\boldsymbol{U}}{\lambda}\right)=0$,即 $\boldsymbol{D}-\frac{\boldsymbol{L}}{\lambda}-\frac{\boldsymbol{U}}{\lambda}$是奇异矩阵.

但由 $\boldsymbol{A}$ 是严格列对角占优矩阵及$|\lambda|\geqslant 1$易知,$\boldsymbol{D}-\frac{\boldsymbol{L}}{\lambda}-\frac{\boldsymbol{U}}{\lambda}$也是严格列对角占优的,从而是非奇异的,得出矛盾.

因此,$\rho(\boldsymbol{M})<1$,即 Jacobi 迭代格式收敛.

第 8 章　插　值　法

本章重点

1. 插值多项式的存在唯一性，插值余项表达式.

2. Lagrange 插值多项式，Lagrange 插值基函数的性质.

3. Newton 插值多项式，差商及其性质，差商与导数的关系.

4. Hermite 插值问题，Hermite 插值多项式 $H_{2n+1}(x)$ 的余项，构造插值基函数的方法.

5. 分段插值，三次样条插值.

复习思考题

一、判断题

1. 设 $\{l_k(x)\}_{k=0}^{n}$ 是区间 $[a,b]$ 上以 $a \leqslant x_0 < x_1 < \cdots < x_n \leqslant b$ 为节点的 Lagrange 插值基函数，则 $\sum\limits_{k=0}^{n} |l_k(x)| = 1$.　(　　)

2. 设 $L_n(x)$ 和 $N_n(x)$ 分别是 $f(x)$ 在 $[a,b]$ 上以 $a \leqslant x_0 < x_1 < \cdots < x_n \leqslant b$ 为节点的 n 次 Lagrange 插值多项式和 Newton 插值多项式，则 $L_n(x) \equiv N_n(x)$.　(　　)

3. 设 $f(x)$ 是 n 次多项式，$x_0, x_1, \cdots, x_n$ 是 $[a,b]$ 上的 $n+1$ 个互异的点，则 $f[x_0, x_1, \cdots, x_n] = 0$.　(　　)

4. 设 $f(x)$ 在 $[a,b]$ 上有任意阶导数，则 n 次插值公式的余项为

$$R_n(x) = \frac{f^{(n)}(\xi)}{n!}\omega_n(x), \xi \in (a,b) \text{且与 } x \text{ 有关}.$$　(　　)

5. 设 $f(x)$ 在 $[a,b]$ 上有三阶导数，$S(x)$ 是 $f(x)$ 的三次样条插值函数，则在插值节点处有

$$S''(x_k) = f''(x_k) (k = 0,1,2,\cdots,n).$$　(　　)

6. 设 $\{l_k(x)\}_{k=0}^{n}$ 是区间 $[a,b]$ 上以 $a \leqslant x_0 < x_1 < \cdots < x_n \leqslant b$ 为节点的 Lagrange 插值基函数，则

$$\sum_{k=0}^{n} l_k(x)(x_k^m - 1) = x^m - 1(m \in \mathbb{N} \text{ 且 } m \leqslant n). \qquad (\quad)$$

7.设 $f \in C^{2n+1}[a,b]$ 且 $f^{(2n+2)}(x)$ 在 (a,b) 内存在，$H_{2n+1}(x)$ 是 $f(x)$ 在 $[a,b]$ 上的以 $x_0, x_1, \cdots, x_n$ 为节点的 Hermite 插值多项式，$\omega(x) = \prod_{i=0}^{n}(x - x_i)$，则插值余项

$$R(x) = f(x) - H_{2n+1}(x) = \frac{f^{(2n+2)}(\xi)}{(2n+2)!}\omega(x),$$

其中 $\xi \in (a,b)$ 且与 x 有关. ( )

二、填空题

1.设 $\{l_k(x)\}_{k=0}^{n}$ 是区间 $[a,b]$ 上以 $a \leqslant x_0 < x_1 < \cdots < x_n \leqslant b$ 为节点的 Lagrange 插值基函数，则 $\sum_{k=0}^{n} l_k(x) =$ ________，$\sum_{k=0}^{n} l_k(x_k) =$ ________.

2.填写下表：

x	$f(x)$	一阶差商	二阶差商	三阶差商
4	8			
5	12			
6	18			
8	28			

3.利用第 2 题的差商表，选节点 $x_0 = 4, x_1 = 5, x_2 = 6$，求得 $f(5.8) \approx N_2(5.8) = 16.640$，则

$$f(5.8) \approx N_3(5.8) = 16.640 + \underline{\qquad\quad} = \underline{\qquad\quad}.$$

4.满足插值条件

$$p(0) = f(0) = 1, p(1) = f(1) = 2, p(2) = f(2) = 1,$$
$$p'(1) = f'(1) = 0, p'(2) = f'(2) = -1$$

的四次插值多项式 $p(x) =$ ________.

5.三次样条插值的第三种边界条件为

$$S(x_0)=S(x_n),\quad S'(x_0+0)=S'(x_n-0),\quad \_\_\_\_\_\_\_\_.$$

6.若 $S(x)=\begin{cases} x^3, & 0\leqslant x\leqslant 1,\\ \frac{1}{2}(x-1)^3+a(x-1)^2+3(x-1)+1, & 1\leqslant x\leqslant 3\end{cases}$

是$f(x)$在$[0,3]$上以0、1、3为节点的三次样条插值函数,则 $a=$ ________.

习题解答

1.给定数表:

x	10	11	12	13	14
$f(x)$	210	230	240	235	230

试建立$f(x)$的四次插值多项式.

解
$$\begin{aligned}L_4(x)=&\frac{(x-11)(x-12)(x-13)(x-14)}{(10-11)(10-12)(10-13)(10-14)}210\\&+\frac{(x-10)(x-12)(x-13)(x-14)}{(11-10)(11-12)(11-13)(11-14)}230\\&+\frac{(x-10)(x-11)(x-13)(x-14)}{(12-10)(12-11)(12-13)(12-14)}240\\&+\frac{(x-10)(x-11)(x-12)(x-14)}{(13-10)(13-11)(13-12)(13-14)}235\\&+\frac{(x-10)(x-11)(x-12)(x-13)}{(14-10)(14-11)(14-12)(14-13)}230\\=&\frac{5}{6}x^4-\frac{235}{6}x^3+\frac{2\,045}{3}x^2-\frac{15\,595}{3}x+14\,860\\=&0.833\,33x^4-39.166\,67x^3+681.666\,67x\\&-5\,198.333\,33x+1\,486\,000.\end{aligned}$$

2.设 $l_k(x)(k=0,1,\cdots,n)$是以互异的 $x_0,x_1,\cdots,x_n$ 为节点的 Lagrange 插值基函数,证明:

(1) $\sum\limits_{k=0}^{n}x_k^m l_k(x)\equiv x^m,m=0,1,\cdots,n$; (2) $\sum\limits_{k=0}^{n}l_k(x)\equiv 1$;

(3) $\sum_{k=0}^{n}(x_k - x)^m l_k(x) \equiv 0, m = 1,2,\cdots,n.$

证明 (1)设 $f(x) = x^m$,则当 $m = 0,1,\cdots,n$ 时,$f^{(n+1)}(x) = 0$.因此,$f(x)$的 n 次插值多项式 $L_n(x)$的插值余项 $R_n(x) = 0$,即有 $L_n(x) \equiv f(x)$,此即

$$\sum_{k=0}^{n} x_k^m l_k(x) \equiv x^m, \quad m = 0,1,\cdots,n.$$

(2)在(1)中,当 $m = 0$ 时便得 $\sum_{k=0}^{n} l_k(x) \equiv 1$.

(3)利用二项式展开公式和已证明的(1)得

$$\begin{aligned}\sum_{k=0}^{n}(x_k - x)^m l_k(x) &= \sum_{k=0}^{n}\sum_{i=0}^{m} C_m^i x_k^{m-i}(-x)^i l_k(x) \\ &= \sum_{i=0}^{m}\left[(-1)^i C_m^i x^i \sum_{k=0}^{n} x_k^{m-i} l_k(x)\right] \\ &= \sum_{i=0}^{m}\left[(-1)^i C_m^i x^i x^{m-i}\right] = x^m \sum_{i=0}^{m}(-1)^i C_m^i,\end{aligned}$$

又因为 $\sum_{i=0}^{m}(-1)^i C_m^i = 0$,故有 $\sum_{k=0}^{n}(x_k - x)^m l_k(x) = 0$.

3.给定数表:

x	0.10	0.15	0.25	0.30
e^{-x}	0.904 837	0.860 708	0.778 801	0.740 818

(1)用线性插值计算 $e^{-0.14}$的近似值,并估计截断误差;

(2)用二次插值计算 $e^{-0.23}$的近似值,并估计截断误差.

解 (1)$x = 0.14$,取 $x_0 = 0.10, x_1 = 0.15$,得

$$\begin{aligned}e^{-0.14} \approx L_1(0.14) &= \frac{0.14 - 0.10}{0.15 - 0.10} \times 0.860\ 708 \\ &\quad + \frac{0.14 - 0.15}{0.10 - 0.15} \times 0.904\ 837 \\ &= 0.839\ 534.\end{aligned}$$

因为当 $x\in[0.10,0.15]$ 时，$|f''(x)|=|e^{-x}|\leqslant 0.904\ 837$，所以

$$|R_1(0.14)|\leqslant\frac{0.904\ 837\times|(0.14-0.10)(0.14-0.15)|}{2!}$$

$$=0.000\ 181.$$

(2)取 $x_0=0.15,x_1=0.25,x_2=0.30$.

$$e^{-0.23}\approx L_2(0.23)=\frac{(0.23-0.25)(0.23-0.30)}{(0.15-0.25)(0.15-0.30)}0.860\ 708$$

$$+\frac{(0.23-0.15)(0.23-0.30)}{(0.25-0.15)(0.25-0.30)}0.778\ 801$$

$$+\frac{(0.23-0.15)(0.23-0.25)}{(0.30-0.15)(0.30-0.25)}0.740\ 818$$

$$=0.794\ 549.$$

因为 $|f'''(x)|=|-e^{-x}|\leqslant 0.860\ 708,x\in[0.15,0.30]$，

所以 $$|R_2(0.23)|\leqslant\frac{0.860\ 708\times|(0.23-0.15)(0.23-0.25)(0.23-0.30)|}{3!}$$

$$=0.000\ 016.$$

4. 给定数表：

x	2	4	6	8	10	12	14
$f(x)$	y_0	y_1	y_2	y_3	y_4	y_5	y_6

(1)要用线性插值计算 $f(7.5)$ 和 $f(11.8)$ 的近似值，试分别写出所用的线性插值公式；

(2)要用二次插值计算 $f(7.5)$ 和 $f(11.8)$ 的近似值，试分别写出所用的二次插值公式；

(3)要用三次插值计算 $f(7.5)$ 和 $f(11.8)$ 的近似值，试分别写出所用的三次插值公式.

解　(1)计算 $f(7.5)$ 所用的线性插值公式为

$$f(x)\approx L_1(x)=\frac{x-8}{6-8}y_2+\frac{x-6}{8-6}y_3$$

$$=\frac{1}{2}[(x-6)y_3-(x-8)y_2],$$

计算 $f(11.8)$所用的线性插值公式为

$$f(x)\approx L_1(x)=\frac{x-12}{10-12}y_4+\frac{x-10}{12-10}y_5$$

$$=\frac{1}{2}[(x-10)y_5-(x-12)y_4].$$

(2)计算 $f(7.5)$所用的二次插值公式为

$$f(x)\approx L_2(x)=\frac{(x-8)(x-10)}{(6-8)(6-10)}y_2+\frac{(x-6)(x-10)}{(8-6)(8-10)}y_3+\frac{(x-6)(x-8)}{(10-6)(10-8)}y_4$$

$$=\frac{1}{8}[(x-8)(x-10)y_2-2(x-6)(x-10)y_3+(x-6)(x-8)y_4].$$

计算 $f(11.8)$所用的二次插值公式为

$$f(x)\approx L_2(x)=\frac{(x-12)(x-14)}{(10-12)(10-14)}y_4+\frac{(x-10)(x-14)}{(12-10)(12-14)}y_5+\frac{(x-10)(x-12)}{(14-10)(14-12)}y_6$$

$$=\frac{1}{8}[(x-12)(x-14)y_4-2(x-10)(x-14)y_5+(x-10)(x-12)y_6].$$

(3)计算 $f(7.5)$所用的三次插值公式为

$$f(x)\approx L_3(x)$$

$$=\frac{(x-6)(x-8)(x-10)}{(4-6)(4-8)(4-10)}y_1+\frac{(x-4)(x-8)(x-10)}{(6-4)(6-8)(6-10)}y_2+\frac{(x-4)(x-6)(x-10)}{(8-4)(8-6)(8-10)}y_3+\frac{(x-4)(x-6)(x-8)}{(10-4)(10-6)(10-8)}y_4$$

$$=\frac{1}{48}[-(x-6)(x-8)(x-10)y_1+3(x-4)(x-8)(x-10)y_2-3(x-4)(x-6)(x-10)y_3+(x-4)(x-6)(x-6)y_4],$$

计算 $f(11.8)$所用的三次插值公式为

$$
\begin{aligned}
f(x) &\approx L_3(x) \\
&= \frac{(x-10)(x-12)(x-14)}{(8-10)(8-12)(8-14)}y_3 + \frac{(x-8)(x-12)(x-14)}{(10-8)(10-12)(10-14)}y_4 \\
&\quad + \frac{(x-8)(x-10)(x-14)}{(12-8)(12-10)(12-14)}y_5 + \frac{(x-8)(x-10)(x-12)}{(14-8)(14-10)(14-12)}y_6 \\
&= \frac{1}{48}[-(x-10)(x-12)(x-14)y_3 + 3(x-8)(x-10) \\
&\quad (x-14)y_4 - 3(x-8)(x-10)(x-14)y_5 + (x-8) \\
&\quad (x-10)(x-12)y_6].
\end{aligned}
$$

5. 设 $f(x)=x^7+x^4+3x+1$，求差商：

(1) $f[2^0,2^1,\cdots,2^7]$；

(2) $f[2^0,2^1,\cdots,2^k]$，　$k\geqslant 8$.

解　(1) $f[2^0,2^1,\cdots,2^7]=f^{(7)}(\xi)/7!\ =7!\ /7!\ =1$.

(2) 当 $k\geqslant 8$ 时，$f^{(k)}(x)=0$，故

$$f[2^0,2^1,\cdots,2^k]=f^{(k)}(\xi)/k!\ =0.$$

6. 证明：若 $f(x)=u(x)v(x)$，则

$$f[x_0,x_1]=u[x_0]v[x_0,x_1]+u[x_0,x_1]v[x_1],$$

而且，一般地，

$$f[x_0,x_1,\cdots,x_k]=\sum_{j=0}^{k}u[x_0,x_1,\cdots,x_j]v[x_j,x_{j+1},\cdots,x_k].$$

证明

$$
\begin{aligned}
f[x_0,x_1] &= \frac{f(x_1)-f(x_0)}{x-x_0} = \frac{u(x_1)v(x_1)-u(x_0)v(x_0)}{x_1-x_0} \\
&= \frac{u(x_1)v(x_1)-u(x_0)v(x_1)+u(x_0)v(x_1)-u(x_0)v(x_0)}{x-x_0} \\
&= \frac{u(x_1)-u(x_0)}{x-x_0}v(x_1)+u(x_0)\frac{v(x_1)-v(x_0)}{x_1-x_0} \\
&= u[x_0,x_1]v[x_1]+u[x_0]v[x_0,x_1].
\end{aligned}
$$

设 $k=n$ 时结论成立，即有

$$f[x_0,x_1,\cdots,x_n]=\sum_{j=0}^{n}u[x_0,x_1,\cdots,x_j]v[x_j,x_{j+1},\cdots,x_n],$$

则由差商定义及上式得

$$
\begin{aligned}
& f[x_0,x_1,\cdots,x_n,x_{n+1}] \\
&= \frac{1}{x_{n+1}-x_0}(f[x_1,\cdots,x_n,x_{n+1}]-f[x_0,x_1,\cdots,x_n]) \\
&= \frac{1}{x_{n+1}-x_0}(\sum_{j=1}^{n+1} u[x_1,\cdots,x_j]v[x_j,\cdots,x_{n+1}] \\
&\qquad - \sum_{j=0}^{n} u[x_0,\cdots,x_j]v[x_j,\cdots,x_n]) \\
&= \frac{1}{x_{n+1}-x_0}[(\sum_{j=0}^{n+1} u[x_1,\cdots,x_j]v[x_j,\cdots,x_{n+1}] \\
&\qquad - \sum_{j=0}^{n} u[x_0,\cdots,x_j]v[x_{j+1},\cdots,x_{n+1}]) \\
&\qquad + (\sum_{j=0}^{n} u[x_0,\cdots,x_j]v[x_{j+1},\cdots,x_{n+1}] \\
&\qquad - \sum_{j=0}^{n} u[x_0,\cdots,x_j]v[x_j,\cdots,x_n])] \\
&= \frac{1}{x_{n+1}-x_0}[\sum_{j=0}^{n}(u[x_1,\cdots,x_{j+1}]-u[x_0,\cdots,x_j])v[x_{j+1},\cdots, \\
&\qquad x_{n+1}] + \sum_{j=0}^{n} u[x_0,\cdots,x_j](v[x_{j+1},\cdots,x_{n+1}] \\
&\qquad - v[x_j,\cdots,x_n])] \\
&= \frac{1}{x_{n+1}-x_0}[\sum_{j=0}^{n}(x_{j+1}-x_0)u[x_0,\cdots,x_{j+1}]v[x_{j+1},\cdots,x_{n+1}] \\
&\qquad + \sum_{j=0}^{n}(x_{n+1}-x_j)u[x_0,\cdots,x_j]v[x_j,\cdots,x_{n+1}]] \\
&= \frac{1}{x_{n+1}-x_0}[\sum_{j=1}^{n+1}(x_j-x_0)u[x_0,\cdots,x_j]v[x_j,\cdots,x_{n+1}] \\
&\qquad + \sum_{j=0}^{n}(x_{n+1}-x_j)u[x_0,\cdots,x_j]v[x_j,\cdots,x_{n+1}]] \\
&= \sum_{j=0}^{n+1} u[x_0,\cdots,x_j]v[x_j,\cdots,x_{n+1}],
\end{aligned}
$$

依据归纳法原理,结论得证.

7. 给定数表:

x	75	76	77	78	79	81	82
$f(x)$	2.768 06	2.832 67	2.902 56	2.978 57	3.061 73	3.255 30	3.369 87

试用四次 Newton 插值多项式计算 $f(75.54)$和 $f(81.12)$.

解 四次 Newton 插值多项式为

$$N_4(x)=f(x_0)+f[x_0,x_1](x-x_0)+f[x_0,x_1,x_2](x-x_0)(x-x_1)+f[x_0,x_1,x_2,x_3](x-x_0)(x-x_1)(x-x_2)+f[x_0,x_1,x_2,x_3,x_4](x-x_0)(x-x_1)(x-x_2)(x-x_3).$$

作差商表:

x	$f(x)$	一阶	二阶	三阶	四阶
75	2.768 06				
76	2.832 67	0.064 61			
77	2.902 56	0.069 89	0.002 64		
78	2.978 57	0.076 01	0.003 06	0.000 14	
79	3.061 73	0.083 16	0.003 58	0.000 17	0.000 01
81	3.255 30	0.096 79	0.004 54	0.000 24	0.000 01
82	3.369 87	0.114 57	0.005 93	0.000 35	0.000 02

对于点 $x=75.54$,取 $x_0=75,x_1=76,x_2=77,x_3=78,x_4=79$,则有

$$\begin{aligned}f(75.54)&\approx N_4(75.54)\\&=2.768\,06+0.064\,61\times0.54-0.002\,64\times0.54\times0.46\\&\quad+0.000\,14\times0.54\times0.46\times1.46\\&\quad-0.000\,01\times0.54\times0.46\times1.46\times2.46\\&=2.802\,34;\end{aligned}$$

对于点 $x=81.12$,取 $x_0=77,x_1=78,x_2=79,x_3=81,x_4=82$,则有

$$f(81.82)\approx N_4(81.12)$$

$$
\begin{aligned}
&= 2.902\,56 + 0.076\,01 \times 4.12 + 0.003\,58 \times 4.12 \times 3.12 \\
&\quad + 0.000\,24 \times 4.12 \times 3.12 \times 2.12 \\
&\quad + 0.000\,02 \times 4.12 \times 3.12 \times 2.12 \times 0.12 \\
&= 3.268\,35.
\end{aligned}
$$

8. 证明:

(1) $\Delta(f_k g_k) = f_k \Delta g_k + g_{k+1} \Delta f_k$;

(2) $\Delta\left(\dfrac{f_k}{g_k}\right) = \dfrac{g_k \Delta f_k - f_k \Delta g_k}{g_k g_{k+1}}$;

(3) $\Delta(\nabla f_k) = \nabla(\Delta f_k) = \delta^2 f_k$.

证明 (1)

$$
\begin{aligned}
\Delta(f_k g_k) &= f_{k+1} g_{k+1} - f_k g_k \\
&= (f_{k+1} - f_k) g_{k+1} + f_k (g_{k+1} - g_k) \\
&= f_k \Delta g_k + g_{k+1} \Delta f_k.
\end{aligned}
$$

(2)

$$
\begin{aligned}
\Delta\left(\frac{f_k}{g_k}\right) &= \frac{f_{k+1}}{g_{k+1}} - \frac{f_k}{g_k} = \frac{f_{k+1} g_k - f_k g_{k+1}}{g_k g_{k+1}} \\
&= \frac{(f_{k+1} - f_k) g_k - f_k (g_{k+1} - g_k)}{g_k g_{k+1}} \\
&= \frac{g_k \Delta f_k - f_k \Delta g_k}{g_k g_{k+1}}.
\end{aligned}
$$

(3) 因为 $\Delta(\nabla f_k) = \nabla f_{k+1} - \nabla f_k = f_{k+1} - 2f_k + f_{k-1}$,

$$\nabla(\Delta f_k) = \Delta f_k - \Delta f_{k-1} = f_{k+1} - 2f_k + f_{k-1},$$

$$\delta^2 f_k = \delta f_{k+\frac{1}{2}} - \delta f_{k-\frac{1}{2}} = f_{k+1} - 2f_k + f_{k-1},$$

所以 $\Delta(\nabla f_k) = \nabla(\Delta f_k) = \delta^2 f_k$.

9. 给定数表:

x	0.0	0.2	0.4	0.6	0.8
$f(x)$	1.000 00	1.221 40	1.491 82	1.822 12	2.225 54

用四次 Newton 插值多项式求 $f(0.05)$ 和 $f(0.65)$ 的近似值.

解 作差分表:

x	$f(x)$	Δ	Δ^2	Δ^3	Δ^4
0.0	1.000 00				
		0.221 40			
0.2	1.221 40		0.049 02		
		0.270 42		0.010 86	
0.4	1.491 82		0.059 88		0.002 38
		0.330 30		0.013 24	
0.6	1.822 12		0.073 21		
		0.403 42			
0.8	2.225 54				

用 Newton 向前插值公式计算 $f(0.05)$,此时 $h=0.2, t=0.25$.

$$\begin{aligned} f(0.05) &\approx N_4(0.05) \\ &= 1.000\,00+0.25\times 0.221\,40+\frac{1}{2!}0.25\times(0.25-1) \\ &\quad \times 0.049\,02+\frac{1}{3!}0.25(0.25-1)(0.25-2)\times 0.010\,86 \\ &\quad +\frac{1}{4!}0.25(0.25-1)(0.25-2)(0.25-3)\times 0.002\,38 \\ &= 1.051\,26. \end{aligned}$$

用 Newton 向后插值公式计算 $f(0.65)$,此时 $h=0.2, t=-0.75$.

$$\begin{aligned} f(0.65) &\approx N_4(0.65) \\ &= 2.225\,54-0.75\times 0.403\,42-\frac{1}{2!}0.75(1-0.75) \\ &\quad \times 0.073\,12-\frac{1}{3!}0.75(1-0.75)(2-0.75)\times 0.013\,24 \\ &\quad -\frac{1}{4!}0.75(1-0.75)(2-0.75)(3-0.75)\times 0.002\,38 \\ &= 1.915\,55. \end{aligned}$$

10. 已知 $f(1)=2$, $f(2)=3$, $f'(1)=0$, $f'(2)=-1$. 建立 $f(x)$的 Hermite 插值多项式,并求 $f(1.2)$的近似值.

解
$$\begin{aligned} H_3(x) &= 2[1+2(x-1)](x-2)^2+3[1-2(x-2)](x-1)^2 \\ &\quad -(x-2)(x-1)^2 \\ &= -3x^3+13x^2-17x+9, \end{aligned}$$

$$f(1.2)\approx H_3(1.2)=2.136.$$

11. 已知$f(5.0)=4.4$, $f(5.2)=3.8$, $f(5.4)=3.2$,

$$f'(5.0) = -1.2,\ f'(5.2) = -1.0,\ f'(5.4) = -0.6.$$

建立 $f(x)$的 Hermite 插值多项式,并求 $f(5.1)$的近似值.

解

$$H_5(x) = \left\{4.4 + (x-5.0)\left[-1.2 - 2\times 4.4\left(\frac{-1}{0.2} + \frac{-1}{0.4}\right)\right]\right\}\frac{(x-5.2)^2(x-5.4)^2}{0.2^2\times 0.4^2}$$

$$+\left\{3.8 + (x-5.2)\left[-1.0 - 2\times 3.8\left(\frac{1}{0.2} - \frac{1}{0.2}\right)\right]\right\}\frac{(x-5.0)^2(x-5.4)^2}{0.2^2\times 0.2^2}$$

$$+\left\{3.2 + (x-5.4)\left[-0.6 - 2\times 3.2\left(\frac{1}{0.4} - \frac{1}{0.2}\right)\right]\right\}\frac{(x-5.0)^2(x-5.2)^2}{0.4^2\times 0.2^2}$$

$$= 156.25(64.8x - 319.6)(x-5.2)^2(x-5.4)^2$$

$$+ 625(9.0 - x)(x-5.0)^2(x-5.4)^2$$

$$+ 156.25(265.64 - 48.6x)(x-5.0)^2(x-5.2)^2,$$

$f(5.1) \approx H_5(5.1) = 4.001\ 562\ 5.$

12. 试构造一个 x 的多项式 $p \in P_4[0,2]$,使其满足

$$p(0) = f(0) = 1,\ p(1) = f(1) = 2,\ p(2) = f(2) = 1,$$

$$p'(1) = f'(1) = 0,\ p'(2) = f'(2) = -1.$$

解法 1 设 $p(x) = \alpha_0(x)f(0) + \alpha_1(x)f(1) + \alpha_2(x)f(2) + \beta_1(x)f'(1) + \beta_2(x)f'(2)$,

其中 $\alpha_0, \alpha_1, \alpha_2, \beta_1, \beta_2 \in P_4[0,2]$,且满足

(1) $\alpha_k(j) = \begin{cases}1, & 当\ j = k,\\ 0, & 当\ j \neq k\end{cases}(j = 0,1,2),$

$\alpha_k'(j) = 0(j = 1,2,), k = 0,1,2;$

(2) $\beta_k(j) = 0(j = 0,1,2),$

$\beta_k'(j) = \begin{cases}1, & 当\ j = k,\\ 0, & 当\ j \neq k\end{cases}(j = 1,2), k = 1,2.$

为此,取

$$\alpha_0(x) = \frac{1}{4}(x-1)^2(x-2)^2,\qquad \alpha_1(x) = x(x-2)^2(a_1x + b_1),$$

$$\alpha_2(x) = x(x-1)^2(a_2x + b_2),$$

$$\beta_1(x) = c_1x(x-1)(x-2)^2,\qquad \beta_2(x) = c_2x(x-1)^2(x-2),$$

其中 a_1,b_1,a_2,b_2,c_1,c_2 为待定常数.

易知 $\alpha_0(x)$满足条件(1),$\alpha_1(x)$当 $x=0,2$ 时满足条件(1),令其当 $x=1$ 时也满足条件(1)得$\begin{cases}\alpha_1(1)=a_1+b_1=1,\\ \alpha_1'(1)=-b_1=0,\end{cases}$解得 $a_1=1,b_1=0$.

类似地,可求得 $a_2=-\dfrac{5}{4},b_2=3,c_1=1,c_2=\dfrac{1}{2}$.于是

$$\begin{aligned}p(x)&=\frac{1}{4}(x-1)^2(x-2)^2+2x^2(x-2)^2\\&\quad-\frac{1}{4}x(x-1)^2(5x-12)-\frac{1}{2}x(x-1)^2(x-2)\\&=\frac{1}{2}x^4-2x^3+\frac{3}{2}x^2+x+1.\end{aligned}$$

注 对于本题,实际上只需设 $p(x)=\alpha_0(x)+2\alpha_1(x)+\alpha_2(x)-\beta_2(x)$,求插值基函数时会简单些.

解法2 由前3个条件:$p(0)=f(0)=1,p(1)=f(1)=2,p(2)=f(2)=1$,可确定一个2次 Newton 插值多项式

$$N_2(x)=1+x-x(x-1);$$

由 Newton 插值的特点推知,增添2个条件后,插值多项式只需在$N_2(x)$的基础上增高两次,于是可设

$$p(x)=1+x-x(x-1)+x(x-1)(x-2)(ax+b),$$

其中 a,b 待定.

因为
$$\begin{aligned}p'(x)&=2-2x+(x-1)(x-2)(ax+b)\\&\quad+x(x-2)(ax+b)+x(x-1)(ax+b)\\&\quad+ax(x-1)(x-2),\end{aligned}$$

由 $p'(1)=f'(1)=0$ 得 $a=-b$,由 $p'(2)=f'(2)=-1$ 得 $4a+2b=1$,故

$$a=\frac{1}{2},b=-\frac{1}{2}.$$

因此,
$$\begin{aligned}p(x)&=1+x-x(x-1)+\frac{1}{2}x(x-1)^2(x-2)\\&=\frac{1}{2}x^4-2x^3+\frac{3}{2}x^2+x+1.\end{aligned}$$

解法3 设 $p(x)=a_0+a_1x+a_2x^2+a_3x^3+a_4x^4$，

则
$$p'(x)=a_1+2a_2x+3a_3x^2+4a_4x^3.$$

由插值条件得

$$\begin{cases}a_0=1,\\a_0+a_1+a_2+a_3+a_4=2,\\a_0+2a_1+4a_2+8a_3+16a_4=1,\\a_1+2a_2+3a_3+4a_4=0,\\a_1+4a_2+12a_3+32a_4=-1,\end{cases}$$

解得
$$a_0=1,\quad a_1=1,\quad a_2=\frac{3}{2},\quad a_3=-2,\quad a_4=\frac{1}{2}.$$

所以
$$p(x)=1+x+\frac{3}{2}x^2-2x^3+\frac{1}{2}x^4.$$

13. 已知 $f(0.1)=2,f(0.2)=4,f(0.3)=6$，求函数 $f(x)$ 在所给节点上的三次样条插值函数 $S(x)$，使其满足边界条件：

(1) $S'(0.1)=1,\quad S'(0.3)=-1$；

(2) $S''(0.1)=0,\quad S''(0.3)=1$.

解 (1) $h=0.1,x_0=0.1,x_1=0.2,x_2=0.3,\lambda=\mu=0.5$，

$$g_1=3\left(0.5\frac{4-2}{0.1}+0.5\frac{6-4}{0.1}\right)=60;$$

$$0.5m_0+2m_1+0.5m_2=60,$$

解得
$$m_1=\frac{1}{2}(60-0.5m_0-0.5m_2)=30.$$

因此

$$S(x)=\begin{cases}2\times10^3(x-0.2)^2(2x-0.1)+4\times10^3(x-0.1)^2(0.5-2x)\\ \quad+10^2(x-0.2)^2(x-0.1)+30\times10^2(x-0.1)^2(x-0.2), & x\in[0.1,0.2]\\ 4\times10^3(x-0.3)^2(2x-0.3)+6\times10^3(x-0.2)^2(0.7-2x)\\ \quad+30\times10^2(x-0.3)^2(x-0.2)-10^2(x-0.2)^2(x-0.3), & x\in[0.2,0.3]\end{cases}$$

$$=\begin{cases}-900x^3+550x^2-82x+5.6, & x\in[0.1,0.2],\\ -1\ 100x^3+670x^2-106x+7.2, & x\in[0.2,0.3].\end{cases}$$

(2)解方程组 $\begin{cases} 2m_0 + m_1 = 60, \\ 0.5m_0 + 2m_1 + 0.5m_2 = 60, \\ m_1 + 2m_2 = 60.05, \end{cases}$

得
$$m_0 = \frac{4\,801}{240}, \quad m_1 = \frac{2\,399}{120}, \quad m_2 = \frac{4\,807}{240}.$$

于是

$$S(x) = \begin{cases} 2\times10^3(x-0.2)^2(2x-0.1)+4\times10^3(x-0.1)^2(0.5-2x) \\ \quad +\frac{24\,005}{24}(x-0.2)^2(x-0.1)+\frac{11\,995}{6}(x-0.1)^2(x-0.2), \quad x\in[0.1,0.2] \\ 4\times10^3(x-0.3)^2(2x-0.3)+6\times10^3(x-0.2)^2(0.7-2x) \\ \quad +\frac{11\,995}{6}(x-0.3)^2(x-0.2)+\frac{24\,035}{12}(x-0.2)^2(x-0.3), \quad x\in[0.2,0.3] \end{cases}$$

$$= \begin{cases} -\frac{5}{12}x^3+\frac{1}{8}x^2+\frac{2\,399}{120}x, & x\in[0.1,0.2], \\ -\frac{5}{12}x^3+\frac{1}{4}x^2+\frac{4\,789}{240}x+\frac{1}{400}, & x\in[0.2,0.3]. \end{cases}$$

第 9 章　数值积分与数值微分

本章重点

1. 数值积分公式的代数精度,插值型求积公式的系数、余项及代数精度.

2. Cotes 系数的性质,梯形公式、Simpson 公式.

3. 复化求积法、步长逐次减半求积法.

4. Romberg 算法.

5. Gauss 型求积公式的代数精度、求积节点及求积系数的性质.

6. 几个重要的 Gauss 型求积公式.

7. 两点数值微分公式、三点数值微分公式及其截断误差.

复习思考题

一、判断题

1. $n+1$ 个求积节点的插值型求积公式的代数精度 m 满足不等式 $n \leqslant m \leqslant 2n+1$. (　　)

2. 设 $A_k(k=0,1,2,\cdots,n)$是区间$[a,b]$上的插值型求积公式的求积系数,则

$$\sum_{k=0}^{n} A_k = 1.$$ (　　)

3. 因为求积公式$\int_{-1}^{1} f(x)\mathrm{d}x \approx f\left(-\frac{1}{\sqrt{3}}\right)+f\left(\frac{1}{\sqrt{3}}\right)$,对于 $f(x)=x^5$ 精确成立,故其代数精度至少是 5. (　　)

4. 奇数个求积节点的 Newton-Cotes 公式的代数精度至少等于节点的个数. (　　)

5. Cotes 系数 $C_k^{(n)}$ 只与求积节点的个数有关,而与被积函数和积分区间均无关. (　　)

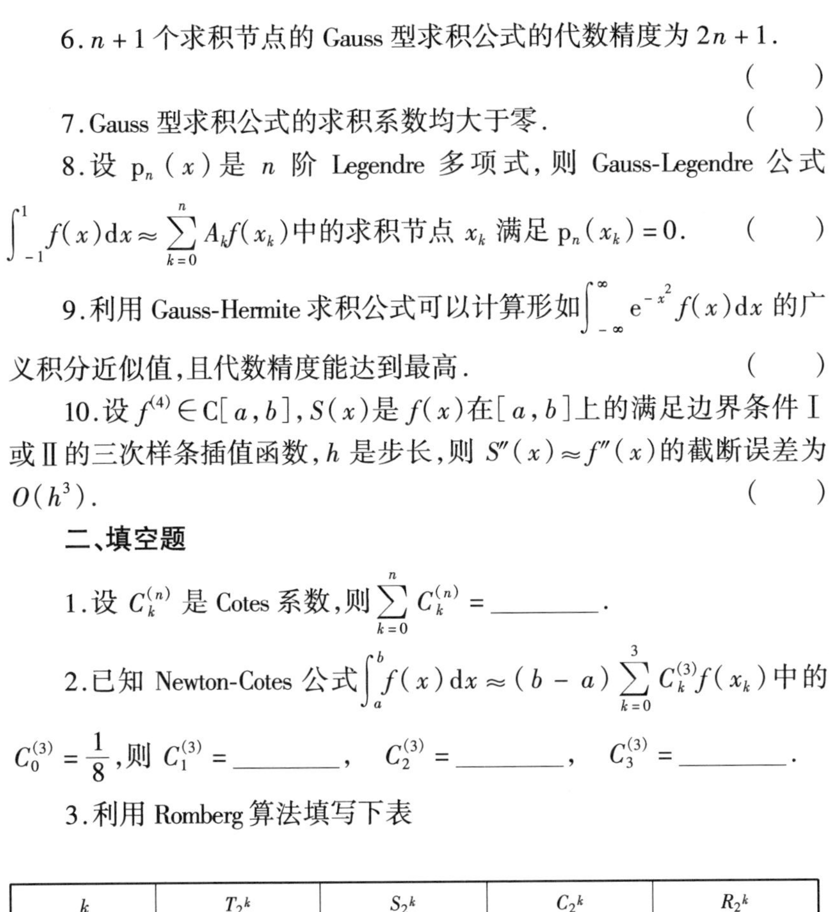

6. $n+1$ 个求积节点的 Gauss 型求积公式的代数精度为 $2n+1$.　(　　)

7. Gauss 型求积公式的求积系数均大于零.　(　　)

8. 设 $\mathrm{p}_n(x)$ 是 n 阶 Legendre 多项式，则 Gauss-Legendre 公式 $\int_{-1}^{1} f(x)\mathrm{d}x \approx \sum_{k=0}^{n} A_k f(x_k)$ 中的求积节点 x_k 满足 $\mathrm{p}_n(x_k)=0$.　(　　)

9. 利用 Gauss-Hermite 求积公式可以计算形如 $\int_{-\infty}^{\infty} \mathrm{e}^{-x^2} f(x)\mathrm{d}x$ 的广义积分近似值，且代数精度能达到最高.　(　　)

10. 设 $f^{(4)} \in C[a,b]$，$S(x)$ 是 $f(x)$ 在 $[a,b]$ 上的满足边界条件Ⅰ或Ⅱ的三次样条插值函数，h 是步长，则 $S''(x) \approx f''(x)$ 的截断误差为 $O(h^3)$.　(　　)

二、填空题

1. 设 $C_k^{(n)}$ 是 Cotes 系数，则 $\sum_{k=0}^{n} C_k^{(n)} =$ ________.

2. 已知 Newton-Cotes 公式 $\int_a^b f(x)\mathrm{d}x \approx (b-a)\sum_{k=0}^{3} C_k^{(3)} f(x_k)$ 中的 $C_0^{(3)} = \frac{1}{8}$，则 $C_1^{(3)} =$ ________，　$C_2^{(3)} =$ ________，　$C_3^{(3)} =$ ________.

3. 利用 Romberg 算法填写下表

k	T_{2^k}	S_{2^k}	C_{2^k}	R_{2^k}
0	3.000 000			
1	3.100 000			
2	3.131 176	3.141 593		
3				

4. 已知 Gauss 型求积公式 $\int_{-1}^{1} \frac{1}{\sqrt{1-x^2}} f(x)\mathrm{d}x \approx \sum_{k=0}^{n} A_k f(x_k)$ 的 $n+1$ 个系数 $A_k(k=0,1,\cdots,n)$ 均相等，则 $A_k =$ ________.

5. Gauss 型求积公式是稳定的,是因为其求积系数________.

习题解答

1. 确定下列求积公式中的参数,使其代数精度不小于 2 次,并求出所得求积公式的代数精度.

(1) $\int_0^2 f(x)\mathrm{d}x \approx A_0 f(0) + A_1 f(1) + A_2 f(2)$;

(2) $\int_{-1}^1 f(x)\mathrm{d}x \approx A[f(-1) + 2f(x_1) + 3f(x_2)]$;

(3) $\int_{-1}^1 f(x)\mathrm{d}x \approx Af(-1) + Bf(x_1)$.

解 (1) 取 $f(x)$ 为 $1, x, x^2$,得

$$\begin{cases} A_0 + A_1 + A_2 = 2, \\ A_1 + 2A_2 = 2, \\ A_1 + 4A_2 = \dfrac{8}{3}. \end{cases}$$

解此方程组得 $A_0 = \frac{1}{3}, A_1 = \frac{4}{3}, A_2 = \frac{1}{3}$. 因此求积公式为

$$\int_0^2 f(x)\mathrm{d}x \approx \frac{1}{3}f(0) + \frac{4}{3}f(1) + \frac{1}{3}f(2).$$

当 $f(x) = x^3$ 时,

$$\int_0^2 f(x)\mathrm{d}x = 4, \frac{1}{3}f(0) + \frac{4}{3}f(1) + \frac{1}{3}f(2) = 4,$$

求积公式成为等式.

而当 $f(x) = x^4$ 时,

$$\int_0^2 f(x)\mathrm{d}x = \frac{32}{5}, \quad \frac{1}{3}f(0) + \frac{4}{3}f(1) + \frac{1}{3}f(2) = \frac{20}{3},$$

求积公式不能成为等式. 所以,求积公式的代数精度是 3 次.

(2) 设求积公式对于 $f(x) = 1, x, x^2$ 成为等式,于是有

$$\begin{cases} A(1+2+3)=2, \\ A(-1+2x_1+3x_2)=0, \\ A(1+2x_1^2+3x_2^2)=\dfrac{2}{3}, \end{cases}$$

解之得 $\begin{cases} A=\dfrac{1}{3}, \\ x_1=\dfrac{1+\sqrt{6}}{5}, \\ x_2=\dfrac{3-2\sqrt{6}}{15}, \end{cases}$ 或 $\begin{cases} A=\dfrac{1}{3}, \\ x_1=\dfrac{1-\sqrt{6}}{5}, \\ x_2=\dfrac{3+2\sqrt{6}}{15}. \end{cases}$

因此求积公式为

$$\int_{-1}^{1} f(x)\mathrm{d}x \approx \frac{1}{3}\left[f(-1)+2f\left(\frac{1+\sqrt{6}}{5}\right)+3f\left(\frac{3-2\sqrt{6}}{15}\right)\right],$$

或
$$\int_{-1}^{1} f(x)\mathrm{d}x \approx \frac{1}{3}\left[f(-1)+2f\left(\frac{1-\sqrt{6}}{5}\right)+3f\left(\frac{3+2\sqrt{6}}{15}\right)\right].$$

当 $f(x)=x^3$ 时,

$$\int_{-1}^{1} x^3\mathrm{d}x=0, \frac{1}{3}\left[f(-1)+2f\left(\frac{1\pm\sqrt{6}}{5}\right)+3f\left(\frac{3\mp 2\sqrt{6}}{15}\right)\right]\neq 0.$$

所以,求积公式具有 2 次代数精度.

(3)取 $f(x)$ 为 $1, x, x^2$,可得

$$\begin{cases} A+B=2, \\ -A+Bx_1=0, \\ A+Bx_1^2=\dfrac{2}{3}, \end{cases}$$

解得 $A=\dfrac{1}{2}, B=\dfrac{3}{2}, x_1=\dfrac{1}{3}$,因此求积公式为

$$\int_{-1}^{1} f(x)\mathrm{d}x \approx \frac{1}{2}f(-1)+\frac{3}{2}f\left(\frac{1}{3}\right).$$

当 $f(x)=x^3$ 时,$\int_{-1}^{1} f(x)\mathrm{d}x=0, \dfrac{1}{2}f(-1)+\dfrac{3}{2}f\left(\dfrac{1}{3}\right)=-\dfrac{4}{9}\neq 0$,

所以,求积公式具有 2 次代数精度.

2.用复化梯形公式和复化 Simpson 公式计算下列积分.

(1)$\int_0^1 \frac{\ln(1+x)}{1+x^2}\mathrm{d}x$, $n=5$; (2)$\int_0^{1.2}\sqrt{x}\mathrm{e}^x\mathrm{d}x$, $n=6$;

(3)$\int_{-1}^1 \mathrm{e}^{x^2}\mathrm{d}x$, $n=8$.

解 (1)$h=0.2$.

$$\begin{aligned}T_5 &=\frac{0.2}{2}[f(0)+2\sum_{k=1}^{4}f(x_k)+f(1)]\\&=0.1\left[0+2\left(\frac{\ln 1.2}{1+0.2^2}+\frac{\ln 1.4}{1+0.4^2}+\frac{\ln 1.6}{1+0.6^2}+\frac{\ln 1.8}{1+0.8^2}\right)+\frac{\ln 2}{1+1^2}\right]\\&=0.1\,[2(0.175\,31+0.290\,06+0.345\,59+0.358\,41)\\&\qquad+0.346\,57]\\&=0.268\,53;\end{aligned}$$

$$\begin{aligned}S_5 &=\frac{0.2}{6}[f(0)+4\sum_{k=0}^{4}f(x_{k+\frac{1}{2}})+2\sum_{k=1}^{4}f(x_k)+f(1)]\\&=\frac{0.4}{3}\left(\frac{\ln 1.1}{1+0.1^2}+\frac{\ln 1.3}{1+0.3^2}+\frac{\ln 1.5}{1+0.5^2}+\frac{\ln 1.7}{1+0.7^2}+\frac{\ln 1.9}{1+1.9^2}\right)+\frac{1}{3}T_5\\&=\frac{0.4}{3}(0.094\,37+0.240\,70+0.324\,37+0.356\,13\\&\qquad+0.354\,62)+\frac{1}{3}\times 0.268\,53\\&=0.272\,20.\end{aligned}$$

(2)$h=0.2$.

$$\begin{aligned}T_6 &=\frac{0.2}{2}[f(0)+2\sum_{k=1}^{5}f(x_k)+f(1.2)]\\&=0.1\,[0+2(\sqrt{0.2}\mathrm{e}^{0.2}+\sqrt{0.4}\mathrm{e}^{0.4}+\sqrt{0.6}\mathrm{e}^{0.6}+\sqrt{0.8}\mathrm{e}^{0.8}\\&\qquad+\sqrt{1}\mathrm{e}^{1})+\sqrt{1.2}\mathrm{e}^{1.2}]\\&=0.1\,[2(0.546\,23+0.943\,51+1.611\,41+1.990\,58\\&\qquad+2.718\,28)+3.037\,01]\\&=1.885\,70;\end{aligned}$$

$$S_6 = \frac{0.2}{6}\left[f(0)+4\sum_{k=0}^{5}f(x_{k+\frac{1}{2}})+2\sum_{k=1}^{5}f(x_k)+f(1.2)\right]$$

$$= \frac{0.4}{3}(0.349\,49+0.739\,35+1.165\,82+1.684\,83+2.333\,38$$

$$+3.150\,80)+\frac{1}{3}\times 1.885\,70$$

$$=1.885\,06.$$

(3) $h=0.25$.

$$T_8 = \frac{0.25}{2}\left[f(-1)+2\sum_{k=1}^{7}f(x_k)+f(1)\right]$$

$$= \frac{0.25}{2}\left[2.718\,28+2\times 9.207\,15+2.718\,28\right]$$

$$=2.981\,36;$$

$$S_8 = \frac{0.25}{6}\left[f(-1)+4\sum_{k=0}^{7}f(x_{k+\frac{1}{2}})+2\sum_{k=1}^{7}f(x_k)+f(1)\right]$$

$$= \frac{0.25}{6}\times 4\times 11.589\,97+\frac{1}{3}T_8$$

$$=2.925\,45.$$

3. 用 Romberg 算法计算下列积分,要求截断误差不超过 ε.

(1) $\int_0^1 \frac{\ln(1+x)}{1+x^2}\mathrm{d}x$, $\varepsilon=10^{-5}$;　　(2) $\int_0^{0.8} \mathrm{e}^{-x^2}\mathrm{d}x$, $\varepsilon=10^{-6}$.

解　(1)

k	T_{2^k}	S_{2^k}	C_{2^k}	R_{2^k}
0	0.173 287	0.274 010	0.272 222	0.272 197
1	0.248 829	0.272 334	0.272 197	0.272 198
2	0.266 458	0.272 206	0.272 198	
3	0.270 769	0.027 2199		
4	0.271 841			

因此　$\int_0^1 \frac{\ln(1+x)}{1+x^2}\mathrm{d}x \approx 0.272\,20.$

（2）

k	T_{2^k}	S_{2^k}	C_{2^k}	R_{2^k}
0	0.610 917 0	0.658 115 7	0.657 668 2	0.657 669 8
1	0.646 316 0	0.657 696 2	0.657 669 8	0.657 669 9
2	0.654 851 2	0.657 671 5	0.657 670 0	
3	0.656 966 4	0.657 670 0		
4	0.657 494 1			

因此 $\int_0^{0.8} e^{-x^2}\,dx \approx 0.657\,670.$

4. 证明插值型求积公式

$$\int_a^b \rho(x) f(x)\,dx \approx \sum_{k=0}^{n} A_k f(x_k)$$

为 Gauss 型求积公式的充分必要条件是对任意次数不超过 n 的多项式 $p(x)$，都有

$$\int_a^b \rho(x) p(x) \omega(x)\,dx = 0, \text{其中 } \omega(x) = \prod_{i=0}^{n} (x - x_i),$$

即 $\omega(x)$ 在区间 $[a, b]$ 上与任意次数不超过 n 的多项式带权 $\rho(x)$ 正交.

证明 充分性. 对任意次数不超过 $2n+1$ 的多项式 $p_{2n+1}(x)$，用 $\omega(x)$ 去除 $p_{2n+1}(x)$ 得

$$p_{2n+1}(x) = p_n(x)\omega(x) + q_n(x),$$

其中 $p_n(x)$ 和 $q_n(x)$ 都是次数不超过 n 的多项式，于是

$$\begin{aligned}\int_a^b \rho(x) p_{2n+1}(x)\,dx &= \int_a^b \rho(x) p_n(x) \omega(x)\,dx + \int_a^b \rho(x) q_n(x)\,dx \\ &= \int_a^b \rho(x) q_n(x)\,dx,\end{aligned}$$

$$\sum_{k=0}^{n} A_k p_{2n+1}(x_k) = \sum_{k=0}^{n} A_k p_n(x_k) \omega(x_k) + \sum_{k=0}^{n} A_k q_n(x_k)$$

$$= \sum_{k=0}^{n} A_k q_n(x_k).$$

因为插值型求积公式至少具有 n 次代数精度，从而

$$\int_a^b \rho(x) q_n(x) x = \sum_{k=0}^{n} A_k q_n(x_k),$$

因此 $$\int_a^b \rho(x) p_{2n+1}(x)\mathrm{d}x = \sum_{k=0}^{n} A_k p_{2n+1}(x_k),$$

即求积公式具有 $2n+1$ 次数精度.

必要性.因为求积公式是 Gauss 型求积公式，而 $p(x)\omega(x)$ 是次数不超过 $2n+1$ 的多项式，所以

$$\int_a^b \rho(x) p(x)\omega(x)\mathrm{d}x = \sum_{k=0}^{n} A_k p(x_k)\omega(x_k) = 0.$$

5. 确定下列 Gauss 型求积公式中的待定参数(提示：利用第 4 题结论确定求积节点).

(1) $\int_0^1 \frac{f(x)}{\sqrt{x}}\mathrm{d}x \approx A_0 f(x_0) + A_1 f(x_1)$;

(2) $\int_0^1 \ln\frac{1}{x} f(x)\mathrm{d}x \approx A_0 f(x_0) + A_0 f(x_1)$.

解　(1)根据第 4 题，求积节点 x_0 和 x_1 满足

$$\int_0^1 \frac{1}{\sqrt{x}}(x-x_0)(x-x_1)\mathrm{d}x = 0,\quad \int_0^1 \frac{x}{\sqrt{x}}(x-x_0)(x-x_1)\mathrm{d}x = 0.$$

由此得到 $$\begin{cases} \frac{2}{5} - \frac{2}{3}(x_0+x_1) + 2x_0x_1 = 0, \\ \frac{2}{7} - \frac{2}{5}(x_0+x_1) + \frac{2}{3}x_0x_1 = 0, \end{cases}$$

解得 $$x_0 = \frac{1}{7}\left(3 - 2\sqrt{\frac{6}{5}}\right),\quad x_1 = \frac{1}{7}\left(3 + 2\sqrt{\frac{6}{5}}\right).$$

又因为求积公式对 $f(x)=1$ 和 $f(x)=x$ 是准确的，所以

$$\begin{cases} A_0 + A_1 = \int_0^1 \frac{1}{\sqrt{x}}\mathrm{d}x = 2, \\ \frac{1}{7}\left(3 - 2\sqrt{\frac{6}{5}}\right)A_0 + \frac{1}{7}\left(3 + 2\sqrt{\frac{6}{5}}\right)A_1 = \int_0^1 \frac{x}{\sqrt{x}}\mathrm{d}x = \frac{2}{3}, \end{cases}$$

解得 $A_0=1+\frac{1}{3}\sqrt{\frac{5}{6}}$， $A_1=1-\frac{1}{3}\sqrt{\frac{5}{6}}$.

(2)根据第4题,求积节点 x_0 和 x_1 满足

$$\begin{cases}\int_0^1 (x-x_0)(x-x_1)\ln\frac{1}{x}\mathrm{d}x=0,\\ \int_0^1 x(x-x_0)(x-x_1)\ln\frac{1}{x}\mathrm{d}x=0,\end{cases}$$

此即 $$\begin{cases}\frac{1}{9}-\frac{1}{4}(x_0+x_1)+x_0x_1=0,\\ \frac{1}{16}-\frac{1}{9}(x_0+x_1)+\frac{1}{4}x_0x_1=0,\end{cases}$$

解得 $x_0=\frac{1}{14}\left(5-\frac{\sqrt{106}}{3}\right)$， $x_1=\frac{1}{14}\left(5+\frac{\sqrt{106}}{3}\right)$.

又因为求积公式对 $f(x)=1$ 和 $f(x)=x$ 是准确的,所以

$$\begin{cases}A_0+A_1=\int_0^1 \ln\frac{1}{x}\mathrm{d}x=1,\\ \frac{1}{14}\left(5-\frac{\sqrt{106}}{3}\right)A_0+\frac{1}{14}\left(5+\frac{\sqrt{106}}{3}\right)A_1=\int_0^1 x\ln\frac{1}{x}\mathrm{d}x=\frac{1}{4},\end{cases}$$

解得 $A_0=\frac{1}{2}+\frac{9}{4\sqrt{106}}$， $A_1=\frac{1}{2}-\frac{9}{4\sqrt{106}}$.

6. 用 Gauss-Legendre 求积公式计算下列积分.

(1) $\int_0^1 \mathrm{e}^{x^2}\mathrm{d}x$， $n=3$； (2) $\int_1^3 \mathrm{e}^x\sin x\mathrm{d}x$， $n=2$.

解 (1) $$\int_0^1 \mathrm{e}^{x^2}\mathrm{d}x=\frac{1}{2}\int_{-1}^1 \mathrm{e}^{x^2}\mathrm{d}x$$

$$\approx\frac{1}{2}[0.347\,855\mathrm{e}^{(-0.861\,136)^2}+0.652\,145\mathrm{e}^{-0.339\,981)^2}+0.652\,145\mathrm{e}^{(0.339\,981)^2}+0.347\,855\mathrm{e}^{(0.861\,136)^2}]$$

$$=1.462\,270.$$

(2) $$\int_1^3 \mathrm{e}^x\sin\,\mathrm{d}x\xlongequal{x=t+2}\int_{-1}^1 \mathrm{e}^{t+2}\sin(t+2)\mathrm{d}t$$

$$\approx0.555\,556\mathrm{e}^{2-0.774\,597}\sin(2-0.774\,597)$$

$$+0.888\ 88\mathrm{e}^2\sin 2$$
$$+0.555\ 556\mathrm{e}^{2+0.774\ 597}\sin(2+0.774\ 597)$$
$$=10.948\ 405.$$

7. 用 Gauss-Laguerre 求积公式计算下列积分，取 $n=3$.

(1) $\int_0^{+\infty}\frac{\mathrm{e}^{-x}}{1+\mathrm{e}^{-2x}}\mathrm{d}x$；　(2) $\int_0^{+\infty}\mathrm{e}^{-2x}\sin x\mathrm{d}x$.

解 (1) $\int_0^{+\infty}\frac{\mathrm{e}^{-x}}{1+\mathrm{e}^{-2x}}\mathrm{d}x$

$$\approx 0.603\ 154\cdot\frac{1}{1+\mathrm{e}^{-2\times 0.322\ 548}}+0.357\ 419\cdot\frac{1}{1+\mathrm{e}^{-2\times 1.745\ 761}}$$
$$+0.038\ 888\cdot\frac{1}{1+\mathrm{e}^{-2\times 4.536\ 620}}+0.000\ 539\cdot\frac{1}{1+\mathrm{e}^{-2\times 9.395\ 071}}$$
$$=0.781\ 891.$$

(2) $\int_0^{+\infty}\mathrm{e}^{-2x}\sin x\mathrm{d}x \overset{t=2x}{=\!=\!=} \frac{1}{2}\int_0^{+\infty}\mathrm{e}^{-t}\sin\frac{t}{2}\mathrm{d}t$

$$\approx\frac{1}{2}\left(0.603\ 154\sin\frac{0.322\ 548}{2}+0.357\ 419\sin\frac{1.745\ 761}{2}\right)$$
$$+0.038\ 888\sin\frac{4.536\ 620}{2}+0.000\ 539\sin\frac{9.395\ 071}{2}$$
$$=0.199\ 984.$$

8. 用 Gauss 型求积公式计算下列积分，取 $n=2$.

(1) $\int_{-\infty}^{+\infty}\mathrm{e}^{-x^2}\cos x\mathrm{d}x$；　(2) $\int_{-1}^{1}\frac{\mathrm{e}^x}{\sqrt{1-x^2}}\mathrm{d}x$.

解 (1) 用 Gauss-Hermite 求积公式计算，有

$$\int_{-\infty}^{+\infty}\mathrm{e}^{-x^2}\cos x\mathrm{d}x$$
$$\approx 0.295\ 409\cos(-1.224\ 745)+1.181\ 636\cos 0$$
$$+0.295\ 409\cos(1.224\ 745)$$
$$=1.382\ 033.$$

(2) 用 Gauss-Чебышев 求积公式计算，有

$$\int_{-1}^{1}\frac{\mathrm{e}^x}{\sqrt{1-x^2}}\mathrm{d}x\approx\frac{\pi}{3}\left(\mathrm{e}^{\cos\frac{5}{6}\pi}+\mathrm{e}^{\cos\frac{1}{2}\pi}+\mathrm{e}^{\cos\frac{1}{6}\pi}\right)=3.977\ 322.$$

9. 给定数表:

x	1.0	1.1	1.2	1.3	1.4
$f(x)$	0.250 0	0.226 8	0.206 6	0.189 0	0.173 6

用三点公式求$f'(1.0)$,$f'(1.1)$和$f'(1.4)$的近似值.

解 $$f'(1.0)\approx\frac{1}{2\times 0.1}(-3\times 0.250\,0+4\times 0.226\,8-0.206\,6)$$
$$=-0.247\,0,$$
$$f'(1.1)\approx\frac{1}{2\times 0.1}(-0.250\,0+0.206\,6)=-0.217\,0,$$
$$f'(1.4)\approx\frac{1}{2\times 0.1}(0.206\,6-4\times 0.189\,0+3\times 0.173\,6)$$
$$=-0.143\,0.$$

10. 给定数表:

x	0.50	0.51	0.52	0.53	0.54	0.55
$f(x)$	0.479 43	0.488 18	0.496 88	0.505 53	0.514 14	0.522 69

用三点公式求$f''(0.50)$,$f''(0.52)$和$f''(0.55)$的近似值.

解 $$f''(0.50)\approx\frac{1}{0.01^2}(0.479\,43-2\times 0.488\,18+0.496\,88)$$
$$=-0.500\,00,$$
$$f''(0.52)\approx\frac{1}{0.01^2}(0.488\,18-2\times 0.496\,88+0.505\,53)$$
$$=-0.500\,00,$$
$$f''(0.55)\approx\frac{1}{0.01^2}(0.505\,53-2\times 0.514\,14+0.522\,69)$$
$$=-0.600\,00.$$

第 10 章　常微分方程的数值解法

本章重点

1. Lipschitz 条件,一阶常微分方程初值问题解的存在唯一性.

2. 数值解概念,离散化方法.

3. 显式单步法的一般形式,增量函数,数值方法的局部截断误差、整体截断误差与阶.

4. Runge-Kutta 法,Euler 格式,改进的 Euler 格式,中点格式,标准 Runge-Kutta 格式.

5. Runge-Kutta 格式的收敛性与绝对稳定性.

6. 用 Runge-Kutta 法求一阶常微分方程组与高阶常微分方程初值问题的数值解.

7. 线性常微分方程边值问题的差分解法.

复习思考题

一、判断题

1. 设 $f(x,y)$ 在域 $D=\{(x,y)\mid x\in[a,b],y\in\mathbb{R}\}$ 上连续且关于 y 满足 Lipschits 条件,则初值问题 $\begin{cases}y'=f(x,y),a<x\leqslant b,\\y(a)=y_0\end{cases}$ 在区间 $[a,b]$ 上存在唯一解.　(　　)

2. 若求解初值问题 $\begin{cases}y'=f(x,y),a<x\leqslant b,\\y(a)=y_0\end{cases}$ 的某种数值方法的整体截断误差 $e_n=O(h^{p+1})(n=1,2,\cdots,N)$,其中 h 为步长,$p\in\mathbb{N}$,则该数值方法是 p 阶方法.　(　　)

3. 若 $f(x,y)$ 在域 $D=\{(x,y)\mid x\in[a,b],y\in\mathbb{R}\}$ 上连续且关于 y 满足 Lipschits 条件,则解初值问题 $\begin{cases}y'=f(x,y),a<x\leqslant b,\\y(a)=y_0\end{cases}$ 的二阶和四阶 Runge-Kutta 方法是收敛的.　(　　)

4.对于实验方程$y' = \lambda y$($\lambda < 0$为常数),对任意步长 $h > 0$,Euler方法都是绝对稳定的. ( )

5.若将二阶线性常微分方程离散化为差分方程时的截断误差为$O(h^2)$,则在将边界条件中的导数离散化时应采用三点数值微分公式. ( )

6.对于逼近边值问题$\begin{cases} y'' - q(x)y = f(x), a < x < b, \\ y(a) = 1, \quad y(b) = 2 \end{cases}$的差分方程,可用“追赶法”求解. ( )

二、填空题

1.对于初值问题$\begin{cases} y'' = f(x,y,y'), \quad a < x \leqslant b, \\ y(a) = y_0, \quad y'(a) = y_0^{(1)}, \end{cases}$若令 $z = y'$,则可将其化为一阶方程组初值问题________.

2.求解第1题中的初值问题的标准 Runge-Kutta 格式为________.

3.常微分方程离散化为差分方程的基本方法有________,________,________.

4.用改进 Euler 方法解$\begin{cases} y' = -8y + 7z, \\ z' = x^2 + yz, \\ y(0) = 1, z(0) = 0, \end{cases}$ $x \in (0,1]$的计算格式为________.

5.当步长 $h \in$________时,标准 Runge-Kutta 法是绝对稳定的.

习题解答

1.用 Euler 方法解下列初值问题.

(1)$\begin{cases} y' = x^2 + y^2, \quad 0 < x \leqslant 1, \\ y(0) = 0, \end{cases}$ 取步长 $h = 0.1$;

(2)$\begin{cases} y' = \dfrac{1}{x}(y^2 + y), \quad 1 < x \leqslant 3, \\ y(1) = -2.618\,03, \end{cases}$ 取步长 $h = 0.5$.

解 (1)计算格式为

$$y_{n+1}=y_n+h(x_n^2+y_n^2),\quad n=0,1,\cdots,9.$$

计算结果列于下表:

x_n	y_n	x_n	y_n	x_n	y_n
0	0.000 00	0.4	0.014 00	0.8	0.141 25
0.1	0.000 00	0.5	0.030 02	0.9	0.207 25
0.2	0.001 00	0.6	0.055 11	1.0	0.292 54
0.3	0.005 00	0.7	0.091 42		

(2)计算格式为

$$y_{n+1}=y_n+h\frac{1}{x_n}(y_n^2+y_n),\quad n=0,1,2,3.$$

计算结果列于下表:

x_n	1	1.5	2	2.5	3
y_n	-2.618 03	-0.500 00	-0.583 33	-0.644 10	-0.689 94

2. 用改进 Euler 方法解下列初值问题.

(1) $\begin{cases}y'=x^2+y^2, & 0<x\leqslant 1,\\ y(0)=0,\end{cases}$ 取步长 $h=0.1$;

(2) $\begin{cases}y'=y-\dfrac{2x}{y}, & 0<x\leqslant 1,\\ y(0)=1,\end{cases}$ 取步长 $h=0.1$.

解　(1)计算格式为

$$\begin{cases}y_{n+1}=y_n+\dfrac{h}{2}(K_1+K_2),\\ K_1=x_n^2+y_n^2,\\ K_2=(x_n+h)^2+(y_n+hK_1)^2,\\ y_0=0,\end{cases}\qquad n=0,1,\cdots,9.$$

计算结果列于下表:

x_n	y_n	x_n	y_n	x_n	y_n
0	0.000 00	0.4	0.022 02	0.8	0.175 39
0.1	0.000 50	0.5	0.042 62	0.9	0.252 37
0.2	0.003 00	0.6	0.073 44	1.0	0.351 83
0.3	0.009 50	0.7	0.116 81		

(2)计算格式为

$$\begin{cases} y_{n+1} = y_n + 0.05(K_1 + K_2), \\ K_1 = y_n - \dfrac{2x_n}{y_n}, \\ K_2 = y_n + 0.1K_1 - 2\dfrac{x_n + 0.1}{y_n + 0.1K_1}, \\ y_0 = 1, \end{cases} \qquad n = 0,1,\cdots,9.$$

计算结果列于下表:

x_n	K_1	K_2	y_n	x_n	K_1	K_2	y_n
0			1.000 00	0.6	0.710 40	0.680 70	1.485 97
0.1	1.000 00	0.918 18	1.095 91	0.7	0.678 41	0.652 80	1.552 53
0.2	0.913 41	0.850 34	1.184 10	0.8	0.650 78	0.628 49	1.616 49
0.3	0.846 29	0.795 81	1.266 21	0.9	0.626 69	0.607 19	1.678 18
0.4	0.792 35	0.750 85	1.343 37	1.0	0.605 59	0.588 48	1.737 88
0.5	0.747 85	0.713 01	1.416 41				

3. 用标准 Runge-Kutta 方法解下列初值问题.

(1) $\begin{cases} y' = \dfrac{3y}{1+x}, x\in(0,1], \\ y(0)=1, \end{cases}$　取步长 $h=0.2$;

(2) $\begin{cases} y' = -2y+2x^2+2x, x\in(0,0.5], \\ y(0)=1, \end{cases}$　取步长 $h=0.1$.

解　(1)标准 Runge-Kutta 格式为

$$\begin{cases} y_{n+1} = y_n + \dfrac{0.1}{3}(K_1+2K_2+2K_3+K_4), \\ K_1 = \dfrac{3y_n}{1+x_n}, \\ K_2 = \dfrac{3(y_n+0.1K_1)}{1.1+x_n}, \\ K_3 = \dfrac{3(y_n+0.1K_2)}{1.1+x_n}, \\ K_4 = \dfrac{3(y_n+0.2K_3)}{1.2+x_n}, \\ y_0 = 1, \end{cases} \quad n=0,1,2,3,4.$$

计算结果列于下表(准确解为 $y=(1+x)^3$):

x_n	K_1	K_2	K_3	K_4	y_n	准确值
0					1.000 00	1
0.2	3.000 00	3.545 45	3.694 21	4.347 02	1.727 55	1.728
0.4	4.318 87	4.983 31	5.136 64	5.903 31	2.742 95	2.744
0.6	5.877 75	6.661 45	6.818 19	7.699 86	4.094 18	4.096
0.8	7.676 59	8.579 72	8.739 09	9.736 67	5.829 21	5.832
1.0	9.715 35	10.738 02	10.899 49	12.013 67	7.996 01	8

(2)标准 Runge-Kutta 格式及计算结果如下(准确解为 $y=e^{-2x}+x^2$):

$$\begin{cases} y_{n+1} = y_n + \dfrac{0.1}{6}(K_1 + 2K_2 + 2K_3 + K_4), \\ K_1 = -2y_n + 2x_n^2 + 2x_n, \\ K_2 = -2(y_n + 0.05K_1) + 2(x_n + 0.05)^2 + 2(x_n + 0.05), \\ K_3 = -2(y_n + 0.05K_2) + 2(x_n + 0.05)^2 + 2(x_n + 0.05), \\ K_4 = -2(y_n + 0.1K_3) + 2(x_n + 0.1)^2 + 2(x_n + 0.1), \\ y_0 = 1, \end{cases}$$

$$n = 0,1,2,3,4.$$

x_n	K_1	K_2	K_3	K_4	y_n	准确值
0					1.000 00	1.000 00
0.1	−2.000 00	−1.695 00	−1.725 50	−1.434 90	0.828 74	0.828 73
0.2	−1.437 47	−1.168 72	−1.195 60	−0.938 35	0.710 38	0.710 32
0.3	−0.940 65	−0.701 59	−0.725 50	−0.495 56	0.638 82	0.638 81
0.4	−0.497 64	−0.282 88	−0.304 35	−0.096 77	0.609 34	0.609 33
0.5	−0.098 68	0.096 19	0.076 70	0.265 98	0.617 89	0.617 88

4. 设 $f(x,y)$ 在 $D=\{(x,y)\mid x\in[a,b], y\in\mathbb{R}\}$ 上关于 y 满足 Lipschitz 条件,证明求初值问题

$$\begin{cases} y' = f(x,y), & x\in(a,b], \\ y(a) = y_0 \end{cases}$$

数值解的改进 Euler 格式收敛.

证明 改进 Euler 格式为

$$\begin{cases} y_{n+1} = y_n + \dfrac{h}{2}(K_1 + K_2), \\ K_1 = f(x_n, y_n), \\ K_2 = f(x_n + h, y_n + hK_1), \end{cases}$$

其增量函数为 $\varphi(x,y,h) = \dfrac{1}{2}[f(x,y) + f(x+h, y+hf(x,y))]$.

对任意$(x,y),(x,z)\in D,h\in(0,h_0]$,由$f(x,y)$在$D$上关于$y$满足 Lipschitz 条件可知,存在常数$L>0$,使得

$$
\begin{aligned}
&|\varphi(x,y,h)-\varphi(x,z,h)| \\
\leqslant&\frac{1}{2}[|f(x,y)-f(x,z)| \\
&\quad+|f(x+h,y+hf(x,y))-f(x+h,z+hf(x,z))|] \\
\leqslant&\frac{1}{2}L[|y-z|+|y+hf(x,y)-z-hf(x,z)|] \\
\leqslant&\frac{1}{2}L[|y-z|+|y-z|+Lh|y-z|] \\
\leqslant&\left(L+\frac{1}{2}L^2h_0\right)|y-z|.
\end{aligned}
$$

这说明$\varphi(x,y,h)$在$\Omega=[(x,y,h)|(x,y)\in D,h\in(0,h_0]\}$上关于$y$满足 Lipschitz 条件,而改进 Euler 格式的局部截断误差$\varepsilon_n=O(h^3)$,故由定理 10.3 知,改进 Euler 格式此时是收敛的.

5.讨论解初值问题

$$
\begin{cases}
y'=-10y, & x\in(a,b],\\
y(a)=y_0
\end{cases}
$$

的二阶 Runge-Kutta 方法的绝对稳定性对步长的限制.

解　二阶 Runge-Kutta 格式为

$$
\begin{cases}
y_{n+1}=y_n+h(\omega_1K_1+\omega_2K_2),\\
K_1=-10y_n,\\
K_2=-10(y_n+\beta hK_1),
\end{cases}
$$

即
$$y_{n+1}=[1-10h(\omega_1+\omega_2)+100\omega_2\beta h^2]y_n.$$

因为$\begin{cases}\omega_1+\omega_2=1,\\ \beta\omega_2=1/2,\end{cases}$

所以
$$y_{n+1}=(1-10h+50h^2)y_n.$$

由例 10.3 或例 10.4 的推导过程知,只需令$|1-10h+50h^2|\leqslant1$即可.解之得

$$0<h\leqslant\frac{1}{5}.$$

6. 写出用标准 Runge-Kutta 方法解初值问题

$$\begin{cases} y' = -8y + 7z, \\ z' = x^2 + yz, \qquad x \in (0,1] \\ y(0) = 1, z(0) = 0 \end{cases}$$

的计算格式.

解

$$\begin{cases} y_{n+1} = y_n + \dfrac{h}{6}(K_1 + 2K_2 + 2K_3 + K_4), \\ z_{n+1} = z_n + \dfrac{h}{6}(L_1 + 2L_2 + 2L_3 + L_4), \\ K_1 = -8y_n + 7z_n, \\ L_1 = x_n^2 + y_n z_n, \\ K_2 = -8\left(y_n + \dfrac{h}{2}K_1\right) + 7\left(z_n + \dfrac{h}{2}L_1\right), \\ L_2 = \left(x_n + \dfrac{h}{2}\right)^2 + \left(y_n + \dfrac{h}{2}K_1\right)\left(z_n + \dfrac{h}{2}L_1\right), \\ K_3 = -8\left(y_n + \dfrac{h}{2}K_2\right) + 7\left(z_n + \dfrac{h}{2}L_2\right), \\ L_3 = \left(x_n + \dfrac{h}{2}\right)^2 + \left(y_n + \dfrac{h}{2}K_2\right)\left(z_n + \dfrac{h}{2}L_2\right), \\ K_4 = -8(y_n + hK_3) + 7(z_n + hL_2), \\ L_4 = (x_n + h)^2 + (y_n + hK_3)(z_n + hL_3), \\ y_0 = 1, z_0 = 0, \end{cases}$$

其中 $h = \dfrac{1}{N}$, $n = 0,1,2,\cdots,N-1$.

7. 写出用 Euler 方法及改进 Euler 方法解初值问题

$$\begin{cases} y'' + \sin y = 0, \quad x \in (0,1], \\ y(0) = 1, \quad y'(0) = 0 \end{cases}$$

的计算格式.

解 令 $y' = z$,初值问题化为

$$\begin{cases} y' = z, \\ z' = -\sin y, \\ y(0) = 1, z(0) = 1, \end{cases}$$

Euler 格式为

$$\begin{cases} y_{n+1} = y_n + hz_n, \\ z_{n+1} = z_n - h\sin y_n, \quad n = 0,1,2,\cdots,N-1. \\ y_0 = 1, z_0 = 1, \end{cases}$$

改进 Euler 格式为

$$\begin{cases} y_{n+1} = y_n + \dfrac{h}{2}(K_1 + K_2), \\ z_{n+1} = z_n + \dfrac{h}{2}(L_1 + L_2), \\ K_1 = z_n, \\ L_1 = -\sin y_n, \\ K_2 = z_n + hL_1, \\ L_2 = -\sin(y_n + hK_1), \\ y_0 = 1, z_0 = 1, \end{cases} \quad n = 0,1,2,\cdots,N-1.$$

8. 用差分方法解边值问题

$$\begin{cases} y'' - (1 + x^2)y = 1, \quad x \in (0,1), \\ y(0) = 1, \quad y(1) = 3, \end{cases}$$

取步长 $h = 0.1$.

解　差分格式为

$$\begin{cases} \dfrac{1}{h^2}(y_{n-1} - 2y_n + y_{n+1}) - (1 + x_n^2)y_n = 1, \\ y_0 = 1, \quad y_{10} = 3, \end{cases} \quad n = 1,\cdots,9.$$

整理得

$$\begin{cases} y_{n-1} - [2 + h^2(1 + x_n^2)]y_n + y_{n+1} = h^2, \\ y_0 = 1, \quad y_{10} = 3, \end{cases} \quad n = 1,\cdots,9,$$

此即

$$\begin{cases} -[2+h^2(1+x_1^2)]y_1+y_2=h^2-1, \\ y_{n-1}-[2+h^2(1+x_n^2)]y_n+y_{n+1}=h^2 \quad (n=2,3,\cdots,8), \\ y_8-[2+h^2(1+x_9^2)]y_9=h^2-3. \end{cases}$$

将 $h=0.1, x_n=0.1n$ 代入,解得结果见下表:

x_n	0.1	0.2	0.3	0.4	0.5	0.6	0.7	0.8	0.9
y_n	1.074 6	1.170 1	1.287 7	1.429 4	1.597 6	1.795 8	2.028 5	2.301 3	2.629 1

9. 写出用差分方法解下列边值问题的差分方程组,取步长 $h=0.2$,要求截断误差为 $O(h^2)$.

(1) $\begin{cases} y''-4x^2y=1+2x, \quad x\in(0,2), \\ y'(0)=1, \quad y(2)=2; \end{cases}$

(2) $\begin{cases} (1+x^2)y''-xy'-3y=6x-3, \quad x\in(0,1), \\ y(0)-y'(0)=1, \quad y(1)=2. \end{cases}$

解

(1) $\begin{cases} -3y_0+4y_1-y_2=0.4, \\ 25y_{n-1}-(50+0.16n^2)y_n+25y_{n+1}=1+0.4n(n=1,2,\cdots,9), \\ y_{10}=2. \end{cases}$

(2) $\begin{cases} 8.5y_0-10y_1+2.5y_2=1, \\ (n^2+0.5n+25)y_{n-1}-(2n^2+53)y_n+(n^2-0.5n+25)y_{n+1}=1.2n-3,(n=1,2,3,4), \\ y_5=2. \end{cases}$

第三编　数学物理方程

第 11 章　数学物理方程基本概念

本章重点

1. 二阶线性偏微分方程的分类及标准形式.

2. 定解条件与定解问题的提法.

复习思考题

一、判断题

1. 设 f,g 是二阶可微的任意函数,则 $u=f(x+y)+g(x-y)$ 是偏微分方程

$$u_{xx}-u_{yy}=0$$

的解.　(　　)

2. 二阶线性偏微分方程

$$\sum_{i=1}^{n}\sum_{j=1}^{n}a_{ij}u_{x_ix_j}+\sum_{i=1}^{n}b_iu_{x_i}+cu=f$$

在 $\boldsymbol{x}_0\in\mathbb{R}^n$ 点是椭圆型的,当且仅当实对称矩阵 $\boldsymbol{A}=[a_{ij}]\in\mathbb{R}^{n\times n}$ 在 $\boldsymbol{x}_0$ 点是正定的.　(　　)

3. 常系数二阶线性偏微分方程

$$\sum_{i=1}^{n}\sum_{j=1}^{n}a_{ij}u_{x_ix_j}+\sum_{i=1}^{n}b_iu_{x_i}+cu=f\quad(\text{其中 } a_{ij},b_i,c \text{ 均为常数})$$

在一个区域 $\Omega\in\mathbb{R}^n$ 内,只能属于某一种类型.　(　　)

4. 若已知二阶线性偏微分方程

$$\sum_{i=1}^{n}\sum_{j=1}^{n}a_{ij}u_{x_ix_j}+\sum_{i=1}^{n}b_iu_{x_i}+cu=f$$

在某区域 $\Omega\in\mathbb{R}^n(n\geqslant 3)$ 内是椭圆型的，则能用一个变换将其在 Ω 的各点处化为标准形.（　　）

5.两个自变量的二阶线性偏微分方程

$$a_{11}u_{xx}+2a_{12}u_{xy}+a_{22}u_{yy}+b_1u_x+b_2u_y+cu=f$$

的类型及其标准形只取决于它的主要部分 $a_{11}u_{xx}+2a_{12}u_{xy}+a_{22}u_{yy}$.（　　）

6. $a_{11}u_{xx}+2a_{12}u_{xy}+a_{22}u_{yy}+b_1u_x+b_2u_y+cu=f$

的特征方程为 $a_{11}\left(\frac{\mathrm{d}y}{\mathrm{d}x}\right)^2+2a_{12}\frac{\mathrm{d}y}{\mathrm{d}x}+a_{22}=0$.（　　）

7.波动方程是双曲型方程.（　　）

8.对于 Laplace 方程和 Poisson 方程不需给出初始条件.（　　）

9.无界弦的微小横振动可用 Cauchy 问题

$$\begin{cases}u_t=a^2u_{xx}+f(x,t), & -\infty<x<+\infty,\quad t>0,\\ u|_{t=0}=\varphi(x), & -\infty<x<+\infty\end{cases}$$

来描述.（　　）

10.若一个定解问题的解存在、唯一而且稳定，则此定解问题是适定的.（　　）

二、填空题

1.方程 $u_{tt}=u_{xx}+u_{yy}+u_{zz}+f(x,y,z,t)$ 属于________型.

2.Tricomi 方程 $y\frac{\partial^2u}{\partial x^2}+\frac{\partial^2u}{\partial y^2}=0$，当 $y<0$ 时，有两族实特征线：________和________.

3.方程 $u_{xx}+xu_{yy}=0$，当 $x>0$ 时的标准形为________.

4.热传导方程 $u_t=a^2\Delta u+f$ 属于________型.

5.初始位移为 $\varphi(x)$，初始速度为 $\psi(x)$ 的无界弦的自由振动可表述为定解问题：________.

6.给出未知函数 u 沿边界 Γ 的外法线方向的方向导数值的条件，称为第________类边界条件.

7.只有边界条件而无初始条件的定解问题,称为________问题.

8.$\begin{cases} u_{xx}+u_{yy}=0, & x^2+y^2<1, \\ u|_{x^2+y^2=1}=\varphi(x,y) \end{cases}$ 是 Laplace 方程的________问题.

习题解答

1.证明:

(1)方程 $u_{xx}+u_{yy}=0$ 在$\mathbb{R}^2 \setminus \{(0,0)\}$内有解

$$u(x,y)=\ln\frac{1}{\sqrt{x^2+y^2}};$$

(2)函数 $u=\frac{1}{r}$(其中 $r=\sqrt{(x-x_0)^2+(y-y_0)^2+(z-z_0)^2}\neq 0$)

是方程

$$u_{xx}+u_{yy}+u_{zz}=0$$

的解.

证明　(1)$u(x,y)=\frac{-1}{2}\ln(x^2+y^2)$,

$$u_x=-\frac{x}{x^2+y^2},\quad u_y=-\frac{y}{x^2+y^2},$$

$$u_{xx}=-\frac{y^2-x^2}{(x^2+y^2)^2},\quad u_{yy}=-\frac{x^2-y^2}{(x^2+y^2)^2}\quad (x^2+y^2\neq 0),$$

故　$u_{xx}+u_{yy}=0$.

(2)$u_x=-\frac{1}{r^2}\cdot\frac{x-x_0}{r}=-\frac{x-x_0}{r^3},\quad u_{xx}=\frac{3(x-x_0)^2-r^2}{r^5}$,

由对称性知　$u_{yy}=\frac{3(y-y_0)^2-r^2}{r^5},\quad u_{zz}=\frac{3(z-z_0)^2-r^2}{r^5}$,

所以　
$$u_{xx}+u_{yy}+u_{zz}=\frac{3[(x-x_0)^2+(y-y_0)^2+(z-z_0)^2]-3r^2}{r^5}$$
$$=0.$$

2.设 f 是任意的连续可微函数.验证 $u=f(xy)$满足方程

$$yu_y-xu_x=0.$$

证明　因为 $u=f(xy),\quad u_x=yf'(xy),\quad u_y=xf'(xy)$,

所以 $yu_y - xu_x = xyf'(xy) - xyf'(xy) = 0.$

3.设 $F(z)$,$G(z)$是任意二次可微函数,验证

$$u(x,y) = F(x+\lambda_1 y) + G(x+\lambda_2 y)$$

(其中 λ_1,λ_2 是不相等的常数)

满足方程

$$u_{yy} - (\lambda_1+\lambda_2)u_{xy} + \lambda_1\lambda_2 u_{xx} = 0.$$

证明 因为 $u_x = F' + G'$, $u_y = \lambda_1 F' + \lambda_2 G'$,

$$u_{xx} = F'' + G'', \quad u_{xy} = \lambda_1 F'' + \lambda_2 G'', \quad u_{yy} = \lambda_1^2 F'' + \lambda_2^2 G'',$$

所以

$$\begin{aligned} & u_{yy} - (\lambda_1+\lambda_2)u_{xy} + \lambda_1\lambda_2 u_{xx} \\ = & \lambda_1^2 F'' + \lambda_2^2 G'' - \lambda_1^2 F'' - \lambda_1\lambda_2 F'' - \lambda_1\lambda_2 G'' - \lambda_2^2 G'' + \lambda_1\lambda_2 F'' \\ & + \lambda_1\lambda_2 G'' \\ = & 0. \end{aligned}$$

4.判断下列方程所属类型.

(1) $u_{xx} + 2u_{xy} + u_{yy} - 4u_{yz} + u_{zz} + u_x - 5u_y + x^2 = 0$;

(2) $u_{xx} + xu_{yy} + yu_{zz} + u_{tt} + 6u_x + xytu + f = 0$.

解 (1)此方程主要部分的系数矩阵为

$$\boldsymbol{A} = \begin{bmatrix} 1 & 1 & 0 \\ 1 & 1 & -2 \\ 0 & -2 & 1 \end{bmatrix},$$

令 $$\det(\lambda\boldsymbol{E} - \boldsymbol{A}) = \begin{vmatrix} \lambda-1 & -1 & 0 \\ -1 & \lambda-1 & 2 \\ 0 & 2 & \lambda-1 \end{vmatrix} = (\lambda-1)(\lambda^2-2\lambda-4) = 0,$$

得 $\lambda_1 = 1 > 0, \lambda_2 = 1+\sqrt{5} > 0, \lambda_3 = 1-\sqrt{5} < 0$,故此方程为狭义双曲型.

(2)系数矩阵为 $\boldsymbol{A} = \begin{bmatrix} 1 & & & \\ & x & & \\ & & y & \\ & & & 1 \end{bmatrix}$,特征值为 $\lambda = 1, x, y, 1$,

因此,当 $x>0$ 且 $y>0$ 时,方程为椭圆型;当 $x<0$ 且 $y<0$ 时,方程为超双曲型;当 $xy<0$ 时,方程为狭义双曲型;当 $xy=0$ 时,方程为抛

物型.

5.判断下列方程所属类型并求其标准形式.

(1) $u_{xx}+xu_{yy}=0$;(2) $yu_{xx}+xu_{yy}=0$;(3) $y^2u_{xx}+x^2u_{yy}=0$.

解　(1) $\Delta=-x$,特征方程为 $\left(\frac{\mathrm{d}y}{\mathrm{d}x}\right)^2+x=0$.

1°当 $x<0$ 时,$\Delta>0$,故方程为双曲型.特征方程可化为

$$\frac{\mathrm{d}y}{\mathrm{d}x}=\pm\sqrt{-x},$$

通解为　$y=\pm\frac{2}{3}(-x)^{3/2}+c$,

有两族实特征线

$$\frac{3}{2}y+(-x)^{3/2}=c_1,\quad \frac{3}{2}y-(-x)^{3/2}=c_2.$$

作代换 $\xi=\frac{3}{2}y+(-x)^{3/2}$, $\eta=\frac{3}{2}y-(-x)^{3/2}$,可得标准形式

$$u_{\xi\eta}=\frac{u_\xi-u_\eta}{6(\xi-\eta)},(\xi>\eta).$$

2°当 $x=0$ 时,$\Delta=0$,方程为抛物型,此时方程为 $u_{xx}=0$,显然是标准形式.

3°当 $x>0$ 时,$\Delta<0$,方程为椭圆型,特征方程化为 $\frac{\mathrm{d}y}{\mathrm{d}x}=\pm\mathrm{i}\sqrt{x}$,其通解为 $\frac{3}{2}y+\mathrm{i}x^{3/2}=c$,令 $\xi=\frac{3}{2}y$, $\eta=x^{3/2}$,则有

$$u_x=\frac{3}{2}x^{1/2}u_\eta,\quad u_y=\frac{3}{2}u_\xi,$$

$$u_{xx}=\frac{9}{4}xu_{\eta\eta}+\frac{3}{4}x^{-1/2}u_\eta,\quad u_{yy}=\frac{9}{4}u_{\xi\xi},$$

故　$$u_{xx}+xu_{yy}=\frac{9}{4}xu_{\eta\eta}+\frac{3}{4}x^{-1/2}u_\eta+\frac{9}{4}xu_{\xi\xi}=0,$$

即　$$u_{\xi\xi}+u_{\eta\eta}+\frac{1}{3}x^{-3/2}u_\eta=0,$$

所以标准形式为　$u_{\xi\xi}+u_{\eta\eta}+\frac{1}{3\eta}u_\eta=0.$

(2)显然 x,y 不同时为零,$\Delta=-xy$,$y\left(\frac{\mathrm{d}y}{\mathrm{d}x}\right)^2+x=0$.

1°当 $\Delta=-xy>0$,即在Ⅱ,Ⅳ象限内,方程是双曲型的.特征方程可写为 $\frac{\mathrm{d}y}{\mathrm{d}x}=\pm\sqrt{\frac{-x}{y}}$.

当$(x,y)\in$Ⅱ时,两族实特征线为$(-x)^{3/2}\pm y^{3/2}=c_{1,2}$.

可令 $\xi=(-x)^{3/2}+y^{3/2}$,$\eta=(-x)^{3/2}-y^{3/2}$,得标准形式

$$u_{\xi\eta}+\frac{1}{6}\left(\frac{u_\xi+u_\eta}{\xi+\eta}-\frac{u_\xi-u_\eta}{\xi-\eta}\right)=0.$$

再作变换 $s=\frac{\xi+\eta}{2}$,$t=\frac{\xi-\eta}{2}$,便得另一种标准形式

$$u_{ss}-u_{tt}+\frac{1}{3}\left(\frac{u_s}{s}-\frac{u_t}{t}\right)=0,$$

或直接令 $\xi=(-x)^{3/2}$,$\eta=y^{3/2}$得到

$$u_{\xi\xi}-u_{\eta\eta}+\frac{1}{3}\left(\frac{u_\xi}{\xi}-\frac{u_\eta}{\eta}\right)=0.$$

当$(x,y)\in$Ⅳ时,两族实特征线为 $x^{3/2}\pm(-y)^{3/2}=c_{1,2}$.
可令 $\xi=x^{3/2}$,$\eta=(-y)^{3/2}$得标准形

$$u_{\xi\xi}-u_{\eta\eta}+\frac{1}{3}\left(\frac{u_\xi}{\xi}-\frac{u_\eta}{\eta}\right)=0.$$

2°当 $\Delta=-xy=0$,即在 x 轴或 y 轴上,方程为抛物型.$u_{xx}=0$ 或 $u_{yy}=0$ 就是标准形式.

3°当 $\Delta=-xy<0$,即$(x,y)\in$Ⅰ,Ⅲ时,方程为椭圆型.特征方程化为$\frac{\mathrm{d}y}{\mathrm{d}x}=\pm\mathrm{i}\sqrt{\frac{x}{y}}$,其通解为 $x^{3/2}\pm\mathrm{i}y^{3/2}=c$.

令 $\xi=x^{3/2}$,$\eta=y^{3/2}$,可得标准形式

$$u_{\xi\xi}+u_{\eta\eta}+\frac{1}{3}\left(\frac{u_\xi}{\xi}+\frac{u_\eta}{\eta}\right)=0.$$

(3)显然 x,y 不同时为零,$\Delta=-x^2y^2\leqslant0$,$y^2\left(\frac{\mathrm{d}y}{\mathrm{d}x}\right)^2+x^2=0$.

1°当 $x=0$ 或 $y=0$ 时,$\Delta=0$,方程为抛物型.标准形式为 $u_{xx}=0$ 或

$u_{yy}=0$.

2°当 $x\neq 0$ 且 $y\neq 0$ 时,$\Delta<0$,方程为椭圆型.特征方程化为 $\frac{\mathrm{d}y}{\mathrm{d}x}=\pm\mathrm{i}\left|\frac{x}{y}\right|$,其通解为

$$x^2\pm\mathrm{i}y^2=c.$$

令 $\xi=x^2,\eta=y^2$,得标准形式

$$u_{\xi\xi}+u_{\eta\eta}+\frac{u_\xi}{2\xi}+\frac{u_\eta}{2\eta}=0.$$

6.设有均匀细杆,若其中任一小段有纵向运动,则必然会使它的邻近段受到压缩或拉伸,这种伸缩传开去,即为杆的纵波传播.假设振动过程中所发生的张力服从 Hooke 定律,试导出杆的纵振动方程.

解　建立坐标系如右图.

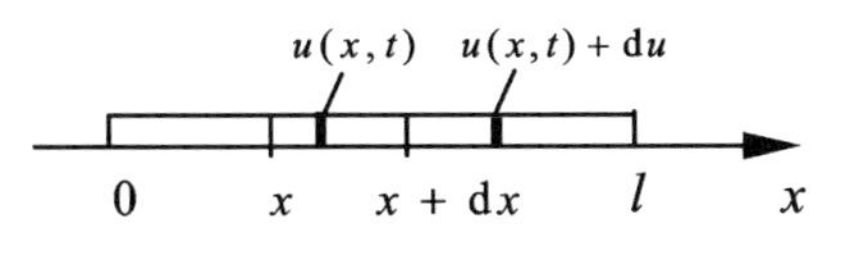

题 6 图

任取一小段 $[x,x+\mathrm{d}x]$.

设在时刻 t,点 x 的纵向位移为 $u(x,t)$,$x+\mathrm{d}x$ 点的纵向位移为 $u+\mathrm{d}u=u+\frac{\partial u}{\partial x}\mathrm{d}x$.

$\mathrm{d}u=\frac{\partial u}{\partial x}\mathrm{d}x$ 是此小段的伸长量,$\frac{\partial u}{\partial x}$ 是相对伸长量.在 x 端相对伸长量为 $u_x(x,t)$,在 $x+\mathrm{d}x$ 端相对伸长量为 $u_x(x+\mathrm{d}x,t)$.

杆段 $[x,x+\mathrm{d}x]$ 受力情况如下.

在点 x 的力 $ESu_x(x,t)$,在 $x+\mathrm{d}x$ 点的力 $ESu_x(x+\mathrm{d}x,t)$,其中 E 是杨氏模量,S 为杆的横截面面积.设杆的密度为 ρ($\rho>0$,常量).

由 Newton 第二定律,有

$$\rho S\mathrm{d}xu_{tt}=ES[u_x(x+\mathrm{d}x,t)-u_x(x,t)]=ESu_{xx}\mathrm{d}x,$$

即 $u_{tt}=\frac{E}{\rho}u_{xx}$,记 $a=\sqrt{\frac{E}{\rho}}$,则有

$$u_{tt}=a^2u_{xx}.$$

若杆在振动过程中还受到一个纵向的持续外力作用,设外力的密度为 $F(x,t)$,则有

$$u_{tt}=a^2u_{xx}+f(x,t),$$

其中 $\quad f(x,t)=\dfrac{F(x,t)}{\rho}.$

7.试推导一维和二维热传导方程.

解 一维:建立坐标系如图1.

设杆上任一点 x 在时刻 t 的温度为$u(x,t)$.在杆上任取一小段$[x,x+\mathrm{d}x]$,考察在时段$[t,t+\mathrm{d}t]$内,杆段$[x,x+\mathrm{d}x]$上热量流动情况.

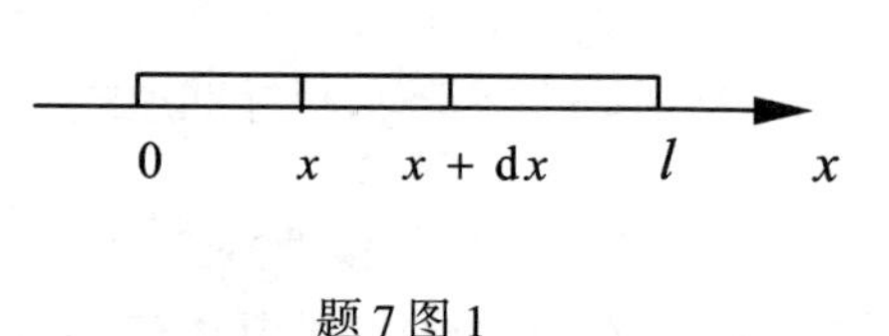

题7图1

由 Fourier 定律知,在$[t,t+\mathrm{d}t]$内,沿 x 轴正向流过点 x 处横截面的热量

$$\mathrm{d}Q=-k\frac{\partial u}{\partial x}S\mathrm{d}t \quad (S\text{ 为杆的横截面面积}),$$

故在$[t,t+\mathrm{d}t]$内流入$[x,x+\mathrm{d}x]$内的热量为

$$\begin{aligned}Q_1&=-k\frac{\partial u}{\partial x}\bigg|_x S\mathrm{d}t-\left(-k\frac{\partial u}{\partial x}\bigg|_{x+\mathrm{d}x}S\mathrm{d}t\right)\\&=k[u_x(x+\mathrm{d}x,t)-u_x(x,t)]S\mathrm{d}t=ku_{xx}S\mathrm{d}x\mathrm{d}t.\end{aligned}$$

由杆内强度为 $F(x,t)$(单位时间内单位体积产生的热量)的热源在$[t,t+\mathrm{d}t]$内于$[x,x+\mathrm{d}x]$上发出的热量为 $Q_2=F(x,t)S\mathrm{d}x\mathrm{d}t$.

由于升温而吸收的热量

$$Q_3=c\rho S\mathrm{d}x[u(x,t+\mathrm{d}t)-u(x,t)]=c\rho Su_t\mathrm{d}x\mathrm{d}t \quad (c\text{ 为杆的比热容}).$$

由热量守恒定律知 $Q_3=Q_1+Q_2$,即

$$c\rho Su_t\mathrm{d}x\mathrm{d}t=ku_{xx}S\mathrm{d}x\mathrm{d}t+F(x,t)S\mathrm{d}x\mathrm{d}t,$$

化简得 $u_t=\dfrac{k}{c\rho}u_{xx}+\dfrac{F(x,t)}{c\rho}$.若记 $a=\sqrt{\dfrac{k}{c\rho}}$,$f=\dfrac{F}{c\rho}$,则得

$$u_t=a^2u_{xx}+f.$$

二维:如图2建立坐标系.

设在任意时刻 t 薄板内任一点 $M(x,y)$ 的温度为 $u(x,y,t)$. 过点 M 在薄板内任取闭曲线 l. l 所围面积为 σ. $\boldsymbol{n}$ 为点 M 处 $\mathrm{d}l$ 的外法线单位向量. $\boldsymbol{\tau}$ 为单位切向量.

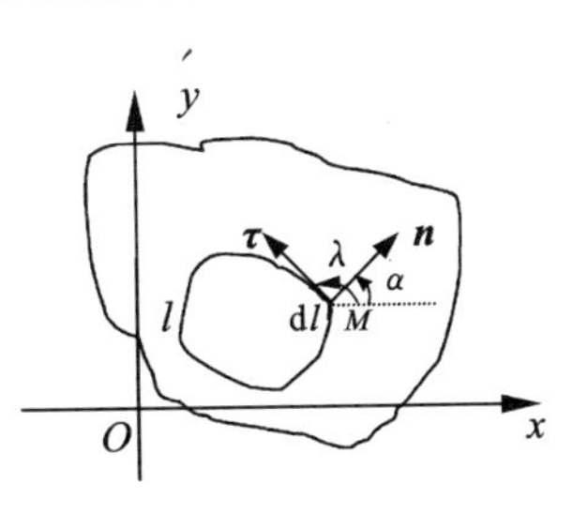

题 7 图 2

由 Fourier 定律知,在 $[t,t+\mathrm{d}t]$ 内经过长为 $\mathrm{d}l$ 的边界流出的热量为

$$\begin{aligned}
\mathrm{d}Q &= -k\frac{\partial u}{\partial n}\mathrm{d}t\mathrm{d}l = -k\,\mathrm{grad}\,u\cdot\boldsymbol{n}\,\mathrm{d}l\mathrm{d}t \\
&= -k\,\mathrm{grad}\,u\cdot\{\cos\alpha,\sin\alpha\}\mathrm{d}l\mathrm{d}t \\
&= -k\,\mathrm{grad}\,u\cdot\{\sin\lambda,-\cos\lambda\}\mathrm{d}l\mathrm{d}t \\
&= -k\left(\frac{\partial u}{\partial x}\sin\lambda-\frac{\partial u}{\partial y}\cos\lambda\right)\mathrm{d}l\mathrm{d}t \\
&= -k\left\{-\frac{\partial u}{\partial y},\frac{\partial u}{\partial x}\right\}\cdot\boldsymbol{\tau}\,\mathrm{d}l\mathrm{d}t,
\end{aligned}$$

因此,在 $[t_1,t_2]$ 内流出 σ 的热量为

$$\begin{aligned}
Q_1 &= \int_{t_1}^{t_2}\left[\oint_l -k\left\{-\frac{\partial u}{\partial y},\frac{\partial u}{\partial x}\right\}\cdot\boldsymbol{\tau}\,\mathrm{d}l\right]\mathrm{d}t \\
&= -\int_{t_1}^{t_2}\mathrm{d}t\iint_\sigma\left[\frac{\partial}{\partial x}\left(k\frac{\partial u}{\partial x}\right)+\frac{\partial}{\partial y}\left(k\frac{\partial u}{\partial y}\right)\right]\mathrm{d}\sigma.
\end{aligned}$$

由强度为 $F(x,y,t)$ 的内部热源在 $[t_1,t_2]$ 时间段于 σ 内产生的热量为

$$Q_2=\int_{t_1}^{t_2}\mathrm{d}t\iint_\sigma F(x,y,t)\mathrm{d}\sigma.$$

由于温度升高所吸收的热量为

$$\begin{aligned}
Q_3 &= \iint_\sigma c\rho[u(x,y,t_2)-u(x,y,t_1)]\mathrm{d}\sigma \\
&= \iint_\sigma\left[c\rho\int_{t_1}^{t_2}u_t(x,y,t)\mathrm{d}t\right]\mathrm{d}\sigma \\
&= \int_{t_1}^{t_2}\mathrm{d}t\iint_\sigma c\rho u_t(x,y,t)\mathrm{d}\sigma.
\end{aligned}$$

由 $\quad Q_3 = Q_2 - Q_1$,

有 $$\int_{t_1}^{t_2} \mathrm{d}t \iint_{\sigma} c\rho u_t(x,y,t)\mathrm{d}\sigma$$
$$= \int_{t_1}^{t_2} \mathrm{d}t \iint_{\sigma} \left[\frac{\partial}{\partial x}\left(k\frac{\partial u}{\partial x}\right) + \frac{\partial}{\partial y}\left(k\frac{\partial u}{\partial y}\right) + F(x,y,t) \right] \mathrm{d}\sigma.$$

由 σ 及 t_1, t_2 的任意性得

$$c\rho u_t(x,y,z) = \frac{\partial}{\partial x}\left(k\frac{\partial u}{\partial x}\right) + \frac{\partial}{\partial y}\left(k\frac{\partial u}{\partial y}\right) + F(x,y,t).$$

当薄板均匀且各向同性时,c,ρ,k 均为常数,故有

$$u_t = a^2\left(\frac{\partial^2 u}{\partial x^2} + \frac{\partial^2 u}{\partial y^2}\right) + f(x,y,t),$$

其中 $a = \sqrt{\dfrac{k}{c\rho}}$, $\quad f = \dfrac{F}{c\rho}$.

8.弦在阻尼介质中做微小横振动,单位长度受到的阻力与速度成正比,试推导弦的阻尼振动方程.

解 同教材的方法,分析小段$\widehat{MM'}$上受力情况.

$F_{阻} = -Ku_t\Delta x$,垂直方向的张力 $Tu_{xx}\Delta x$.

由 Newton 第二定律得

$$\rho\Delta x u_{tt} = Tu_{xx}\Delta x - Ku_t\Delta x,$$

所以 $$u_{tt} + ku_t = a^2 u_{xx} \quad \left(k = \frac{K}{\rho}\right).$$

9.设某种溶质在溶液中扩散,以 $u(x,y,z,t)$表示溶液中任一点 $M(x,y,z)$处在时刻 t 的浓度.根据 Nernst 定律,溶质在时间区间$[t,t+\mathrm{d}t]$内通过点 M 处面积为 $\mathrm{d}S$ 的曲面扩散的质量为 $\mathrm{d}M = -D\dfrac{\partial u}{\partial n}\mathrm{d}S\mathrm{d}t$,其中 D 是扩散系数,$\boldsymbol{n}$ 是小曲面块 $\mathrm{d}S$ 的外法线单位向量.试导出 u 所满足的偏微分方程.

解 推导过程完全同三维热传导方程,此处从略,方程为

$$u_t = a^2\Delta u \quad (a = \sqrt{D}).$$

10.长为 l 的均匀杆,上端固定于电梯轿厢天花板,杆身竖直,下端

自由.电梯以匀速 v_0 下降,在 $t=0$ 时突然停止而引起杆的纵振动.写出描述此杆振动过程的定解问题.

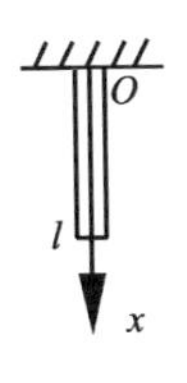

题 10 图

解

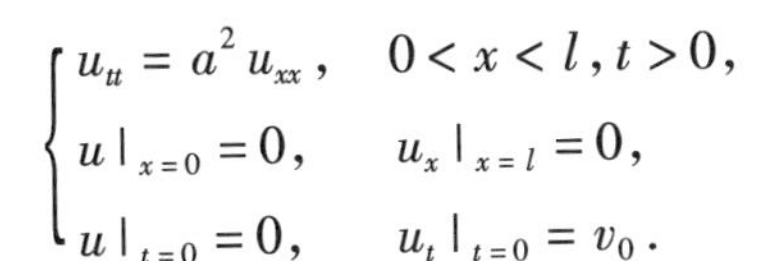

$$\begin{cases} u_{tt}=a^2u_{xx}, & 0<x<l,t>0, \\ u|_{x=0}=0, & u_x|_{x=l}=0, \\ u|_{t=0}=0, & u_t|_{t=0}=v_0. \end{cases}$$

11.长为 l 的均匀杆,内部无热源,两端有恒定热流进入,其强度为 q_0,初始温度分布为 $\varphi(x)$.试写出其定解问题.

解 由 Fourier 定律知,流过 $x=0$端的热量为

$$q_0A\mathrm{d}t=-k\frac{\partial u}{\partial x}A\mathrm{d}t,$$

题 11 图

流过 $x=l$ 端的热量为

$$q_0A\mathrm{d}t=-k\left(-\frac{\partial u}{\partial x}\right)A\mathrm{d}t=k\frac{\partial u}{\partial x}A\mathrm{d}t,$$

故得边界条件

$$\left.\frac{\partial u}{\partial x}\right|_{x=0}=-\frac{q_0}{k},\quad \left.\frac{\partial u}{\partial x}\right|_{x=l}=\frac{q_0}{k}.$$

所以定解问题为

$$\begin{cases} u_t=a^2u_{xx}, & 0<x<l,t>0, \\ u_x|_{x=0}=-q_0/k, & u_x|_{x=l}=q_0/k, \\ u|_{t=0}=\varphi(x). \end{cases}$$

12.设圆柱体 Ω 内无自由电荷,其侧面和下底接地(即电势为零),上底的电势已知.试写出描述 Ω 内静电场的电势分布的定解问题.

解 设 Ω 是由柱面 $x^2+y^2=a^2$,平面 $z=0,z=h$ 围成的圆柱体.因为 Ω 内无自由电荷,所以电势满足方程 $\Delta u=0,(x,y,z)\in\Omega$.

由于侧面和下底接地,故有 $u|_{x^2+y^2=a^2}=0,u|_{z=0}=0$;设上底电势分布为 $f(x,y)$,即 $u|_{z=h}=f(x,y)$.

因此,定解问题为

$$\begin{cases}\Delta u=0,(x,y,z)\in\Omega,\\ u|_{x^2+y^2=a^2}=0,\quad u|_{z=0}=0,\quad u|_{z=h}=f(x,y).\end{cases}$$

13.设球面 $r=a$ 上的温度分布为 $g(\theta,\varphi)$，球体内温度呈稳定状态，在球坐标系中，写出相应的定解问题.

解

$$\begin{cases}\dfrac{1}{r^2}\dfrac{\partial}{\partial r}\left(r^2\dfrac{\partial u}{\partial r}\right)+\dfrac{1}{r^2\sin\theta}\dfrac{\partial}{\partial\theta}\left(\sin\theta\dfrac{\partial u}{\partial\theta}\right)+\dfrac{1}{r^2\sin^2\theta}\dfrac{\partial^2 u}{\partial\varphi^2}=f(r,\theta,\varphi),\\ u|_{r=a}=g(\theta,\varphi).\end{cases}$$

14.考察一矩形薄膜的自由横振动，设其四边固定，初始时刻处于水平位置，但有横向运动的速度，试写出相应的定解问题.

解 如图建立坐标系.由题设条件可得定解问题(设初始速度为 $\psi(x,y)$)：

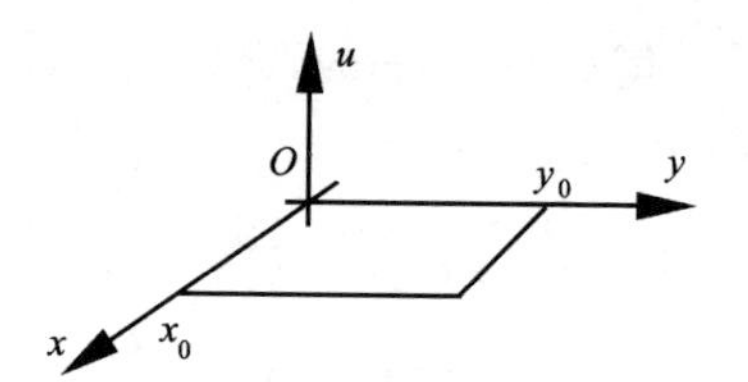

题 14 图

$$\begin{cases}u_{tt}=a^2(u_{xx}+u_{yy}),\quad 0<x<x_0,\quad 0<y<y_0,\quad t>0,\\ u|_{x=0}=u|_{x=x_0}=u|_{y=0}=u|_{y=y_0}=0,\quad t\geqslant 0,\\ u|_{t=0}=0,\quad u_t|_{t=0}=\psi(x,y),\quad 0<x<x_0,\quad 0<y<y_0.\end{cases}$$

第 12 章　定解问题的分离变量解法

本章重点

1.叠加原理,分离变量法,各种边界条件下的固有值与固有函数系.

2.固有函数法,非齐次边界条件的齐次化.

3.Legendre 多项式与 Bessel 函数在分离变量法中的应用.

复习思考题

一、判断题

1.设 u_k 是二阶线性偏微分方程

$$Lu=f_k,\quad k=1,2,\cdots$$

的解,若 $u=\sum_{k=1}^{\infty}c_k u_k$ 收敛,且可对各个自变量逐项求导两次,则 u 是二阶线性偏微分方程

$$Lu=\sum_{k=1}^{\infty}c_k f_k$$

的解.　(　　)

2.对于定解问题

$$\begin{cases}u_{tt}=u_{xx}+e^t\sin x, & 0<x<l,\quad t>0,\\ u|_{x=0}=0, & u|_{x=l}=0,\\ u|_{t=0}=\varphi(x), & u_t|_{t=0}=\psi(x)\end{cases}$$

能直接使用分离变量法求解.　(　　)

3.由 $\begin{cases}u_{tt}=u_{xx}, & 0<x<l,\quad t>0,\\ u_x|_{x=0}=0, & u_x|_{x=l}=0\end{cases}$ 得到的固有值为

$$\lambda_n=\left(\frac{n\pi}{l}\right)^2,\quad n=1,2,\cdots.$$

(　　)

4.由$\begin{cases} u_{tt} = u_{xx}, & 0 < x < l, \quad t > 0, \\ u|_{x=0} = 0, & u_x|_{x=l} = 0 \end{cases}$得到的固有函数系为

$\left\{\sin\frac{(2n-1)\pi x}{2l}\right\}, n = 1, 2, \cdots.$ (　　)

5.对于非齐次边界条件$\begin{cases} u|_{x=0} = \mu_1(t), \\ u_x|_{x=l} = \nu_2(t), \end{cases}$只需令 $u(x,t) = \nu(x,t) + v_2(t)x + \mu_1(t)$,即可使得关于 $v(x,t)$的边界条件是齐次的. (　　)

6.固有函数法适用于“非齐次方程、齐次边界条件”的混合问题. (　　)

7.对于任何“非齐次方程、非齐次边界条件”的混合问题,必能通过引入适当的辅助函数,使得方程和边界条件同时齐次化. (　　)

8.借助自然边界条件,可利用分离变量法求解圆域上的 Laplace 方程的定解问题. (　　)

9.固有值问题$\begin{cases} \Phi''(\theta) + \cot\theta \cdot \Phi'(\theta) + \lambda\Phi(\theta) = 0, \\ \Phi(\theta)\text{有界}, 0 \leqslant \theta \leqslant \pi \end{cases}$的固有函数系为$\{\mathrm{p}_n(\cos\theta)\}(n = 0, 1, 2, \cdots)$,其中 $\mathrm{p}_n(x)$是 n 阶 Legendre 多项式. (　　)

10.设 $\mathrm{J}_n(x)$是 n 阶第一类 Bessel 函数,则$\forall n \in \mathbb{N}$,有

$\mathrm{J}_n(-x) = (-1)^n \mathrm{J}_n(x).$ (　　)

二、填空题

1.由分离变量法得定解问题

$$\begin{cases} u_t = a^2 u_{xx}, & 0 < x < l, \quad t > 0, \\ u|_{x=0} = 0, & u|_{x=l} = 0, \\ u|_{t=0} = \varphi(x) \end{cases}$$

的级数形式的解为 $u(x,t) = \sum_{k=1}^{\infty} a_n e^{-\left(\frac{n\pi a}{l}\right)^2 t} \sin\frac{n\pi x}{l}$,则其中 $a_n =$ ______.

2.由$\begin{cases} u_{tt} = u_{xx}, & 0 < x < l, \quad t > 0, \\ u_x|_{x=0} = 0, & u_x|_{x=l} = 0 \end{cases}$得到的固有函数系为

______.

3.在使用固有函数法解定解问题

$$\begin{cases} u_{tt}=a^2u_{xx}+f(x,t), & 0<x<l, \quad t>0, \\ u|_{x=0}=0, & u|_{x=l}=0, \\ u|_{t=0}=\varphi(x), & u_t|_{t=0}=\psi(x) \end{cases}$$

时,其解应设为 $u(x,t)=$ ______________.

4.为使定解问题

$$\begin{cases} u_{tt}=u_{xx}+\cos\dfrac{2\pi x}{l}, & 0<x<l, \quad t>0, \\ u|_{x=0}=1, & u|_{x=l}=2, \\ u|_{t=0}=\varphi(x), & u_t|_{t=0}=\psi(x) \end{cases}$$

中的方程和边界条件能同时齐次化,而设 $u(x,t)=v(x,t)+w(x)$,则可选 $w(x)=$______.

5.由分离变量法得到的波动方程混合问题的级数解,有明显的物理意义,故分离变量法又称为______法.

6.在使用固有函数法解"非齐次方程、齐次边界条件"的定解问题时,为最终确定级数解中的系数,必须将自由项 $f(x,t)$也展为关于______的 Fourier 级数.

7.设 $l>0$ 为常数,$\nu>-1$,$\mu_k^{(\nu)}$ 是 ν 阶 Bessel 函数 $J_\nu(x)$的第 $k(k=1,2,\cdots)$个正零点,$\rho(x)=x$,则函数系$\left\{J_\nu\left(\dfrac{\mu_k^{(\nu)}}{l}x\right)\right\}$是 Hilbert 空间 $L_\rho^2[0,l]$中的______正交系.

习题解答

1.解定解问题

$$\begin{cases} u_{tt}=a^2u_{xx}, & 0<x<l, \quad t>0, \\ u|_{x=0}=0, & u|_{x=l}=0, \\ u|_{t=0}=0, & u_t|_{t=0}=x(l-x). \end{cases}$$

解 令 $u(x,t)=X(x)T(t)$,代入方程并分离变量得

$$\frac{T''(t)}{a^2T(t)}=\frac{X''(x)}{X(x)}\overset{设}{=}-\lambda,$$

即 $$T''(t)+\lambda a^2T(t)=0,\quad X''(t)+\lambda X(x)=0;$$

由 $u|_{x=0}=0, u|_{x=l}=0$ 得 $X(0)=X(l)=0$,固有值问题为

$$\begin{cases}X''(x)+\lambda X(x)=0,\\ X(0)=0,\quad X(l)=0.\end{cases}$$

由此得固有值 $\lambda_n=\left(\frac{n\pi}{l}\right)^2$ 及 $X_n(x)=B_n\sin\frac{n\pi}{l}x,\quad n=1,2,\cdots.$

由 $T''(t)+\left(\frac{n\pi a}{l}\right)^2T(t)=0$,得

$$T_n(t)=C_n\cos\frac{n\pi at}{l}+D_n\sin\frac{n\pi a}{l}t,\quad n=1,2,\cdots.$$

由初始条件得 $0=\sum\limits_{n=1}^{\infty}a_n\sin\frac{n\pi x}{l},\quad x(l-x)=\sum\limits_{n=1}^{\infty}\frac{n\pi a}{l}b_n\sin\frac{n\pi x}{l}$,

于是得 $a_n=0,\quad n=1,2,\cdots.$

$$\begin{aligned}b_n&=\frac{2}{n\pi a}\int_0^l(lx-x^2)\sin\frac{n\pi x}{l}\mathrm{d}x\\&=\frac{2}{n\pi a}\left[\frac{-l^2}{n\pi}x\cos\frac{n\pi x}{l}\Big|_0^l+\frac{l^2}{n\pi}\int_0^l\cos\frac{n\pi x}{l}\mathrm{d}x+\frac{l}{n\pi}x^2\cos\frac{n\pi x}{l}\Big|_0^l-\frac{2l}{n\pi}\int_0^l x\cos\frac{n\pi x}{l}\mathrm{d}x\right]\\&=\frac{2}{n\pi a}\left[\frac{-(-1)^nl^3}{n\pi}+\frac{(-1)^nl^3}{n\pi}+\frac{l^3}{n^2\pi^2}\sin\frac{n\pi x}{l}\Big|_0^l\right.\\&\qquad\left.-\frac{2l^2}{n^2\pi^2}x\sin\frac{n\pi x}{l}\Big|_0^l+\frac{2l^2}{n^2\pi^2}\int_0^l\sin\frac{n\pi x}{l}\mathrm{d}x\right]\\&=\frac{2}{n\pi a}\left[-\frac{2l^2}{n^2\pi^2}\frac{l}{n\pi}\cos\frac{n\pi x}{l}\right]_0^l\\&=\frac{4l^3}{n^4\pi^4a}[1-(-1)^n]=\begin{cases}0, & n\text{ 为偶数},\\ \frac{8l^3}{n^4\pi^4a}, & n\text{ 为奇数}.\end{cases}\end{aligned}$$

所以 $$u(x,t)=\frac{8l^3}{\pi^4a}\sum_{k=1}^{\infty}\frac{1}{(2k-1)^4}\sin\frac{(2k-1)\pi at}{l}\sin\frac{(2k-1)\pi}{l}x.$$

2.长为 l 的细杆,内部无热源,两个端点温度保持 0℃,已知初始温度分布为 $\sin\frac{2\pi x}{l}$,求杆的温度分布.

解　定解问题为

$$\begin{cases} u_t = a^2 u_{xx}, & 0<x<l, \quad t>0, \\ u|_{x=0}=0, & u|_{x=l}=0, \\ u|_{t=0}=\sin\dfrac{2\pi x}{l}. \end{cases}$$

由例 12.3 知:固有值为 $\lambda_n = \left(\dfrac{n\pi}{l}\right)^2$;

固有函数系为

$$\left\{\sin\frac{n\pi}{l}x\right\}, n=1,2,\cdots;$$

$$T_n(t) = C_n e^{-\left(\frac{n\pi a}{l}\right)^2 t}, \quad n=1,2,\cdots.$$

所以　$$u(x,t) = \sum_{n=1}^{\infty} C_n e^{-\left(\frac{n\pi a}{l}\right)^2 t}\sin\frac{n\pi}{l}x.$$

由初始条件得 $\displaystyle\sum_{n=1}^{\infty} C_n \sin\frac{n\pi}{l}x = \sin\frac{2\pi x}{l}$,

故　$$C_n = \frac{2}{l}\int_0^l \sin\frac{n\pi x}{l}\sin\frac{2\pi x}{l}dx = \begin{cases} 0, & n\neq 2, \\ 1, & n=2, \end{cases}$$

因此　$$u(x,t) = e^{-\left(\frac{2\pi a}{l}\right)^2 t}\sin\frac{2\pi}{l}x.$$

3.求解下列定解问题.

(1) $$\begin{cases} u_{tt} = a^2 u_{tt}, & 0<x<\pi, \quad t>0, \\ u_x|_{x=0}=0, & u_x|_{x=\pi}=0, \\ u|_{t=0}=\sin x, & u_t|_{t=0}=0; \end{cases}$$

(2) $$\begin{cases} u_t = a^2 u_{xx}, & 0<x<l, \quad t>0, \\ u_x|_{x=0}=0, & u_x|_{x=l}=0, \\ u|_{t=0}=x. \end{cases}$$

解　(1)固有值为 $\lambda_n = n^2$;

固有函数系为 $\{\beta_n(x)\} = \{\cos nx\}, n=0,1,2,\cdots$.

$$T_0(t) = a_0 + b_0 t,$$

$$T_n(t) = a_n\cos nat + b_n\sin nat, \quad n=1,2,\cdots.$$

所以 $$u(x,t)=a_0+b_0t+\sum_{n=1}^{\infty}(a_n\cos nat+b_n\sin nat)\cos nx.$$

由初始条件得

$$\begin{cases}\sin x=a_0+\sum\limits_{n=1}^{\infty}a_n\cos nx,\\ 0=b_0+\sum\limits_{n=1}^{\infty}nab_n\cos nx,\end{cases}$$

故 $$a_0=\frac{1}{\pi}\int_0^{\pi}\sin x\mathrm{d}x=\frac{2}{\pi},$$

$$a_1=\frac{2}{\pi}\int_0^{\pi}\sin x\cos x\mathrm{d}x=0,$$

当 $n>1$ 时,

$$\begin{aligned}a_n&=\frac{2}{\pi}\int_0^{\pi}\sin x\cos nx\mathrm{d}x\\&=\frac{1}{\pi}\int_0^{\pi}[-\sin(n-1)x+\sin(n+1)x]\mathrm{d}x\\&=\frac{1}{\pi}\left[\frac{\cos(n-1)x}{n-1}\bigg|_0^{\pi}-\frac{\cos(n+1)x}{n+1}\bigg|_0^{\pi}\right]\\&=\frac{1}{\pi}\left[\frac{(-1)^{n-1}-1}{n-1}+\frac{1-(-1)^{n+1}}{n+1}\right]\\&=\begin{cases}0, & \text{当 } n \text{ 为奇数},\\ \dfrac{4}{\pi}\dfrac{1}{1-n^2}, & \text{当 } n \text{ 为偶数}.\end{cases}\end{aligned}$$

$$b_0=0,\quad b_n=0,\quad n=1,2,\cdots.$$

故 $$u(x,t)=\frac{2}{\pi}+\frac{4}{\pi}\sum_{k=1}^{\infty}\frac{1}{1-4k^2}\cos 2kat\cos 2kx.$$

(2) $\lambda_n=\left(\frac{n\pi}{l}\right)^2,\quad n=0,1,2,\cdots;$

固有函数系为

$$\left\{\cos\frac{n\pi x}{l}\right\},\quad n=0,1,2,\cdots.$$

$$T_n(t)=a_n\mathrm{e}^{-\left(\frac{n\pi a}{l}\right)^2t},\quad n=0,1,2,\cdots.$$

故　　$u(x,t)=\sum_{n=0}^{\infty}a_n e^{-\left(\frac{n\pi a}{l}\right)^2 t}\cos\frac{n\pi}{l}x.$

因为　　$u(x,0)=x=\sum_{n=0}^{\infty}a_n\cos\frac{n\pi}{l}x,$

所以　　$a_0=\frac{1}{l}\int_0^l x\mathrm{d}x=\frac{l}{2},$

$$a_n=\frac{2}{l}\int_0^l x\cos\frac{n\pi x}{l}\mathrm{d}x=\frac{2}{l}\left[\frac{l}{n\pi}x\sin\frac{n\pi x}{l}\Big|_0^l-\frac{l}{n\pi}\int_0^l\sin\frac{n\pi x}{l}\mathrm{d}x\right]$$

$$=\frac{2l}{n^2\pi^2}\cos\frac{n\pi x}{l}\Big|_0^l=\frac{2l[(-1)^n-1]}{n^2\pi^2}$$

$$=\begin{cases}0, & \text{当 } n \text{ 为偶数},\\ \frac{-4l}{n^2\pi^2}, & \text{当 } n \text{ 为奇数},\end{cases}\quad n=1,2,\cdots.$$

故　　$u(x,t)=\frac{l}{2}-\frac{4l}{\pi^2}\sum_{k=1}^{\infty}\frac{1}{(2k-1)^2}e^{-\left[\frac{(2k-1)\pi a}{l}\right]^2 t}\cos\frac{(2k-1)\pi}{l}x.$

4.求下列定解问题的解.

(1)$\begin{cases}u_{tt}=a^2u_{xx}, & 0<x<l,\quad t>0,\\ u_x|_{x=0}=0, & u|_{x=l}=0,\\ u|_{t=0}=x\sin\frac{\pi x}{l}, & u_t|_{t=0}=0;\end{cases}$

(2)$\begin{cases}u_t=a^2u_{xx}, & 0<x<l,\quad t>0,\\ u|_{x=0}=0, & u_x|_{x=l}=0,\\ u|_{t=0}=\varphi(x).\end{cases}$

解　(1)$\lambda_n=\left[\frac{(2n-1)\pi}{2l}\right]^2,$

$\{\beta_n(x)\}=\left\{\cos\frac{(2n-1)\pi}{2l}x\right\},\quad n=1,2,\cdots;$

$T_n(t)=a_n\cos\frac{(2n-1)\pi at}{2l}+b_n\sin\frac{(2n-1)\pi at}{2l},\quad n=1,2,\cdots.$

$$u(x,t)=\sum_{n=1}^{\infty}\left[a_n\cos\frac{(2n-1)\pi at}{2l}+b_n\sin\frac{(2n-1)\pi at}{2l}\right]\cos\frac{(2n-1)\pi}{2l}x.$$

由初始条件得　$a_n=\frac{2}{l}\int_0^l x\sin\frac{\pi x}{l}\cos\frac{(2n-1)\pi x}{2l}\mathrm{d}x$

$$= \frac{32l}{\pi^2} \frac{(-1)^{n+1}(2n-1)}{(2n-3)^2(2n+1)^2}, \quad n=1,2,\cdots.$$

$$b_n = 0, \quad n=1,2,\cdots,$$

$$u(x,t) = \frac{32l}{\pi^2} \sum_{n=1}^{\infty} \frac{(-1)^{n+1}(2n-1)}{(2n-3)^2(2n+1)^2} \cos \frac{(2n-1)\pi at}{2l} \cos \frac{(2n-1)\pi x}{2l}.$$

(2) $\lambda_n = \left[\frac{(2n-1)\pi a}{2l}\right]^2$,

$$\{\beta_n(x)\} = \left\{\sin \frac{(2n-1)\pi}{2l} x\right\}, \quad n=1,2,\cdots;$$

$$T_n(t) = c_n \mathrm{e}^{-\left[\frac{(2n-1)\pi a}{2l}\right]^2 t}, \quad n=1,2,\cdots.$$

故 $$u(x,t) = \sum_{n=1}^{\infty} c_n \mathrm{e}^{-\left[\frac{(2n-1)\pi a}{2l}\right]^2 t} \sin \frac{(2n-1)\pi}{2l} x,$$

其中 $$c_n = \frac{2}{l}\int_0^l \varphi(x) \sin \frac{(2n-1)\pi x}{2l} \mathrm{d}x, \quad n=1,2,\cdots.$$

5. 长为 l 的细杆，内部无热源，$x=0$ 端绝热，$x=l$ 端热量自由散发至0℃的介质中去，已知初始温度为 $\varphi(x)$，求杆的温度分布 $u(x,t)$.

解 定解问题为

$$\begin{cases} u_t = a^2 u_{xx}, \quad 0<x<l, \quad t>0, \\ u_x|_{x=0} = 0, \quad (u_x + hu)|_{x=l} = 0 \ (h>0), \\ u|_{t=0} = \varphi(x). \end{cases}$$

固有值为 $\lambda_n = \left(\frac{\nu_n}{l}\right)^2$，$\nu_n$ 是 $\tan \nu = \frac{lh}{\nu}$ 的正根 $(n=1,2,\cdots)$；固有函数系为

$$\left\{\cos \frac{\nu_n x}{l}\right\}, \quad n=1,2,\cdots.$$

$$T_n(t) = c_n \mathrm{e}^{-\left(\frac{a\nu_n}{l}\right)^2 t}, \quad n=1,2,\cdots.$$

故 $$u(x,t) = \sum_{n=1}^{\infty} c_n \mathrm{e}^{-\left(\frac{a\nu_n}{l}\right)^2 t} \cos \frac{\nu_n x}{l},$$

其中 $$c_n = \frac{\int_0^l \varphi(x) \cos \frac{\nu_n x}{l} \mathrm{d}x}{\int_0^l \cos^2 \frac{\nu_n x}{l} \mathrm{d}x},$$ ν_n 是 $\tan \nu = \frac{lh}{\nu}$ 的正根 $(n=1,2,\cdots)$.

6.求解下列定解问题.

(1) $\begin{cases} u_{tt}=a^2u_{xx}+x(l-x), & 0<x<l, \quad t>0, \\ u|_{x=0}=0, \quad u|_{x=l}=0, \\ u|_{t=0}=0, \quad u_t|_{t=0}=0; \end{cases}$

(2) $\begin{cases} u_{tt}=a^2u_{xx}+\sin\dfrac{3\pi x}{2l}\sin\dfrac{3\pi at}{2l}, & 0<x<l, \quad t>0, \\ u|_{x=0}=0, \quad u_x|_{x=l}=0, \\ u|_{t=0}=0, \quad u_t|_{t=0}=0; \end{cases}$

(3) $\begin{cases} u_t=a^2u_{xx}+A\sin \omega t, & 0<x<l, \quad t>0, \\ u_x|_{x=0}=u_x|_{x=l}=0, \\ u|_{t=0}=\dfrac{A}{\omega}. \end{cases}$

解　(1)因为$\{\beta_n(x)\}=\left\{\sin\dfrac{n\pi x}{l}\right\}(n=1,2,\cdots)$,

故设　$u(x,t)=\sum\limits_{n=1}^{\infty}T_n(t)\sin\dfrac{n\pi x}{l}$.

代入方程得

$$\sum_{n=1}^{\infty}\left[T_n''(t)+\left(\frac{n\pi a}{l}\right)^2T_n(t)\right]\sin\frac{n\pi x}{l}=x(l-x)$$

$$=\sum_{n=1}^{\infty}f_n\cdot\sin\frac{n\pi x}{l},$$

其中　$f_n=\dfrac{2}{l}\displaystyle\int_0^l(lx-x^2)\sin\dfrac{n\pi x}{l}\mathrm{d}x=\dfrac{4l^2}{n^3\pi^3}[1-(-1)^n],\quad n=1,2,\cdots,$

从而有　$T_n''(t)+\left(\dfrac{n\pi a}{l}\right)^2T_n(t)=\dfrac{4l^2}{n^3\pi^3}[1-(-1)^n]$.

由初始条件得　$T_n(0)=0,\quad T_n'(0)=0,\quad n=1,2,\cdots$.

$$\bar{T}_n(t)=A_n\cos\frac{n\pi at}{l}+B_n\sin\frac{n\pi at}{l},$$

$$T_n^*(t)=C_n=\frac{4l^4[1-(-1)^n]}{n^5\pi^5a^2},n=1,2,\cdots,$$

于是　$T_n(t)=A_n\cos\dfrac{n\pi at}{l}+B_n\sin\dfrac{n\pi at}{l}+\dfrac{4l^4[1-(-1)^n]}{n^5\pi^5a^2}$,

由 $T_n(0)=0$,得 $A_n=-\dfrac{4l^4[1-(-1)^n]}{n^5\pi^5a^2}$,由 $T'_n(0)=0$ 得 $B_n=0$.

所以

$$u(x,t)=\frac{4l^4}{\pi^5a^2}\sum_{n=1}^{\infty}\frac{1-(-1)^n}{n^5}\left(1-\cos\frac{n\pi at}{l}\right)\sin\frac{n\pi x}{l}$$

$$=\frac{8l^4}{\pi^5a^2}\sum_{k=1}^{\infty}\frac{1}{(2k-1)^5}\left[1-\cos\frac{(2k-1)\pi at}{l}\right]\sin\frac{(2k-1)\pi x}{l}.$$

(2)固有函数系为$\left\{\sin\dfrac{(2n-1)\pi}{2l}x\right\}(n=1,2,\cdots)$,

设 $$u(x,t)=\sum_{n=1}^{\infty}T_n(t)\sin\frac{(2n-1)\pi}{l}x.$$

代入方程并考虑初始条件得

$$\begin{cases}T''_n(t)+\left[\dfrac{(2n-1)\pi a}{2l}\right]^2T_n(t)=0,\\ T_n(0)=0,\quad T'_n(0)=0,\end{cases}\quad n=1,3,4,\cdots,$$

$$\begin{cases}T''_2(t)+\left(\dfrac{3\pi a}{2l}\right)^2T_2(t)=\sin\dfrac{3\pi at}{2l},\\ T_2(0)=0,\quad T'_2(0)=0.\end{cases}$$

解之得 $T_n(t)=0,\quad n=1,3,4\cdots,$

$$T_2(t)=\frac{1}{3\pi a}\left(\frac{2l}{3\pi a}\sin\frac{3\pi at}{2l}-t\cos\frac{3\pi at}{2l}\right),$$

所以 $$u(x,t)=\frac{l}{3\pi a}\left[\frac{2l}{3\pi a}\sin\frac{3\pi at}{2l}-t\cos\frac{3\pi at}{2l}\right]\sin\frac{3\pi}{2l}x.$$

(3)固有函数系为$\left\{\cos\dfrac{n\pi}{l}x\right\}(n=0,1,2,\cdots)$,

令 $$u(x,t)=\sum_{n=0}^{\infty}T_n(t)\cos\frac{n\pi}{l}x.$$

代入方程得

$$T'_0(t)=A\sin\omega t,$$

$$T'_n(t)+\left(\frac{n\pi a}{l}\right)T_n(t)=0,\quad n=1,2,\cdots.$$

由初始条件得 $T_0(0)=\dfrac{A}{\omega},\quad T_n(0)=0,n=1,2,\cdots.$

解得　$T_0(t)=\dfrac{A}{\omega}(2-\cos\omega t),\quad T_n(t)=0.$

故　$u(x,t)=\dfrac{A}{\omega}(2-\cos\omega t).$

7.求解下列定解问题.

(1) $\begin{cases} u_{tt}=a^2u_{xx}-2ku_t, & 0<x<l,\quad t>0, \\ u|_{x=0}=0, & u|_{x=l}=0, \\ u|_{t=0}=0, & u_t|_{t=0}=\psi(x), \end{cases}\quad \left(0<k<\dfrac{\pi a}{l}\right);$

(2) $\begin{cases} u_t=a^2u_{xx}-b^2u+g, & 0<x<l,\quad t>0, \\ u|_{x=0}=0, & u|_{x=l}=0, \\ u|_{t=0}=0. \end{cases}\quad (b,g\text{ 为常数}),$

解　(1)设 $u(x,t)=X(x)T(t)$,代入方程及边界条件并分离变量得

$$T''(t)+2kT'(t)+\lambda a^2T(t)=0,$$

及固有值问题　$\begin{cases} X''(x)+\lambda X(x)=0, \\ X(0)=0,\quad X(l)=0. \end{cases}$

由此可得 $\lambda_n=\left(\dfrac{n\pi}{l}\right)^2,\quad \{\beta_n(x)\}=\left\{\sin\dfrac{n\pi}{l}x\right\},\quad n=1,2,\cdots.$

将 λ_n 代入关于 $T(t)$的方程得

$$T''(t)+2kT'(t)+\left(\frac{n\pi a}{l}\right)^2T(t)=0.$$

因为　$r^2+2kr+\left(\dfrac{n\pi a}{l}\right)^2=0$,　且 $0<k<\dfrac{\pi a}{l}$,

所以　$r_{1,2}=-k\pm \mathrm{i}\sqrt{\left(\dfrac{n\pi a}{l}\right)^2-k^2}$,

于是　$T_n(t)=\mathrm{e}^{-kt}(a_n\cos\omega_nt+b_n\sin\omega_nt)$,

其中　$\omega_n=\sqrt{\left(\dfrac{n\pi a}{l}\right)^2-k^2}\quad (n=1,2,\cdots)$,

故　$u(x,t)=\displaystyle\sum_{n=1}^{\infty}\mathrm{e}^{-kt}(a_n\cos\omega_nt+b_n\sin\omega_nt)\sin\frac{n\pi}{l}x.$

由初始条件得 $a_n=0,b_n=\dfrac{2}{l\omega_n}\int_0^l\psi(x)\sin\dfrac{n\pi x}{l}\mathrm{d}x,n=1,2,\cdots,$

所以 $$u(x,t)=\sum_{n=1}^{\infty}b_n\mathrm{e}^{-kt}\sin\omega_n t\sin\frac{n\pi x}{l}.$$

(2)先求固有函数系.

对于 $\begin{cases}u_t=a^2u_{xx}-b^2u, & 0<x<l, \quad t>0,\\ u|_{x=0}=0, & u|_{x=l}=0.\end{cases}$

令 $$u(x,t)=X(x)T(t)\text{代入方程得}$$
$$T'(t)X(x)=a^2X''(x)T(t)-b^2X(x)T(t),$$

即 $$\frac{T'(t)+b^2T(t)}{a^2T(t)}=\frac{X''(x)}{X(x)}\overset{\text{设}}{=}-\lambda.$$

固有值问题为
$$\begin{cases}X''(x)+\lambda X(x)=0,\\ X(0)=0,X(l)=0.\end{cases}$$

固有值为 $\lambda_n=\left(\dfrac{n\pi}{l}\right)^2$,固有函数系为$\left\{\sin\dfrac{n\pi}{l}x\right\},n=1,2,\cdots.$

再用固有函数法求原定解问题的解.

设 $u(x,t)=\sum\limits_{n=1}^{\infty}T_n(t)\sin\dfrac{n\pi x}{l}$,代入原方程得
$$\sum_{n=1}^{\infty}\left[T_n'(t)+\left(\frac{n\pi a}{l}\right)^2T_n(t)+b^2T_n(t)\right]\sin\frac{n\pi x}{l}$$
$$=g=\sum_{n=1}^{\infty}g_n\sin\frac{n\pi}{l}x,$$

其中 $$g_n=\frac{2}{l}\int_0^l g\cdot\sin\frac{n\pi}{l}x\mathrm{d}x=\frac{2g}{l}\frac{-l}{n\pi}\cos\frac{n\pi x}{l}\Big|_0^l=\frac{2g}{n\pi}[1-(-1)^n].$$

由此得
$$T_n'(t)+\left[\left(\frac{n\pi a}{l}\right)^2+b^2\right]T_n(t)=\frac{2g}{n\pi}[1-(-1)^n],$$
$$T_n(t)=C_n\mathrm{e}^{-\frac{n^2\pi^2a^2+l^2b^2}{l^2}t}+\frac{2l^2g}{n\pi(n^2\pi^2a^2+l^2b^2)}[1-(-1)^n],n=1,2,\cdots.$$

由初始条件得 $T_n(0)=0$,从而 $C_n=-\dfrac{2l^2g[1-(-1)^n]}{n\pi(n^2\pi^2a^2+l^2b^2)}$,于是

$$T_n(t)=\frac{2l^2g\cdot[1-(-1)^n]}{n\pi(n^2\pi^2a^2+l^2b^2)}\left(1-e^{-\frac{n^2\pi^2a^2+l^2b^2}{l^2}t}\right),\quad n=1,2,\cdots.$$

故
$$u(x,t)=\frac{2l^2g}{\pi}\sum_{n=1}^{\infty}\frac{1-(-1)^n}{n(n^2\pi^2a^2+l^2b^2)}\left(1-e^{-\frac{n^2\pi^2a^2+l^2b^2}{l^2}t}\right)\sin\frac{n\pi}{l}x.$$

8.求解下列定解问题.

$$(1)\begin{cases}u_{tt}=a^2u_{xx}+A, & 0<x<l,\quad t>0,\\ u|_{x=0}=0, & u|_{x=l}=B,\\ u|_{t=0}=0, & u_t\Big|_{t=0}=0\end{cases}\qquad (A,B\text{ 为常数});$$

$$(2)\begin{cases}u_t=a^2u_{xx}, & 0<x<l,\quad t>0,\\ u_x|_{x=0}=\dfrac{q}{k}, & u_x|_{x=1}=-\dfrac{q}{k},\\ u|_{t=0}=A\end{cases}\qquad (A,q,k\text{ 为常数});$$

$$(3)\begin{cases}u_t=u_{xx}, & 0<x<l,\quad t>0,\\ u|_{x=0}=t, & u|_{x=1}=0,\\ u|_{t=0}=0.\end{cases}$$

解　(1)这是稳定的非齐次问题,令 $u(x,t)=V(x,t)+W(x)$,由原定解问题得(见例 12.9)

$$(\text{i})\begin{cases}a^2\ W''(x)=-A,\\ W(0)=0,W(l)=B,\end{cases}\quad 及\quad (\text{ii})\begin{cases}V_{tt}=a^2V_{xx},\\ V|_{x=0}=0,u|_{x=l}=0,\\ V|_{t=0}=-W(x),V_t|_{t=0}=0.\end{cases}$$

由(i)得　$W(x)=-\dfrac{A}{2a^2}x^2+\left(\dfrac{Al}{2a^2}+\dfrac{B}{l}\right)x,$

由(ii)得　$V(x,t)=\displaystyle\sum_{n=1}^{\infty}C_n\cos\frac{n\pi a}{l}t\sin\frac{n\pi}{l}x,$

其中
$$\begin{aligned}C_n&=\frac{2}{l}\int_0^l-W(x)\sin\frac{n\pi x}{l}\mathrm{d}x\\&=\frac{2}{l}\int_0^l\left[\frac{A}{2a^2}x^2-\left(\frac{Al}{2a^2}+\frac{B}{l}\right)x\right]\sin\frac{n\pi x}{l}\mathrm{d}x\\&=\frac{-2Al^2}{n^3\pi^3a^2}+\frac{2\cdot(-1)^n}{n\pi}\left(\frac{Al^2}{n^2\pi^2a^2}+B\right),\quad n=1,2,\cdots.\end{aligned}$$

故 $u(x,t)=W(x)+V(x,t)$

$$=-\frac{A}{2a^2}x^2+\left(\frac{Al}{2a^2}+\frac{B}{l}\right)x$$

$$+2\sum_{n=1}^{\infty}\left\{\frac{Al^2[(-1)^n-1]}{n^3\pi^3a^2}+\frac{(-1)^nB}{n\pi}\right\}\cos\frac{n\pi at}{l}\sin\frac{n\pi x}{l}.$$

(2)这也是稳定的问题，设 $u(x,t)=V(x,t)+W(x)$.

可选 $W(x)=\frac{-q}{lk}x^2+\frac{q}{k}x$(见 12.2 二)，则 $V(x,t)$满足

$$\begin{cases}V_t=a^2V_{xx}-\frac{2a^2q}{lk},\\ V_x|_{x=0}=0,V_x|_{x=l}=0,\\ V|_{t=0}=A+\frac{q}{lk}x^2-\frac{q}{k}x.\end{cases}$$

此定解问题的固有函数系为$\left\{\cos\frac{n\pi}{l}x\right\}(n=0,1,2,\cdots)$，故令

$$V(x,t)=\sum_{n=0}^{\infty}T_n(t)\cos\frac{n\pi x}{l}.$$

将其代入方程得

$$T'_0(t)+\frac{2a^2q}{lk}=0,$$

$$T'_n(t)+\left(\frac{n\pi a}{l}\right)^2T_n(t)=0,\quad n=1,2,\cdots.$$

解之得

$$T_0(t)=-\frac{2a^2q}{lk}t+C_0,\quad T_n(t)=C_ne^{-\left(\frac{n\pi a}{l}\right)^2t},n=1,2,\cdots.$$

于是

$$V(x,t)=-\frac{2a^2q}{lk}t+C_0+\sum_{n=1}^{\infty}C_ne^{-\left(\frac{n\pi a}{l}\right)^2t}\cos\frac{n\pi x}{l}.$$

由初始条件得

$$C_0+\sum_{n=1}^{\infty}C_n\cos\frac{n\pi x}{l}=A+\frac{q}{lk}x^2-\frac{q}{k}x,$$

故

$$C_0=\frac{1}{l}\int_0^l\left(A+\frac{q}{lk}x^2-\frac{q}{k}x\right)\mathrm{d}x=A-\frac{lq}{6k},$$

$$C_n=\frac{2}{l}\int_0^l\left(A+\frac{q}{lk}x^2-\frac{q}{k}x\right)\cos\frac{n\pi x}{l}\mathrm{d}x$$

$$=\frac{2lq}{k\pi^2}\frac{1+(-1)^n}{n^2},\quad n=1,2,\cdots.$$

所以 $$u(x,t)=-\frac{q}{lk}x^2+\frac{q}{k}x+A-\frac{lq}{6k}-\frac{2a^2q}{lk}t$$

$$+\frac{lq}{k\pi^2}\sum_{n=1}^{\infty}\frac{1}{n^2}\mathrm{e}^{-\left(\frac{2n\pi a}{l}\right)^2t}\cos\frac{2n\pi x}{l}.$$

(3)令 $u(x,t)=V(x,t)+W(x,t)$.

只需取 $W(x,t)=-xt+t$,则原定解问题即可化为带齐次边界条件的定解问题:

$$\begin{cases}V_t=V_{xx}+x-1,\\ V|_{x=0}=0,V|_{x=1}=0,\\ V_{t=0}=0.\end{cases}$$

易知,应设 $\sum\limits_{n=1}^{\infty}T_n(t)\sin n\pi x$.将其代入方程 $V_t=V_{xx}+x-1$ 得

$$\sum_{n=1}^{\infty}T_n'(t)\sin n\pi x=\sum_{n=1}^{\infty}T_n(t)(-n^2\pi^2)\sin n\pi x+\sum_{n=1}^{\infty}f_n\cdot\sin n\pi x,$$

其中 $$f_n=2\int_0^1(x-1)\sin n\pi x\mathrm{d}x=\frac{-2}{n\pi},\quad n=1,2,\cdots.$$

比较上式两边 $\sin n\pi x$ 的系数,并由初始条件得

$$\begin{cases}T_n'(t)+n^2\pi^2T_n(t)=\dfrac{-2}{n\pi},\\ T_n(0)=0,\end{cases}\quad n=1,2,\cdots.$$

解之得 $$T_n(t)=\frac{2}{\pi^3}\frac{1}{n^3}(\mathrm{e}^{-n^2\pi^2t}-1),\quad n=1,2,\cdots,$$

于是 $$V(x,t)=\frac{2}{\pi^3}\sum_{n=1}^{\infty}\frac{1}{n^3}(\mathrm{e}^{-n^2\pi^2t}-1)\sin n\pi x.$$

所以原定解问题的解为

$$u(x,t)=W(x,t)+V(x,t)$$

$$= t - xt + \frac{2}{\pi^3}\sum_{n=1}^{\infty}\frac{1}{n^3}(\mathrm{e}^{-n^2\pi^2 t} - 1)\sin n\pi x.$$

9.解下列定解问题.

(1) $\begin{cases} u_{xx} + u_{yy} = 0, \quad 0 < x < a, \quad 0 < y < b, \\ u|_{x=0} = 0, \quad u|_{x=a} = Ay, \\ u_y|_{y=0} = 0, \quad u_y|_{y=b} = 0; \end{cases}$

(2) $\begin{cases} u_{xx} + u_{yy} = -2y, \quad 0 < x < 1, \quad 0 < y < 1, \\ u|_{x=0} = u|_{x=1} = 0, \\ u|_{y=0} = u|_{y=1} = 0. \end{cases}$

解 (1)令 $u(x,y) = X(x)Y(y)$,
代入方程并分离变量得

$$\frac{Y''(y)}{Y(y)} = -\frac{X''(x)}{X(x)} \overset{令}{=} -\lambda,$$

则 $\quad X''(x) - \lambda X(x) = 0, \quad Y''(x) + \lambda Y(y) = 0.$

由齐次边界条件得 $Y'(0) = 0, Y'(b) = 0$.于是固有值问题为

$$\begin{cases} Y''(y) + \lambda Y(y) = 0, 0 < y < b, \\ Y'(0) = Y'(b) = 0. \end{cases}$$

由此得固有值为 $\lambda_n = \left(\frac{n\pi}{b}\right)^2$,固有函数系为$\left\{\cos\frac{n\pi y}{b}\right\}, n = 0,1,2,\cdots$.

关于 $X(x)$的方程为 $\quad X_0''(x) = 0,$

$$X_n''(x) - \left(\frac{n\pi}{b}\right)^2 X_n(x) = 0, \quad n = 1,2,\cdots,$$

解之得

$$X_0(x) = C_0 + D_0 x, \quad X_n(x) = C_n \mathrm{e}^{\frac{n\pi}{b}x} + D_n \mathrm{e}^{-\frac{n\pi}{b}x}, \quad n = 1,2,\cdots.$$

所以 $\quad u(x,y) = C_0 + D_0 x + \sum_{n=1}^{\infty}(C_n \mathrm{e}^{\frac{n\pi x}{b}} + D_n \mathrm{e}^{-\frac{n\pi x}{b}})\cos\frac{n\pi y}{b}.$

由 $u|_{x=0} = 0, u|_{x=a} = Ay$,得

$$\begin{cases} C_0 + \sum_{n=1}^{\infty}(C_n + D_n)\cos\frac{n\pi}{b}y = 0, \\ C_0 + D_0 a + \sum_{n=1}^{\infty}(C_n \mathrm{e}^{\frac{n\pi a}{b}} + D_n \mathrm{e}^{-\frac{n\pi a}{b}})\cos\frac{n\pi}{b}y = Ay, \end{cases}$$

解得

$$C_0=0,\quad C_n+D_n=0,\quad n=1,2,\cdots;$$

$$D_0=\frac{1}{a}\frac{1}{b}\int_0^b Ay\,\mathrm{d}y=\frac{Ab}{2a},$$

$$C_n\mathrm{e}^{\frac{n\pi a}{b}}+D_n\mathrm{e}^{-\frac{n\pi a}{b}}=\frac{2}{b}\int_0^b Ay\cos\frac{n\pi y}{b}\mathrm{d}y=\frac{2Ab}{n^2\pi^2}[(-1)^n-1].$$

即

$$C_n=-D_n=\frac{Ab[(-1)^n-1]}{n^2\pi^2\mathrm{sh}\,(n\pi a/b)},$$

$$=\begin{cases}0, & \text{当 } n=2k,\\ \dfrac{-2Ab}{(2k-1)^2\pi^2\mathrm{sh}\,[(2k-1)\pi a/b]}, & \text{当 } n=2k-1,\end{cases}\quad k\in\mathbb{N}.$$

$$u(x,y)=\frac{Ab}{2a}x-\frac{4Ab}{\pi^2}\sum_{k=1}^{\infty}\frac{\mathrm{sh}\,[(2k-1)\pi x/b]}{(2k-1)^2\mathrm{sh}\,[(2k-1)\pi a/b]}\cos\frac{(2k-1)\pi}{b}y.$$

(2)由 $\begin{cases}u_{xx}+u_{yy}=0,\\ u|_{x=0}=0,\quad u|_{x=1}=0,\end{cases}$

得固有值 $\lambda_n=(n\pi)^2$ 及固有函数系

$$\{\sin n\pi x\},\quad n=1,2,\cdots.$$

故设

$$u(x,y)=\sum_{n=1}^{\infty}Y_n(y)\sin n\pi x.$$

代入原方程得

$$\sum_{n=1}^{\infty}[-n^2\pi^2Y_n(y)+Y_n''(y)]\sin n\pi x=-2y=\sum_{n=1}^{\infty}f_n\cdot\sin n\pi x,$$

其中

$$f_n=2\int_0^1-2y\sin n\pi x\,\mathrm{d}x=\frac{4y}{\pi}\frac{(-1)^n-1}{n},\quad n=1,2,\cdots.$$

于是有

$$\begin{cases}Y_n''(y)-n^2\pi^2Y_n(y)=\dfrac{4y}{\pi}\cdot\dfrac{(-1)^n-1}{n},\\ Y_n(0)=0,\quad Y_n(1)=0,\end{cases}\quad n=1,2,\cdots.$$

易知 $\overline{Y_n}(y)=a_n\mathrm{e}^{n\pi y}+b_n\mathrm{e}^{-n\pi y}$；设 $Y_n^*(y)=Ay+B$，代入非齐次方程可定出 $B=0,A=\dfrac{4[1-(-1)^n]}{\pi^3n^3}$，于是 $Y_n^*(y)=\dfrac{4[1-(-1)^n]}{\pi^3n^3}y$，故通解为

$$Y_n(y)=\bar{Y}_n(y)+Y_n^*(y)=a_n e^{n\pi y}+b_n e^{-n\pi y}+\frac{4[1-(-1)^n]}{\pi^3 n^3}y.$$

由 $Y_n(0)=0$,得 $a_n+b_n=0$;

由 $Y_n(1)=0$,得 $a_n e^{n\pi}+b_n e^{-n\pi}=\frac{4[(-1)^n-1]}{\pi^3 n^3}$,

解之得 $a_n=-b_n=\frac{2[(-1)^n-1]}{\pi^3 n^3 \operatorname{sh}(n\pi)}, \quad n=1,2,\cdots.$

故 $Y_n(y)=\frac{4[(-1)^n-1]}{\pi^3 n^3}\left[\frac{\operatorname{sh}(n\pi y)}{\operatorname{sh}(n\pi)}-y\right], \quad n=1,2,\cdots.$

所以

$$u(x,y)=\sum_{n=1}^{\infty}\frac{4[(-1)^n-1]}{\pi^3 n^3}\left[\frac{\operatorname{sh}(n\pi y)}{\operatorname{sh}(n\pi)}-y\right]\sin n\pi x$$

$$=\frac{8}{\pi^3}\sum_{k=1}^{\infty}\frac{1}{(2k-1)^3}\left\{y-\frac{\operatorname{sh}[(2k-1)\pi y]}{\operatorname{sh}[(2k-1)\pi]}\right\}\sin(2k-1)\pi x.$$

10.均匀薄板占据区域:$0\leqslant x\leqslant a, 0\leqslant y<+\infty$;内部无热源,边界上温度为 $u|_{x=0}=0, u|_{x=a}=0, u|_{y=0}=u_0, \lim\limits_{y\to+\infty}u=0$,求板的稳定温度分布.

解 定解问题为

$$\begin{cases}u_{xx}+u_{yy}=0,\\ u|_{x=0}=u|_{x=a}=0,\\ u|_{y=0}=u_0,\ \lim\limits_{y\to+\infty}u=0.\end{cases}$$

易知固有值为 $\lambda_n=\left(\frac{n\pi}{a}\right)^2$,固有函数系为$\left\{\sin\frac{n\pi}{a}x\right\}, n=1,2,\cdots.$

故设 $u(x,y)=\sum\limits_{n=1}^{\infty}Y_n(y)\sin\frac{n\pi}{a}x$,

其中 $Y_n(y)$满足$Y_n''(y)-\left(\frac{n\pi}{a}\right)^2Y_n(y)=0$,

即 $Y_n(y)=a_n e^{\frac{n\pi y}{a}}+b_n e^{-\frac{n\pi y}{a}}, n=1,2,\cdots.$

所以,

$$u(x,y)=\sum_{n=1}^{\infty}\left(a_n e^{\frac{n\pi y}{a}}+b_n e^{-\frac{n\pi y}{a}}\right)\sin\frac{n\pi}{a}x.$$

由 $\lim\limits_{y\to+\infty}u=0$ 知,有 $a_n=0$,即

$$u(x,y)=\sum_{n=1}^{\infty}b_n e^{-\frac{n\pi y}{a}}\sin\frac{n\pi x}{a};$$

又由　$$u|_{y=0}=\sum_{n=1}^{\infty}b_n\sin\frac{n\pi x}{a}=u_0,$$

得　$$b_n=\frac{2}{a}\int_0^a u_0\sin\frac{n\pi x}{a}\mathrm{d}x=\frac{2u_0}{n\pi}[1-(-1)^n],\quad n=1,2,\cdots.$$

故　$$u(x,y)=\frac{4u_0}{\pi}\sum_{k=1}^{\infty}\frac{1}{2k-1}e^{-\frac{(2k-1)\pi y}{a}}\sin\frac{(2k-1)\pi}{a}x.$$

11. 求解扇形域 $D=\{(\rho,\theta)|0\leqslant\rho\leqslant a,0\leqslant\theta\leqslant\beta\}$ 内的边值问题

$$\begin{cases}\Delta u=0,\\ u|_{\theta=0}=0,\quad u|_{\theta=\beta}=0,\\ u|_{\rho=a}=f(\theta).\end{cases}$$

解　设 $u(\rho,\theta)=R(\rho)\Phi(\theta)$，代入方程

$$\Delta u=u_{\rho\rho}+\frac{1}{\rho}u_\rho+\frac{1}{\rho^2}u_{\theta\theta}=0,$$

并分离变量得

$$\frac{\rho^2R''(\rho)+\rho R'(\rho)}{R(\rho)}=-\frac{\Phi''(\theta)}{\Phi(\theta)}\overset{设}{=}\lambda,$$

于是有　$$\rho^2R''(\rho)+\rho R'(\rho)-\lambda R(\rho)=0,$$

及　$$\begin{cases}\Phi''(\theta)+\lambda\Phi(\theta)=0,\\ \Phi(0)=0,\quad \Phi(\beta)=0.\end{cases}$$

因此固有值为 $\lambda_n=\left(\frac{n\pi}{\beta}\right)^2$，固有函数系为 $\left\{\sin\frac{n\pi}{\beta}\theta\right\}$，$n=1,2,\cdots$.

将 $\lambda_n=\left(\frac{n\pi}{\beta}\right)^2$ 代入关于 $R(\rho)$ 的方程得

$$\rho^2R_n''(\rho)+\rho R_n'(\rho)-\left(\frac{n\pi}{\beta}\right)^2R_n(\rho)=0,\quad n=1,2,\cdots.$$

这是齐次的 Euler 方程，其通解为

$$R_n(\rho)=C_n\rho^{\frac{n\pi}{\beta}}+D_n\rho^{-\frac{n\pi}{\beta}},\quad n=1,2,\cdots.$$

由于解是有界的，故应有 $\lim\limits_{\rho\to0}R_n(\rho)<+\infty$，于是应有 $D_n=0$，所以

$$u(\rho,\theta)=\sum_{n=1}^{\infty}C_n\rho^{\frac{n\pi}{\beta}}\sin\frac{n\pi}{\beta}\theta.$$

又由 $u(a,\theta)=f(\theta)=\sum\limits_{n=1}^{\infty}C_n a^{\frac{n\pi}{\beta}}\sin\frac{n\pi}{\beta}\theta$，得

$$C_n=a^{-\frac{n\pi}{\beta}}\cdot\frac{2}{\beta}\int_0^{\beta}f(\theta)\sin\frac{n\pi}{\beta}\theta\mathrm{d}\theta,\quad n=1,2,\cdots,$$

因此 $$u(\rho,\theta)=\frac{2}{\beta}\sum_{n=1}^{\infty}\left[a^{-\frac{n\pi}{\beta}}\int_0^{\beta}f(\theta)\sin\frac{n\pi}{\beta}\theta\mathrm{d}\theta\right]\rho^{\frac{n\pi}{\beta}}\sin\frac{n\pi}{\beta}\theta.$$

12. 在圆域 $D=\{(x,y)\mid x^2+y^2\leqslant 1\}$ 内求解定解问题

$$\begin{cases}u_{xx}+u_{yy}=\sqrt{x^2+y^2},\\ u\mid_{x^2+y^2=1}=2.\end{cases}$$

解 采用极坐标系，定解问题化为

$$\begin{cases}u_{\rho\rho}+\dfrac{1}{\rho}u_{\rho}+\dfrac{1}{\rho^2}u_{\theta\theta}=\rho,\quad 0<\rho<1,\quad 0\leqslant\theta\leqslant 2\pi,\\ u\mid_{\rho=1}=2.\end{cases}$$

设 $u(\rho,\theta)=R(\rho)\Phi(\theta)$，由齐次方程分离变量并利用周期性条件得固有值问题

$$\begin{cases}\Phi''(\theta)+\lambda\Phi(\theta)=0,\\ \Phi(\theta)=\Phi(\theta+2\pi),\end{cases}$$

解之得固有值 $\lambda_n=n^2$，固有函数系为

$$\{\Phi_n(\theta)\}=\{A_n\cos n\theta+B_n\sin n\theta\},n=0,1,2,\cdots.$$

故设 $$u(\rho,\theta)=R_0(\rho)+\sum_{n=1}^{\infty}[R_n(\rho)\cos n\theta+S_n(\rho)\sin n\theta].$$

将其代入原方程得

$$R_0''(\rho)+\frac{1}{\rho}R_0'(\rho)+\sum_{n=1}^{\infty}\left\{\left[R_n''(\rho)+\frac{1}{\rho}R_n'(\rho)-\frac{n^2}{\rho^2}R_n(\rho)\right]\cos n\theta\right.$$
$$\left.+\left[S_n''(\rho)+\frac{1}{\rho}S_n'(\rho)-\frac{n^2}{\rho^2}S_n(\rho)\right]\sin n\theta\right\}=\rho,$$

由此得

$$\begin{cases} R_0''(\rho)+\dfrac{1}{\rho}R_0'(\rho)=\rho, \\ R_n''(\rho)+\dfrac{1}{\rho}R_n'(\rho)-\dfrac{n^2}{\rho^2}R_n(\rho)=0, \quad 0<\rho<1, n=1,2,\cdots. \\ S_n''(\rho)+\dfrac{1}{\rho}S_n'(\rho)-\dfrac{n^2}{\rho^2}S_n(\rho)=0, \end{cases}$$

由边界条件得

$$R_0(1)+\sum_{n=1}^{\infty}[R_n(1)\cos n\theta+S_n(1)\sin n\theta]=2,$$

即　$$R_0(1)=2,\quad R_n(1)=0,\quad S_n(1)=0,\quad n=1,2,\cdots.$$

再利用有界性边界条件得

$$|R_0(0)|<+\infty, |R_n(0)|<+\infty, |S_n(0)|<+\infty.$$

于是有

$$\begin{cases} \rho^2 R_0''(\rho)+\rho R_0'(\rho)=\rho^3, \\ R_0(1)=2, |R_0(0)|<+\infty; \end{cases}$$

$$\begin{cases} \rho^2 R_n''(\rho)+\rho R_n'(\rho)-n^2R_n(\rho)=0, \\ R_n(1)=0, |R_n(0)|<+\infty, \end{cases} \quad n=1,2,\cdots;$$

$$\begin{cases} \rho^2 S_n''(\rho)+\rho S_n'(\rho)-n^2S_n(\rho)=0, \\ S_n(1)=0, |S_n(0)|<+\infty, \end{cases} \quad n=1,2,\cdots.$$

解得 $R_0(\rho)=\dfrac{1}{9}\rho^3+\dfrac{17}{9}$，　$R_n(\rho)=0$，　$S_n(\rho)=0$，　$n=1,2,\cdots$.

所以　$$u(\rho,\theta)=\frac{1}{9}\rho^3+\frac{17}{9},$$

即　$$u(x,y)=\frac{1}{9}(x^2+y^2)^{3/2}+\frac{17}{9}.$$

13.在圆环域 $D=\{(x,y)\mid a\leqslant\sqrt{x^2+y^2}\leqslant b, 0<a<b\}$ 内求解定解问题

$$\begin{cases} \dfrac{\partial^2 u}{\partial x^2}+\dfrac{\partial^2 u}{\partial y^2}=12(x^2-y^2), \quad a^2<x^2+y^2<b^2, \\ u|_{x^2+y^2=a^2}=0, \quad \left.\dfrac{\partial u}{\partial n}\right|_{x^2+y^2=b^2}=0. \end{cases}$$

解 在极坐标系中,定解问题表示为

$$\begin{cases} u_{\rho\rho}+\dfrac{1}{\rho}u_{\rho}+\dfrac{1}{\rho^2}u_{\theta\theta}=12\rho^2\cos 2\theta, & a<\rho<b, \\ u|_{\rho=a}=0, \quad u_{\rho}\Big|_{\rho=b}=0 \end{cases}$$

由上题讨论知,固有函数系为

$$\{A_n\cos n\theta+B_n\sin n\theta\}(n=0,1,2,\cdots),$$

故设定解问题的解为

$$u(\rho,\theta)=\sum_{n=0}^{\infty}[A_n(\rho)\cos n\theta+B_n(\rho)\sin n\theta],$$

代入方程并整理得

$$\sum_{n=0}^{\infty}\left\{\left[A_n''(\rho)+\frac{1}{\rho}A_n'(\rho)-\frac{n^2}{\rho^2}A_n(\rho)\right]\cos n\theta+\left[B_n''(\rho)+\frac{1}{\rho}B_n'(\rho)-\frac{n^2}{\rho^2}B_n(\rho)\right]\sin n\theta\right\}=12\rho^2\cos 2\theta.$$

比较两端关于 $\cos n\theta,\sin n\theta$ 的系数得

$$A_2''(\rho)+\frac{1}{\rho}A_2'(\rho)-\frac{4}{\rho^2}A_2(\rho)=12\rho^2;$$

$$A_n''(\rho)+\frac{1}{\rho}A_n'(\rho)-\frac{n^2}{\rho^2}A_n(\rho)=0,\quad n=0,1,3,4,\cdots;$$

$$B_n''(\rho)+\frac{1}{\rho}B_n'(\rho)-\frac{n^2}{\rho^2}B_n(\rho)=0,\quad n=1,2,3,\cdots.$$

再由边界条件可得

$$A_n(a)=0,\quad A_n'(b)=0,\quad B_n(a)=0,\quad B_n'(b)=0.$$

上述关于 $A_n(\rho)(n\neq 2)$, $B_n(\rho)$ 的常微分方程都是 Euler 方程,且为齐次的.故通解为

$$A_n(\rho)=C_n\rho^n+D_n\rho^{-n},\quad n=0,1,3,4,\cdots;$$

$$B_n(\rho)=\alpha_n\rho^n+\beta_n\rho^{-n},\quad n=1,2,3,\cdots.$$

由 $A_n(a)=0, A_n'(b)=0, B_n(a)=0, B_n'(b)=0$,得

$$C_n=D_n=0(n=0,1,3,4,\cdots),\quad \alpha_n=\beta_n=0(n=1,2,3,\cdots),$$

即 $$A_n(\rho)\equiv 0(n=0,1,3,4,\cdots),\quad B_n(\rho)\equiv 0(n=1,2,3,\cdots).$$

当 $n=2$ 时，$\bar{A}_2(\rho)=C_2\rho^2+D_2\rho^{-2}$，并且 $A_2^*(\rho)=\rho^4$，因此

$$A_2(\rho)=C_2\rho^2+D_2\rho^{-2}+\rho^4.$$

由 $A_2(a)=0, A_2'(b)=0$，可求得

$$C_2=-\frac{a^6+2b^6}{a^4+b^4},\quad D_2=-\frac{a^4b^4(a^2-2b^2)}{a^4+b^4}.$$

所以原定解问题的解为

$$u(\rho,\theta)=\frac{-1}{a^4+b^4}[(a^6+2b^6)\rho^2+a^4b^4(a^2-2b^2)\rho^{-2}+(a^4+b^4)\rho^4]\cos 2\theta.$$

14. 求解球内 Laplace 方程边值问题.

$$(1)\begin{cases}\Delta u=0, & 0<r<1,\quad 0<\theta<\pi,\quad 0<\varphi<2\pi,\\ u|_{r=1}=\begin{cases}A, & 0\leqslant\theta\leqslant\alpha,\\ 0, & \alpha<\theta\leqslant\pi;\end{cases}\end{cases}$$

$$(2)\begin{cases}\Delta u=0, & 0<r<a,\quad 0<\theta<\pi,\\ \left.\dfrac{\partial u}{\partial r}\right|_{r=a}=A\cos\theta.\end{cases}$$

解　(1)因为方程的自由项及边界条件均与 φ 无关，故可推知 u 也与 φ 无关，即 $u=u(r,\theta)$ 是二元函数，于是定解问题化为

$$\begin{cases}r^2u_{rr}+2ru_r+u_{\theta\theta}+u_\theta\cot\theta=0, & 0<r<1,\quad 0<\theta<\pi,\\ u|_{r=1}=\begin{cases}A, & 0\leqslant\theta\leqslant\alpha,\\ 0, & \alpha<\theta\leqslant\pi.\end{cases}\end{cases}$$

设 $u(r,\theta)=R(r)\Phi(\theta)$，代入方程并分离变量得

$$\frac{r^2R''+2rR'}{R}=-\frac{\Phi''+\Phi'\cot\theta}{\Phi}=\lambda,$$

即 $r^2R''+2rR'-\lambda R=0,\quad \Phi''+\Phi'\cot\theta+\lambda\Phi=0.$

又因为 u 有界，故 $\Phi(\theta)$ 有界.

令 $\lambda=l(l+1)$，由讨论(见 12.4.1)可知 $l=n$ 为非负整数. 再令 $\cos\theta=x, y(x)=\Phi(\theta)$，则后一方程为

$$(1-x^2)y''(x)-2xy'(x)+n(n+1)y(x)=0,$$

这是 n 阶 Legendre 方程，其非零的有界解为 $y_n(x)=\mathrm{p}_n(x)$，即

$$\Phi_n(\theta)=\mathrm{p}_n(\cos\theta),\quad n=0,1,2,\cdots.$$

由 $R''(r)+2rR'(r)-n(n+1)R(r)=0$ 及 u 的有界性得

$$R_n(r)=C_nr^n,\quad n=0,1,2,\cdots.$$

故 $$u(r,\theta)=\sum_{n=0}^{\infty}C_nr^n\mathrm{p}_n(\cos\theta).$$

由边界条件得

$$\sum_{n=0}^{\infty}C_np_n(\cos\theta)=\begin{cases}A, & 0\leqslant\theta\leqslant\alpha,\\ 0, & \alpha<\theta\leqslant\pi.\end{cases}$$

于是

$$\begin{aligned}C_n&=\frac{2n+1}{2}\int_0^{\pi}f(\theta)\mathrm{p}_n(\cos\theta)\sin\theta\mathrm{d}\theta\\&=\frac{2n+1}{2}\int_0^{\alpha}A\mathrm{p}_n(\cos\theta)\sin\theta\mathrm{d}\theta\\&\xlongequal{x=\cos\theta}-\frac{2n+1}{2}\int_1^{\cos\alpha}A\mathrm{p}_n(x)\mathrm{d}x,\quad n=1,2,\cdots.\end{aligned}$$

当 $n=0$ 时，$C_0=\dfrac{1}{2}\displaystyle\int_{\cos\alpha}^{1}A\mathrm{d}x=\dfrac{A}{2}(1-\cos\alpha)$，

$n=1$ 时，$C_1=\dfrac{3}{2}\displaystyle\int_{\cos\alpha}^{1}Ax\mathrm{d}x=\dfrac{3A}{4}(1-\cos^2\alpha)$，

$n=2$ 时，$C_2=\dfrac{5}{2}\displaystyle\int_{\cos\alpha}^{1}A\cdot\dfrac{3x^2-1}{2}\mathrm{d}x=\dfrac{5A}{4}(\cos\alpha-\cos^3\alpha)$，

……

所以

$$\begin{aligned}u(r,\theta)=&\frac{A}{2}(1-\cos\alpha)+\frac{3A}{4}(1-\cos^2\alpha)\mathrm{p}_1(\cos\theta)r\\&+\frac{5A}{4}(\cos\alpha-\cos^3\alpha)\mathrm{p}_2(\cos\theta)r^2+\cdots.\end{aligned}$$

(2)完全同(1)，u 与 φ 无关，仅为 r,θ 的函数，定解问题的解为

$$u(r,\theta)=\sum_{n=0}^{\infty}C_nr^n\mathrm{p}_n(\cos\theta).$$

由边界条件有 $\displaystyle\sum_{n=1}^{\infty}nC_na^{n-1}\mathrm{p}_n(\cos\theta)=A\cos\theta$.

若令 $x=\cos\theta$,则 $\sum\limits_{n=1}^{\infty} nC_n a^{n-1}\mathrm{p}_n(x)=Ax$.

于是
$$C_n=\frac{2n+1}{2na^{n-1}}\int_{-1}^{1}Ax\mathrm{p}_n(x)\mathrm{d}x=\begin{cases}A, & n=1,\\ 0, & n=2,3,\cdots.\end{cases}$$

故 $u(r,\theta)=A\mathrm{p}_1(\cos\theta)r+C_0=Ar\cos\theta+C_0$($C_0$ 为任意常数).

15.证明:
$$\int_0^l x\mathrm{J}_0\left(\frac{\mu_i^{(1)}}{l}x\right)\mathrm{J}_0\left(\frac{\mu_k^{(1)}}{l}x\right)\mathrm{d}x=\begin{cases}\dfrac{l^2}{2}\mathrm{J}_0^2(\mu_i^{(1)}), & i=k,\\ 0, & i\neq k.\end{cases}$$

证明
$$\begin{aligned}&\int_0^l x\mathrm{J}_0\left(\frac{\mu_i^{(1)}}{l}x\right)\mathrm{J}_0\left(\frac{\mu_k^{(1)}}{l}x\right)\mathrm{d}x\\
&=\left(\frac{l}{\mu_i^{(1)}}\right)^2\int_0^l \mathrm{J}_0\left(\frac{\mu_k^{(1)}}{l}x\right)\mathrm{d}\left[\frac{\mu_i^{(1)}}{l}x\mathrm{J}_1\left(\frac{\mu_i^{(1)}}{l}x\right)\right]\\
&=\left(\frac{l}{\mu_i^{(1)}}\right)^2\left[\mathrm{J}_0\left(\frac{\mu_k^{(1)}}{l}x\right)\frac{\mu_i^{(1)}}{l}x\mathrm{J}_1\left(\frac{\mu_i^{(1)}}{l}x\right)\Big|_0^l-\int_0^l\frac{\mu_i^{(1)}}{l}x\mathrm{J}_1\left(\frac{\mu_i^{(1)}}{l}x\right)\frac{-\mu_k^{(1)}}{l}\mathrm{J}_1\left(\frac{\mu_k^{(1)}}{l}x\right)\mathrm{d}x\right]\\
&=\frac{\mu_k^{(1)}}{\mu_i^{(1)}}\int_0^l x\mathrm{J}_1\left(\frac{\mu_i^{(1)}}{l}x\right)\mathrm{J}_1\left(\frac{\mu_k^{(1)}}{l}x\right)\mathrm{d}x=\begin{cases}0, & i\neq k,\\ \dfrac{l^2}{2}\mathrm{J}_0^2(\mu_i^{(1)}), & i=k.\end{cases}\end{aligned}$$

16.将函数
$$f(x)=\begin{cases}1, & 0<x<1,\\ \dfrac{1}{2}, & x=1,\\ 0, & 1<x<2\end{cases}$$
展为关于$\{\mathrm{J}_0(\alpha_k x)\}$的广义 Fourier 级数,其中 α_k 是 $\mathrm{J}_0(2x)$的正零点,$k=1,2,\cdots$.

解　因为 $\mathrm{J}_0(2\alpha_k)=0$,所以 $\mu_k=2\alpha_k$ 是 $\mathrm{J}_0(x)$的第 k 个正零点,$k=1,2,\cdots$.

令 $x=2t$,则

$$f(x)=f(2t)=\begin{cases}1, & 0<2t<1,\\ \dfrac{1}{2}, & 2t=1,\\ 0, & 1<2t<2.\end{cases}$$

若记 $g(t)=f(2t)=f(x)$,则 $g(t)=\begin{cases}1, & 0<t<1/2\\ \dfrac{1}{2}, & t=\dfrac{1}{2}\\ 0, & \dfrac{1}{2}<t<1\end{cases}$,

故只需求 $g(t)$关于$\{J_0(\mu_k t)\}$的广义 Fourier 展开式 $g(t)=\sum\limits_{k=1}^{\infty}C_k J_0(\mu_k t)$ 即可.其中

$$\begin{aligned}C_k &=\frac{\int_0^1 t\cdot g(t)\cdot J_0(\mu_k t)\mathrm{d}t}{\|J_{0k}\|^2}=\frac{2}{J_1^2(\mu_k)}\int_0^{1/2}tJ_0(\mu_k t)\mathrm{d}t\\ &=\frac{2}{\mu_k^2 J_1^2(\mu_k)}\int_0^{1/2}(\mu_k t)J_0(\mu_k t)\mathrm{d}(\mu_k t)\\ &=\frac{2}{\mu_k^2 J_1^2(\mu_k)}\mu_k tJ_1(\mu_k t)\Big|_0^{1/2}=\frac{J_1\left(\frac{1}{2}\mu_k\right)}{\mu_k J_1^2(\mu_k)},\quad k=1,2,\cdots.\end{aligned}$$

所以 $$f(x)=\sum_{k=1}^{\infty}\frac{J_1(\alpha_k)}{2\alpha_k J_1^2(2\alpha_k)}J_0(\alpha_k x).$$

17.设圆柱体半径为 a,高为 H.内部无热源,下底传进热流 q_0,侧面及上底保持0℃,求圆柱内稳恒状态的温度分布.

解 定解问题为

$$\begin{cases}\Delta u=0,\\ u_z|_{z=0}=-q_0/K, \quad u|_{z=H}=0,\\ u|_{\rho=a}=0.\end{cases}$$

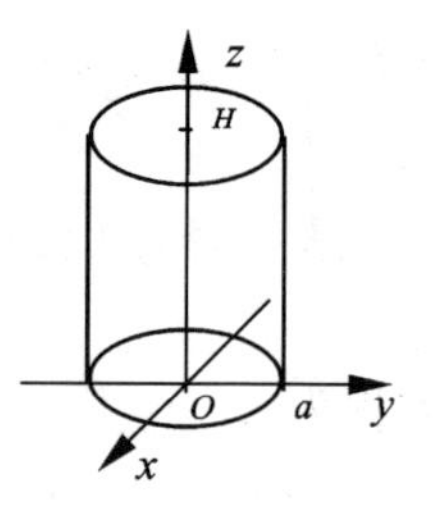

由题设可推知 u 只与ρ,z 有关而与θ 无关,故定解问题可写为

$$\begin{cases} u_{\rho\rho}+\dfrac{1}{\rho}u_{\rho}+u_{zz}=0, & 0<\rho<a, \quad 0<z<H, \\ u_z|_{z=0}=-q_0/K, & u|_{z=H}=0, \\ u|_{\rho=a}=0. \end{cases}$$

令 $u(\rho,z)=R(\rho)Z(z)$,代入方程并分离变量得

$$\frac{R''(\rho)+\dfrac{1}{\rho}R'(\rho)}{R(\rho)}=-\frac{Z''(z)}{Z(z)}\overset{令}{=}-\lambda,$$

于是有 $Z''(z)-\lambda Z(z)=0$,及 $\rho^2R''(\rho)+\rho R'(\rho)+\lambda\rho^2R(\rho)=0$.

由 $u|_{\rho=a}=0$ 及有界性,得 $R(a)=0,|R(0)|<+\infty$.

所以有固有值问题

$$\begin{cases} \rho^2R''(\rho)+\rho R'(\rho)+\lambda\rho^2R(\rho)=0, \\ R(a)=0, \quad |R(0)|<+\infty. \end{cases}$$

由此得固有值 $\lambda_k=\left(\dfrac{\mu_k}{a}\right)^2$($\mu_k$ 是 $J_0(x)$的正零点);

$$固有函数系\left\{J_0\left(\frac{\mu_k}{a}\rho\right)\right\}, \quad k=1,2,\cdots.$$

关于 $Z(z)$的方程为

$$Z_k''(z)-\left(\frac{\mu_k}{a}\right)^2Z_k(z)=0, \quad k=1,2,\cdots,$$

其通解可写为

$$Z_k(z)=a_k\operatorname{ch}\left(\frac{\mu_k}{a}z\right)+b_k\operatorname{sh}\left(\frac{\mu_k}{a}z\right), \quad k=1,2,\cdots.$$

所以 $$u(\rho,z)=\sum_{k=1}^{\infty}\left[a_k\operatorname{ch}\left(\frac{\mu_k}{a}z\right)+b_k\operatorname{sh}\left(\frac{\mu_k}{a}z\right)\right]J_0\left(\frac{\mu_k}{a}\rho\right).$$

由 $u|_{z=H}=0$,得 $$\sum_{k=1}^{\infty}\left[a_k\operatorname{ch}\left(\frac{\mu_k}{a}H\right)+b_k\operatorname{sh}\left(\frac{\mu_k}{a}H\right)\right]J_0\left(\frac{\mu_k}{a}\rho\right)=0,$$

由 $u_z|_{z=0}=-q_0/K$,得 $$\sum_{k=1}^{\infty}b_k\frac{\mu_k}{a}J_0\left(\frac{\mu_k}{a}\rho\right)=-q_0/K.$$

比较以上二式两端 $J_0\left(\dfrac{\mu_k}{a}\rho\right)$的系数得

$$\begin{cases} a_k \operatorname{ch}\left(\dfrac{\mu_k}{a}H\right) + b_k \operatorname{sh}\left(\dfrac{\mu_k}{a}H\right) = 0, \\ \dfrac{\mu_k}{a} b_k = \dfrac{\displaystyle\int_0^a \dfrac{-q_0}{K}\rho \mathrm{J}_0\left(\dfrac{\mu_k}{a}\rho\right)\mathrm{d}\rho}{\|\mathrm{J}_{0k}\|^2}, \end{cases} \quad k = 1,2,\cdots,$$

所以

$$\begin{aligned} b_k &= \frac{a}{\mu_k}\frac{-q_0/K}{\dfrac{a^2}{2}\mathrm{J}_1^2(\mu_k)}\int_0^a \rho \mathrm{J}_0\left(\frac{\mu_k}{a}\rho\right)\mathrm{d}\rho \\ &= \frac{-2q_0}{K\mu_k a \mathrm{J}_1^2(\mu_k)}\left(\frac{a}{\mu_k}\right)^2\int_0^a\left(\frac{\mu_k}{a}\rho\right)\mathrm{J}_0\left(\frac{\mu_k}{a}\rho\right)\mathrm{d}\left(\frac{\mu_k}{a}\rho\right) \\ &= \frac{-2q_0}{K\mu_k a \mathrm{J}_1^2(\mu_k)}\frac{a^2}{\mu_k^2}\frac{\mu_k}{a}\rho \mathrm{J}_1\left(\frac{\mu_k}{a}\rho\right)\Bigg|_0^a \\ &= \frac{-2aq_0}{K\mu_k^2 \mathrm{J}_1(\mu_k)}, \quad k = 1,2,\cdots; \end{aligned}$$

$$a_k = -\frac{\operatorname{sh}\left(\dfrac{\mu_k}{a}H\right)}{\operatorname{ch}\left(\dfrac{\mu_k}{a}H\right)}b_k = \frac{2aq_0}{K\mu_k^2 \mathrm{J}_1(\mu_k)}\frac{\operatorname{sh}\left(\dfrac{\mu_k}{a}H\right)}{\operatorname{ch}\left(\dfrac{\mu_k}{a}H\right)}, \quad k = 1,2,\cdots.$$

故

$$\begin{aligned} u(\rho,z) &= \frac{2aq_0}{K}\sum_{k=1}^{\infty}\frac{\operatorname{sh}\left(\dfrac{\mu_k}{a}H\right)\operatorname{ch}\left(\dfrac{\mu_k}{a}z\right) - \operatorname{ch}\left(\dfrac{\mu_k}{a}H\right)\operatorname{sh}\left(\dfrac{\mu_k}{a}z\right)}{\mu_k^2 \mathrm{J}_1(\mu_k)\operatorname{ch}\left(\dfrac{\mu_k}{a}H\right)}\mathrm{J}_0\left(\frac{\mu_k}{a}\rho\right) \\ &= \frac{2aq_0}{K}\sum_{k=1}^{\infty}\frac{\operatorname{sh}\left[\dfrac{\mu_k}{a}(H-z)\right]}{\mu_k^2 \mathrm{J}_1(\mu_k)\operatorname{ch}\left(\dfrac{\mu_k}{a}H\right)}\mathrm{J}_0\left(\frac{\mu_k}{a}\rho\right). \end{aligned}$$

18. 求解定解问题

$$\begin{cases} \dfrac{\partial^2 u}{\partial t^2} = a^2\left(\dfrac{\partial^2 u}{\partial r^2} + \dfrac{1}{r}\dfrac{\partial u}{\partial r}\right), \quad 0 < r < R, \\ \dfrac{\partial u}{\partial r}\Big|_{r=R} = 0, \quad |u(0,t)| < +\infty, \\ u|_{t=0} = 0, \quad \dfrac{\partial u}{\partial t}\Big|_{t=0} = 1 - \dfrac{r^2}{R^2}. \end{cases}$$

解　令 $u(r,t)=F(r)T(t)$,
代入方程分离变量,并利用边界条件得方程

$$T''(t)+\lambda a^2 T(t)=0,$$

及固有值问题

$$\begin{cases} r^2 F''(r)+rF'(r)+\lambda r^2 F(r)=0, \\ F'(R)=0, |F(0)|<+\infty. \end{cases}$$

于是　　固有值 $\lambda_i=\left(\frac{\alpha_i}{R}\right)^2$($\alpha_i$ 是$J_0'(x)$即 $J_1(x)$的正零点),

固有函数系为$\left\{J_0\left(\frac{\alpha_i}{R}r\right)\right\}$,　$i=1,2,\cdots$.

将 $\lambda=\lambda_i=\left(\frac{\alpha_i}{R}\right)^2$ 代入关于 $T(t)$的方程,解得

$$T_i(t)=C_i\cos\left(\frac{a\alpha_i}{R}t\right)+D_i\sin\left(\frac{a\alpha_i}{R}t\right), i=1,2,\cdots.$$

所以　$$u(r,t)=\sum_{i=1}^{\infty}\left[C_i\cos\left(\frac{a\alpha_i}{R}t\right)+D_i\sin\left(\frac{a\alpha_i}{R}t\right)\right]J_0\left(\frac{\alpha_i}{R}r\right).$$

由初始条件得　$\sum_{i=1}^{\infty}C_i J_0\left(\frac{\alpha_i}{R}r\right)=0$,　$\sum_{i=1}^{\infty}\frac{a\alpha_i}{R}D_i J_0\left(\frac{\alpha_i}{R}r\right)=1-\frac{r^2}{R^2}$.

于是　　$C_i=0, i=1,2,\cdots$;

$$\begin{aligned}
D_i &=\frac{R}{a\alpha_i}\frac{\int_0^R r\left(1-\frac{r^2}{R^2}\right)J_0\left(\frac{\alpha_i}{R}r\right)\mathrm{d}r}{\| J_{0i}\|^2} \\
&=\frac{R}{a\alpha_i}\frac{1}{\frac{R^2}{2}J_0^2(\alpha_i)}\left[\int_0^R rJ_0\left(\frac{\alpha_i}{R}r\right)\mathrm{d}r-\frac{1}{R^2}\int_0^R r^3 J_0\left(\frac{\alpha_i}{R}r\right)\mathrm{d}r\right] \\
&=\frac{2}{aR\alpha_i J_0^2(\alpha_i)}\left[\frac{R^2}{\alpha_i^2}\int_0^R\left(\frac{\alpha_i}{R}r\right)J_0\left(\frac{\alpha_i}{R}r\right)\mathrm{d}\left(\frac{\alpha_i}{R}r\right)\right. \\
&\qquad\left.-\frac{1}{\alpha_i^2}\int_0^R r^2\left(\frac{\alpha_i}{R}r\right)J_0\left(\frac{\alpha_i}{R}r\right)\mathrm{d}\left(\frac{\alpha_i}{R}r\right)\right] \\
&=\frac{2}{aR\alpha_i J_0^2(\alpha_i)}\left[\frac{R^2}{\alpha_i^2}\frac{\alpha_i}{R}rJ_1\left(\frac{\alpha_i}{R}r\right)\Big|_0^R-\frac{1}{\alpha_k^2}r^2\ \frac{\alpha_i}{R}rJ_1\left(\frac{\alpha_i}{R}r\right)\Big|_0^R\right.
\end{aligned}$$

$$+\frac{1}{\alpha_i^2}\frac{2\alpha_i}{R}\int_0^R r^2 J_1\left(\frac{\alpha_i}{R}r\right)dr\Big]$$

$$=\frac{4}{aR^2\alpha_i^2 J_0^2(\alpha_i)}\cdot\frac{R^3}{\alpha_i^3}\int_0^R\left(\frac{\alpha_i}{R}r\right)^2 J_1\left(\frac{\alpha_i}{R}r\right)d\left(\frac{\alpha_i}{R}r\right)$$

$$=\frac{4R}{a\alpha_i^5 J_0^2(\alpha_i)}\left(\frac{\alpha_i}{R}r\right)^2 J_2\left(\frac{\alpha_i}{R}r\right)\Big|_0^R=\frac{4R}{a\alpha_i^3 J_0^2(\alpha_i)}J_2(\alpha_i)$$

$$=\frac{4R}{a\alpha_i^3 J_0^2(\alpha_i)}[-J_0(\alpha_i)]=\frac{-4R}{a\alpha_i^3 J_0(\alpha_i)},\quad i=1,2,\cdots.$$

故

$$u(r,t)=\frac{-4R}{a}\sum_{i=1}^{\infty}\frac{1}{\alpha_i^3 J_0(\alpha_i)}\sin\left(\frac{a\alpha_i}{R}t\right)J_0\left(\frac{\alpha_i}{R}r\right).$$

第 13 章　解定解问题的其他解法

本章重点

1. 求解波动方程 Cauchy 问题的 D'Alembert 公式、Poisson 公式.
2. 用 Fourier 变换、Laplace 变换解定解问题.
3. Green 函数法.

复习思考题

一、判断题

1. 对于半无界弦的自由振动问题

$$\begin{cases} u_{tt} = a^2 u_{xx}, & 0 < x < +\infty, \quad t > 0 \\ u|_{t=0} = \varphi(x), \quad u_t|_{t=0} = \psi(x), & 0 < x < +\infty, \\ u|_{x=0} = 0, \end{cases}$$

只要将 φ,ψ 任意延拓至 $(-\infty,+\infty)$ 上,即可使用 D'Alembert 公式求解.　(　　)

2. 求解二维波动方程 Cauchy 问题

$$\begin{cases} u_{tt} = a^2(u_{xx}+u_{yy}), & (x,y)\in\mathbb{R}^2, \quad t>0, \\ u|_{t=0} = \varphi(x,y), \quad u_t|_{t=0} = \psi(x,y), & (x,y)\in\mathbb{R}^2 \end{cases}$$

的 Poisson 公式,可由三维波动方程的 Poisson 公式使用"降维法"得到.　(　　)

3. 二维波动方程的 Poisson 公式

$$u(x,y,t) = \frac{1}{2\pi a}\left[\frac{\partial}{\partial t}\iint_{D_{at}^M}\frac{\varphi(\xi,\eta)}{\sqrt{(at)^2-(\xi-x)^2-(\eta-y)^2}}\mathrm{d}\xi\mathrm{d}\eta + \iint_{D_{at}^M}\frac{\psi(\xi,\eta)}{\sqrt{(at)^2-(\xi-x)^2-(\eta-y)^2}}\mathrm{d}\xi\mathrm{d}\eta\right]$$

$$(\forall M(x,y)\in\mathbb{R}^2, \forall(\xi,\eta)\in D_{at}^M)$$

表明:二维波传播和三维波一样,在点 M 处的扰动总有清晰的"前锋"

和“阵尾”. ( )

4. Fourier 变换和 Laplace 变换都是线性的. ( )

5. 公式 $\mathscr{F}[f_1(x)\cdot f_2(x)]=\dfrac{1}{2\pi}\mathscr{F}[f_1(x)]*\mathscr{F}[f_2(x)]$ 称为 Fourier 变换的卷积定理. ( )

6. 若记 $f(t)$ 的 Laplace 变换 $\mathscr{L}[f(t)]=F(p)$,且 f 可导,则

$\mathscr{L}[f'(t)]=pF(p)$. ( )

7. 设 $u(M)(M\in\Omega)$ 为调和函数, $M_0\in\Omega$ 为定点, $R>0$, $S_R=S(M_0,R)\subset\Omega$,则

$$u(M_0)=\frac{1}{4\pi R^2}\oiint_{S_R}u\,\mathrm{d}S. \qquad (\quad)$$

8. 半空间 $\Omega=\{(x,y,z)\in\mathbb{R}^3\mid z>0\}$ 上的 Laplace 方程的 Dirichlet 问题

$$\begin{cases}\Delta u=0, & z>0,\\ u|_{z=0}=f(x,y), \\ \lim\limits_{M\to\infty}u(x,y,z)=0 & (M\in\Omega)\end{cases}$$

的解为 $u(x_0,y_0,z_0)=\dfrac{z_0}{2\pi}\displaystyle\int_{-\infty}^{+\infty}\int_{-\infty}^{+\infty}\frac{f(x,y)}{[(x-x_0)^2+(y-y_0)^2+z_0^2]^{3/2}}\mathrm{d}x\mathrm{d}y$.

( )

9. 一维波动方程的 Cauchy 问题的 D'Alembert 公式,可以用 Laplace 变换法得到. ( )

二、填空题

1. 定解问题

$$\begin{cases}u_{tt}=a^2u_{xx}, & -\infty<x<+\infty, \quad t>0,\\ u|_{t=0}=\varphi(x), \quad u_t|_{t=0}=\psi(x), & -\infty<x<+\infty\end{cases}$$

的解为 $u(x,t)=$ ________________.

2. 三维波动方程的 Cauchy 问题

$$\begin{cases}u_{tt}=a^2(u_{xx}+u_{yy}+u_{zz}), & (x,y,z)\in\mathbb{R}^3, \quad t>0,\\ u|_{t=0}=\varphi(x,y,z), \quad u_t|_{t=0}=\psi(x,y,z), & (x,y,z)\in\mathbb{R}^3\end{cases}$$

的 Poisson 公式为：$\forall M(x,y,z)\in\mathbb{R}^3, t>0$，有

$$u(x,y,z,t)=\underline{\qquad\qquad\qquad\qquad\qquad\qquad}.$$

3. 已知 $\mathscr{L}(e^{at}t^m)=\dfrac{m!}{(p-a)^{m+1}}, m=0,1,2,\cdots$，

则
$$\mathscr{L}^{-1}\left[\frac{1}{p^2(p+2)}\right]=\underline{\qquad\quad}.$$

4. 半无界杆的热传导问题

$$\begin{cases}u_t=a^2u_{xx}, & 0<x<+\infty, \quad t>0,\\ u|_{t=0}=0, & 0<x<+\infty,\\ u|_{x=0}=\varphi(t), & u(x,t)\text{有界},\end{cases}$$

可采用对 $u(x,t)$ 取关于变量______的______变换法求解.

5. 设 $D=\{(x,y)\in\mathbb{R}^2 \mid y>0\}$，则定解问题

$$\begin{cases}u_{xx}+u_{yy}=0, & (x,y)\in D,\\ u|_{y=0}=f(x)\end{cases}$$

的解为 $u(x,y)=\underline{\qquad\qquad\qquad\qquad}$.

习题解答

1. 求解下列定解问题（提示：先求通解）.

$$(1)\begin{cases}\dfrac{\partial^2 u}{\partial x\partial y}=x^2y,\\ u|_{y=0}=x^2, \quad u|_{x=1}=\cos y;\end{cases}$$

$$(2)\begin{cases}u_{xx}+2u_{xy}-3u_{yy}=0, & -\infty<x<+\infty, \quad y>0,\\ u|_{y=0}=\sin x, \quad u_y|_{y=0}=x.\end{cases}$$

解　(1) $\dfrac{\partial u}{\partial x}=\displaystyle\int x^2y\,\mathrm{d}y=\frac{1}{2}x^2y^2+\varphi(x)$，

$$u=\frac{1}{6}x^3y^2+\int\varphi(x)\mathrm{d}x+G(y)=\frac{1}{6}x^3y^2+F(x)+G(y).$$

由 $u|_{y=0}=x^2$，得 $F(x)+G(0)=x^2$，$F(x)=x^2-G(0)$；

再由 $u|_{x=1}=\cos y$，得 $\dfrac{1}{6}y^2+1-G(0)+G(y)=\cos y$.

$$G(y)=\cos y-\frac{1}{6}y^2-1+G(0).$$

故 $$u(x,y)=\frac{1}{6}x^3y^2+x^2+\cos y-\frac{1}{6}y^2-1.$$

(2)$\Delta=1+3=4>0$,方程属双曲型.

特征方程为$\left(\frac{\mathrm{d}y}{\mathrm{d}x}\right)^2-2\frac{\mathrm{d}y}{\mathrm{d}x}-3=0$,即$\frac{\mathrm{d}y}{\mathrm{d}x}=3,\frac{\mathrm{d}y}{\mathrm{d}x}=-1$.

故得两族实特征线 $3x-y=c_1$ 及 $x+y=c_2$,取变换 $\xi=3x-y,\eta=x+y$,则方程可化为标准形式 $u_{\xi\eta}=0$.故通解为

$$u(x,y)=F(3x-y)+G(x+y),$$

其中 F,G 是任意二次可微函数.

由条件 $u|_{y=0}=\sin x,u_y|_{y=0}=x$,得

$$\begin{cases}F(3x)+G(x)=\sin x,\\-F'(3x)+G'(x)=x,\end{cases}\quad 即\begin{cases}F(3x)+G(x)=\sin x,\\F(3x)-3G(x)=\dfrac{-3x^2}{2}-3C.\end{cases}$$

解得

$$\begin{cases}F(3x)=\dfrac{3}{4}\sin x-\dfrac{3}{8}x^2-\dfrac{3}{4}C,\\G(x)=\dfrac{1}{4}\sin x+\dfrac{3}{8}x^2+\dfrac{3}{4}C,\end{cases}$$

令 $z=3x$,则有 $F(z)=\frac{3}{4}\sin\frac{z}{3}-\frac{1}{24}z^2-\frac{3}{4}C$.

所以
$$\begin{aligned}u(x,y)&=F(3x-y)+G(x+y)\\&=\frac{3}{4}\sin\frac{3x-y}{3}-\frac{1}{24}(3x-y)^2+\frac{1}{4}\sin(x+y)\\&\quad+\frac{3}{8}(x+y)^2\\&=\frac{3}{4}\sin\left(x-\frac{y}{3}\right)+\frac{1}{4}\sin(x+y)+xy+\frac{1}{3}y^2.\end{aligned}$$

2.求解下列定解问题.

$$(1)\begin{cases} u_{tt}=a^2u_{xx}, & -\infty<x<+\infty, \quad t>0, \\ u|_{t=0}=\begin{cases}\cos x, & |x|\leqslant\dfrac{\pi}{2}, \\ 0, & |x|>\dfrac{\pi}{2},\end{cases} \\ u_t|_{t=0}=0; \end{cases}$$

$$(2)\begin{cases} u_{tt}=a^2u_{xx}, & -\infty<x<+\infty, \quad t>0, \\ u|_{t=0}=\sin x, & u_t|_{t=0}=x^2. \end{cases}$$

解　$(1)\ u(x,t)=\dfrac{1}{2}[\varphi(x+at)+\varphi(x-at)]$

$$=\begin{cases} \dfrac{1}{2}[\cos(x+at)+\cos(x-at)], & 当|x+at|\leqslant\dfrac{\pi}{2}且|x-at|\leqslant\dfrac{\pi}{2}, \\ \dfrac{1}{2}\cos(x+at), & 当|x+at|\leqslant\dfrac{\pi}{2}且|x-at|>\dfrac{\pi}{2}, \\ \dfrac{1}{2}\cos(x-at), & 当|x+at|>\dfrac{\pi}{2}且|x-at|\leqslant\dfrac{\pi}{2}, \\ 0, & 当|x+at|>\dfrac{\pi}{2}且|x-at|>\dfrac{\pi}{2}. \end{cases}$$

$$\begin{aligned}(2)\ u(x,t)&=\frac{1}{2}[\varphi(x+at)+\varphi(x-at)]+\frac{1}{2a}\int_{x-at}^{x+at}\psi(s)\mathrm{d}s \\ &=\frac{1}{2}[\sin(x+at)+\sin(x-at)]+\frac{1}{2a}\int_{x-at}^{x+at}s^2\mathrm{d}s \\ &=\sin x\cos at+\frac{1}{2a}\frac{s^3}{3}\bigg|_{x-at}^{x+at} \\ &=\sin x\cos at+x^2t+\frac{1}{3}a^2t^3.\end{aligned}$$

3.求无界弦的自由振动规律.若此弦的初始位移为 $\varphi(x)$,初始速度为 $-a\varphi'(x)$.

解　定解问题为

$$\begin{cases} u_{tt}=a^2u_{xx}, -\infty<x<+\infty, t>0, \\ u|_{t=0}=\varphi(x), u_t|_{t=0}=-a\varphi'(x). \end{cases}$$

$$u(x,t)=\frac{1}{2}[\varphi(x+at)+\varphi(x-at)]+\frac{1}{2a}\int_{x-at}^{x+at}-a\varphi'(s)\mathrm{d}s$$

$$= \frac{1}{2}[\varphi(x+at)+\varphi(x-at)] - \frac{1}{2}[\varphi(x+at)-\varphi(x-at)]$$

$$= \varphi(x-at).$$

4* .试证定解问题

$$\begin{cases} u_{tt} = a^2 u_{xx} + f(x,t), & -\infty < x < +\infty, \quad t>0, \\ u|_{t=0} = \varphi(x), & u_t|_{t=0} = \psi(x) \end{cases}$$

的求解公式是

$$u(x,t) = \frac{1}{2}[\varphi(x+at)+\varphi(x-at)]$$

$$+\frac{1}{2a}\int_{x-at}^{x+at}\psi(s)\mathrm{d}s + \frac{1}{2a}\int_0^t \mathrm{d}\tau\int_{x-a(t-\tau)}^{x+a(t-\tau)} f(\xi,\tau)\mathrm{d}\xi;$$

并求解定解问题

$$\begin{cases} u_{tt} = u_{xx} + t\sin x, & -\infty < x < +\infty, \quad t>0, \\ u|_{t=0} = 0, & u_t|_{t=0} = \sin x. \end{cases}$$

证明 方程 $u_{tt} - a^2 u_{xx} = f(x,t)$有两族实特征线

$$x + at = c_1, \quad x - at = c_2.$$

如图,在 xt 平面内任取一点 $P(x_0, t_0)$,过点 P 作两条特征线 $x + at = x_0 + at_0$ 及 $x - at = x_0 - at_0$,分别交于 x 轴上的点 $A(x_0 - at_0, 0)$及 $B(x_0 + at_0, 0)$.

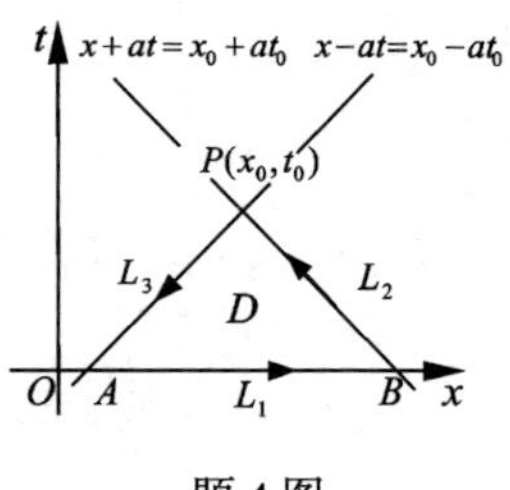

题 4 图

记△ABP 所围闭域为 D,三边分别为 $L_1, L_2, L_3, L = L_1 + L_2 + L_3$,正向如图所示.

将方程 $u_{tt} - a^2 u_{xx} = f(x,t)$两边分别在闭域 D 上积分得

$$\iint_D (u_{tt} - a^2 u_{xx})\mathrm{d}\sigma = \iint_D f(x,t)\mathrm{d}\sigma. \qquad ①$$

$$\iint_D (u_{tt} - a^2 u_{xx})\mathrm{d}\sigma = -\iint_D (a^2 u_{xx} - u_{tt})\mathrm{d}\sigma = -\oint_L u_t\mathrm{d}x + a^2 u_x \mathrm{d}t$$

$$= -\left\{\int_{L_1} + \int_{L_2} + \int_{L_3}\right\} u_t\mathrm{d}x + a^2 u_x\mathrm{d}t,$$

其中　$\int_{L_1} u_t \mathrm{d}x + a^2 u_x \mathrm{d}t = \int_{x_0 - at_0}^{x_0 + at_0} u_t(x,0)\mathrm{d}x = \int_{x_0 - at_0}^{x_0 + at_0} \psi(x)\mathrm{d}x$,

$$\begin{aligned}\int_{L_2} u_t \mathrm{d}x + a^2 u_x \mathrm{d}t &= \int_{L_2} u_t \cdot (-a)\mathrm{d}t + a^2 u_x \cdot \left(\frac{-1}{a}\right)\mathrm{d}x \\ &= -a\int_{L_2} u_t \mathrm{d}t + u_x \mathrm{d}x \\ &= -a\int_{L_2} \mathrm{d}u = -a\int_B^P \mathrm{d}u \\ &= a[u(B) - u(P)] \\ &= au(x_0 + at_0, 0) - au(x_0, t_0) \\ &= a\varphi(x_0 + at_0) - au(x_0, t_0),\end{aligned}$$

$$\begin{aligned}\int_{L_3} u_t \mathrm{d}x + a^2 u_x \mathrm{d}t &= \int_{L_3} u_t \cdot a\mathrm{d}t + a^2 u_x \cdot \frac{1}{a}\mathrm{d}x \\ &= a\int_{L_3} u_t \mathrm{d}t + u_x \mathrm{d}x \\ &= a\int_{L_3} \mathrm{d}u = a\int_P^A \mathrm{d}u = a[u(A) - u(P)] \\ &= au(x_0 - at_0, 0) - au(x_0, t_0) \\ &= a\varphi(x_0 - at_0) - au(x_0, t_0);\end{aligned}$$

所以　$\iint_D (u_{tt} - a^2 u_{xx})\mathrm{d}\sigma = -\oint_L u_t \mathrm{d}x + a^2 u_x \mathrm{d}t$

$$= 2au(x_0, t_0) - a[\varphi(x_0 + at_0) + \varphi(x_0 - at_0)] - \int_{x_0 - at_0}^{x_0 + at_0} \psi(x)\mathrm{d}x.$$

$$\iint_D f(x,t)\mathrm{d}\sigma = \int_0^{t_0}\mathrm{d}t\int_{x_0 - a(t_0 - t)}^{x_0 + a(t_0 - t)} f(x,t)\mathrm{d}x.$$

将其代入式①可解得

$$u(x_0, t_0) = \frac{1}{2}[\varphi(x_0 + at_0) + \varphi(x_0 - at_0)] + \frac{1}{2a}\int_{x_0 - at_0}^{x_0 + at_0} \psi(x)\mathrm{d}x + \frac{1}{2a}\int_0^{t_0}\mathrm{d}t\int_{x_0 - a(t_0 - t)}^{x_0 + a(t_0 - t)} f(x,t)\mathrm{d}x.$$

由于 $P(x_0,t_0)$是任意的,故$\forall\, x\in\mathbb{R}$,$t>0$有

$$u(x,t)=\frac{1}{2}[\varphi(x+at)+\varphi(x-at)]$$
$$+\frac{1}{2a}\int_{x-at}^{x+at}\psi(s)\mathrm{d}s$$
$$+\frac{1}{2a}\int_0^t\mathrm{d}\tau\int_{x-a(t-\tau)}^{x+a(t-\tau)}f(\xi,\tau)\mathrm{d}\xi.$$

将 $a=1,\varphi(x)=0,\psi(x)=\sin x,f(x,t)=t\sin x$ 代入公式,即得所求定解问题的解

$$\begin{aligned}u(x,t)&=\frac{1}{2}\int_{x-t}^{x+t}\sin s\mathrm{d}s+\frac{1}{2}\int_0^t\mathrm{d}\tau\int_{x-(t-\tau)}^{x+(t-\tau)}\tau\sin\xi\mathrm{d}\xi\\&=\sin x\sin t+\int_0^t\tau\sin x\sin(t-\tau)\mathrm{d}\tau\\&=\sin x\sin t+t\sin x-\sin x\sin t\\&=t\sin x.\end{aligned}$$

5.半无界弦的端点是自由的,初始位移为零,初速度为 $\sin x$,求弦的自由振动规律.

解 定解问题为

$$\begin{cases}u_{tt}=a^2u_{xx}, & 0<x<+\infty, \quad t>0,\\ u|_{t=0}=0, & u_t|_{t=0}=\sin x,\\ u_x|_{x=0}=0.\end{cases}$$

因为 $\varphi(x)=0$,故只需将 $\psi(x)=\sin x$ 作偶延拓

$$\Psi(x)=\begin{cases}\psi(x), & x>0\\ \psi(-x), & x<0\end{cases}$$
$$=\begin{cases}\sin x, & x>0,\\ -\sin x, & x<0.\end{cases}$$

所以
$$u(x,t)=\frac{1}{2a}\int_{x-at}^{x+at}\Psi(\xi)\mathrm{d}\xi$$
$$=\begin{cases}\dfrac{1}{2a}\displaystyle\int_{x-at}^{x+at}\sin\xi\mathrm{d}\xi, & x-at>0\\ \dfrac{1}{2a}\displaystyle\int_{x-at}^{0}-\sin\xi\mathrm{d}\xi+\dfrac{1}{2a}\displaystyle\int_0^{x+at}\sin\xi\mathrm{d}\xi, & x-at\leqslant 0\end{cases}$$

$$= \begin{cases} \dfrac{1}{a}\sin x\sin at, & t < \dfrac{x}{a}, \\ \dfrac{1}{a}(1-\cos x\cos at), & t \geqslant \dfrac{x}{a} \end{cases} \quad (x \geqslant 0).$$

6.半无界弦的横振动由定解问题

$$\begin{cases} u_{tt} = a^2 u_{xx}, \quad 0 < x < +\infty, \quad t > 0, \\ u|_{t=0} = u_t|_{t=0} = 0, \\ u_x|_{x=0} = A\sin \omega t \end{cases}$$

描述,求其振动规律.

解　此弦的振动完全由 $x=0$ 端受力所引起的,因此只有右行波.设 $u(x,t) = G(x-at)$,由边界条件有

$$u_x|_{x=0} = G'(x-at)|_{x=0} = G'(-at) = A\sin \omega t \ (t>0).$$

令 $z = -at$,则 $G'(z) = A\sin \dfrac{-\omega z}{a}$, $z < 0$.

当 $z \leqslant 0$ 时,

$$G(z) = \int_0^z G'(z)\mathrm{d}z = \int_0^z A\sin \frac{-\omega z}{a}\mathrm{d}z$$

$$= \frac{aA}{\omega}\cos \frac{-\omega z}{a}\bigg|_0^z = \frac{aA}{\omega}\left[\cos \frac{-\omega z}{a} - 1\right];$$

当 $z > 0$ 时,令 $G(z) = 0$.故

$$u(x,t) = \begin{cases} \dfrac{aA}{\omega}\left[\cos \omega\left(t - \dfrac{x}{a}\right) - 1\right], & t \geqslant \dfrac{x}{a}, \\ 0, & t < \dfrac{x}{a}. \end{cases}$$

7.利用 Poisson 公式求解下列定解问题.

(1) $\begin{cases} u_{tt} = a^2(u_{xx}+u_{yy}+u_{zz}), \quad (x,y,z) \in \mathbb{R}^3, \quad t>0, \\ u|_{t=0} = x^3, \quad u_t|_{t=0} = 0; \end{cases}$

(2) $\begin{cases} u_{tt} = a^2(u_{xx}+u_{yy}), \quad (x,y) \in \mathbb{R}^2, \quad t>0, \\ u|_{t=0} = x^2(x+y), \quad u_t|_{t=0} = 0. \end{cases}$

解　(1) $u(x,y,z,t) = \dfrac{1}{4\pi a}\dfrac{\partial}{\partial t}\displaystyle\iint_{S_{at}^M} \frac{\xi^3}{at}\mathrm{d}S$

$$= \frac{1}{4\pi a}\frac{\partial}{\partial t}\int_0^{2\pi}\int_0^{\pi}\frac{(x+at\sin\theta\cos\varphi)^3}{at}(at)^2\sin\theta\mathrm{d}\theta\mathrm{d}\varphi$$

$$= \frac{1}{4\pi a}\frac{\partial}{\partial t}(4\pi atx^3 + 4\pi a^3t^3x)$$

$$= x^3 + 3a^2xt^2.$$

$$(2)\ u(x,y,t) = \frac{1}{2\pi a}\frac{\partial}{\partial t}\iint_{D_{at}^M}\frac{\xi^2(\xi+\eta)}{\sqrt{(at)^2-(\xi-x)^2-(\eta-y)^2}}\mathrm{d}\xi\mathrm{d}\eta$$

$$= \frac{1}{2\pi a}\frac{\partial}{\partial t}\int_0^{2\pi}\int_0^{at}\frac{(x+\rho\cos\varphi)^2(x+\rho\cos\varphi+y+\rho\sin\varphi)}{\sqrt{(at)^2-\rho^2}}\rho\mathrm{d}\rho\mathrm{d}\varphi$$

$$= \frac{1}{2\pi a}\frac{\partial}{\partial t}\left[x^2(x+y)2\pi at + (3x+y)\frac{2\pi}{3}a^3t^3\right]$$

$$= x^2(x+y) + (3x+y)a^2t^2.$$

8. 用 Fourier 变换法推导一维波动方程 Cauchy 问题的 D'Alembert 公式.

解 记 $\mathscr{F}[u(x,t)] = \tilde{u}(\omega,t)$, $\mathscr{F}[\varphi(x)] = \tilde{\varphi}(\omega)$, $\mathscr{F}[\psi(x)] = \tilde{\psi}(\omega)$.

对方程及初始条件取关于 x 的 Fourier 变换得

$$\begin{cases} \dfrac{\mathrm{d}^2\tilde{u}(\omega,t)}{\mathrm{d}t^2} = a^2(\mathrm{i}\omega)^2\tilde{u}(\omega,t), \\ \tilde{u}(\omega,0) = \tilde{\varphi}(\omega), \quad \left.\dfrac{\mathrm{d}\tilde{u}}{\mathrm{d}t}\right|_{t=0} = \tilde{\psi}(\omega). \end{cases}$$

解之得

$$\tilde{u}(\omega,t) = \tilde{\varphi}(\omega)\cos a\omega t + \frac{1}{a\omega}\tilde{\psi}(\omega)\sin a\omega t$$

$$= \frac{1}{2}\left[\tilde{\varphi}(\omega)\mathrm{e}^{\mathrm{i}at\omega} + \tilde{\varphi}(\omega)\mathrm{e}^{-\mathrm{i}at\omega}\right]$$

$$+ \frac{1}{2a}\left[\frac{\tilde{\psi}(\omega)}{\mathrm{i}\omega}\mathrm{e}^{\mathrm{i}at\omega} - \frac{\tilde{\psi}(\omega)}{\mathrm{i}\omega}\mathrm{e}^{-\mathrm{i}at\omega}\right]$$

$$= \frac{1}{2}\{\mathscr{F}[\varphi(x+at)] + \mathscr{F}[\varphi(x-at)]\}$$

$$+ \frac{1}{2a}\frac{1}{\mathrm{i}\omega}\{\mathscr{F}[\psi(x+at)] - \mathscr{F}[\psi(x-at)]\}.$$

所以
$$u(x,t)=\mathscr{F}^{-1}[\tilde{u}(\omega,t)]$$
$$=\frac{1}{2}[\varphi(x+at)+\varphi(x-at)]$$
$$+\frac{1}{2a}\left[\int_{-\infty}^{x+at}\psi(s)\mathrm{d}s-\int_{-\infty}^{x-at}\psi(s)\mathrm{d}s\right]$$
$$=\frac{1}{2}[\varphi(x+at)+\varphi(x-at)]+\frac{1}{2a}\int_{x-at}^{x+at}\psi(s)\mathrm{d}s.$$

9.用积分变换法解下列定解问题.

(1) $\begin{cases} u_{xx}+u_{yy}=0, & 0<x<+\infty, \quad -\infty<y<+\infty, \\ u|_{x=0}=\varphi(y), & \lim\limits_{x\to+\infty}u(x,y)=0; \end{cases}$

(2) $\begin{cases} u_t=a^2u_{xx}-hu, & x>0, \quad t>0, \\ u|_{x=0}=0, & \lim\limits_{x\to+\infty}u_x(x,t)=0, \\ u|_{t=0}=b; \end{cases}$

(3) $\begin{cases} u_t=4u_{xx}, & 0<x<3, \quad t>0, \\ u|_{x=0}=0, & u|_{x=3}=0, \\ u|_{t=0}=10\sin 2\pi x-6\sin 4\pi x; \end{cases}$

(4) $\begin{cases} \dfrac{\partial^2u}{\partial x\partial y}=1, & x>0, \quad y>0, \\ u|_{x=0}=y+1, \\ u|_{y=0}=1. \end{cases}$

解　(1)记 $\mathscr{F}[u(x,y)]=\tilde{u}(x,\omega)$，　$\mathscr{F}[\varphi(y)]=\tilde{\varphi}(\omega)$.

于是有
$$\begin{cases} \dfrac{\mathrm{d}^2\tilde{u}(x,\omega)}{\mathrm{d}x^2}+(\mathrm{i}\omega)^2\tilde{u}(x,\omega)=0, \\ \tilde{u}(0,\omega)=\tilde{\varphi}(\omega), \quad \lim\limits_{x\to+\infty}\tilde{u}(x,\omega)=0, \end{cases}$$

解得
$$\tilde{u}(x,\omega)=A\mathrm{e}^{\omega x}+B\mathrm{e}^{-\omega x}.$$

因为 $\lim\limits_{x\to+\infty}\tilde{u}(x,\omega)=0$,故当 $\omega\geqslant0$ 时,应取 $A=0$,所以 $\tilde{u}=B\mathrm{e}^{-\omega x}$;当 $\omega<0$ 时,应取 $B=0$,所以 $\tilde{u}=A\mathrm{e}^{\omega x}$;总之 $\tilde{u}$ 可写为
$$\tilde{u}(x,\omega)=C\mathrm{e}^{-|\omega|x}.$$

由 $\tilde{u}(0,\omega)=\tilde{\varphi}(\omega)$,得 $C=\tilde{\varphi}(\omega)$,因此 $\tilde{u}(x,\omega)=\tilde{\varphi}(\omega)\mathrm{e}^{-|\omega|x}$.故

$$u(x,y)=\mathscr{F}^{-1}[\tilde{u}(x,\omega)]=\mathscr{F}^{-1}[\tilde{\varphi}(\omega)e^{-|\omega|x}]$$
$$=\varphi(y)*\frac{1}{2\pi}\int_{-\infty}^{+\infty}e^{-|\omega|x}e^{i\omega y}d\omega$$
$$=\varphi(y)*\frac{1}{2\pi}\int_{-\infty}^{+\infty}e^{-|\omega|x}(\cos\omega y+i\sin\omega y)d\omega$$
$$=\varphi(y)*\frac{2}{2\pi}\int_{0}^{+\infty}e^{-\omega x}\cos\omega y d\omega$$
$$=\frac{1}{\pi}\varphi(y)*\frac{x}{x^2+y^2}=\frac{x}{\pi}\int_{-\infty}^{+\infty}\frac{\varphi(\tau)}{x^2+(y-\tau)^2}d\tau.$$

或查表得 $\mathscr{F}^{-1}\left[\frac{-\pi}{-x}e^{-x|\omega|}\right]=\frac{1}{x^2+y^2}$,

于是 $$\mathscr{F}^{-1}[e^{-x|\omega|}]=\frac{x}{\pi}\mathscr{F}^{-1}\left[\frac{-\pi}{-x}e^{-x|\omega|}\right]=\frac{x}{\pi}\frac{1}{x^2+y^2},$$

故 $$u(x,y)=\mathscr{F}^{-1}[\tilde{\varphi}(\omega)e^{-x|\omega|}]=\varphi(y)*\frac{1}{\pi}\frac{1}{x^2+y^2}$$
$$=\frac{x}{\pi}\int_{-\infty}^{+\infty}\frac{\varphi(\tau)}{x^2+(y-\tau)^2}d\tau.$$

(2)记 $\mathscr{L}[u(x,t)]=\tilde{u}(x,p)$,取关于 t 的 Laplace 变换得

$$\begin{cases}\dfrac{d^2\tilde{u}}{dx^2}-\dfrac{p+h}{a^2}\tilde{u}=\dfrac{-b}{a^2},\\ \tilde{u}|_{x=0}=0,\quad \lim\limits_{x\to+\infty}\dfrac{d\tilde{u}}{dx}=0.\end{cases}$$

所以 $$\tilde{u}(x,p)=Ae^{\frac{\sqrt{p+h}}{a}x}+Be^{-\frac{\sqrt{p+h}}{a}x}+\frac{b}{p+h}.$$

由 $\lim\limits_{x\to+\infty}\frac{d\tilde{u}}{dx}=0$ 知 $A=0$,于是 $\tilde{u}(x,p)=Be^{-\frac{\sqrt{p+h}}{a}x}+\frac{b}{p+h}$;

由 $\tilde{u}|_{x=0}=0$ 得 $B=-\frac{b}{p+h}$,

故 $$\tilde{u}(x,p)=\frac{b}{p+h}(1-e^{-\frac{\sqrt{p+h}}{a}x}).$$

所以 $$u(x,t)=\mathscr{L}^{-1}[\tilde{u}(x,p)]$$
$$=\mathscr{L}^{-1}\left[\frac{b}{p+h}\right]-\mathscr{L}^{-1}\left[\frac{b}{p+h}e^{-\frac{\sqrt{p+h}}{a}x}\right]$$

$$= b\mathrm{e}^{-ht} - b\mathscr{L}^{-1}\left[\frac{1}{p+h}\mathrm{e}^{-\frac{\sqrt{p+h}}{a}x}\right]$$

$$\xlongequal{\text{查表}} b\mathrm{e}^{-ht} - b\cdot\operatorname{erfc}\left(\frac{x}{2a\sqrt{t}}\right)\cdot\mathrm{e}^{-ht}$$

$$= b\mathrm{e}^{-ht}\left[1-\frac{2}{\sqrt{\pi}}\int_{\frac{x}{2a\sqrt{t}}}^{+\infty}\mathrm{e}^{-y^2}\,\mathrm{d}y\right].$$

(3)记 $\mathscr{L}[u(x,t)] = U(x,p)$，对方程及边界条件取关于 t 的 Laplace 变换得

$$\begin{cases} 4\dfrac{\mathrm{d}^2 U}{\mathrm{d}x^2} - pU = 6\sin 4\pi x - 10\sin 2\pi x, \\ U|_{x=0} = 0, \quad U|_{x=3} = 0. \end{cases}$$

解之得　$U(x,p) = \dfrac{10\sin 2\pi x}{p+16\pi^2} - \dfrac{6\sin 4\pi x}{p+64\pi^2}$.

所以　$u(x,t) = \mathscr{L}^{-1}[U(x,p)]$

$$= 10\sin 2\pi x\mathscr{L}^{-1}\left[\frac{1}{p+16\pi^2}\right] - 6\sin 4\pi x\mathscr{L}^{-1}\left[\frac{1}{p+64\pi^2}\right]$$

$$= 10\mathrm{e}^{-16\pi^2 t}\sin 2\pi x - 6\mathrm{e}^{-64\pi^2 t}\sin 4\pi x.$$

(4)将方程两边关于 y 取 Laplace 变换得 $\dfrac{\mathrm{d}}{\mathrm{d}x}[p\tilde{u}(x,p) - 1] = \dfrac{1}{p}$，即 $p\dfrac{\mathrm{d}\tilde{u}}{\mathrm{d}x} = \dfrac{1}{p}$，再对边界条件 $u|_{x=0} = y+1$ 取关于 y 的 Laplace 变换得 $\tilde{u}|_{x=0} = \dfrac{1}{p^2} + \dfrac{1}{p}$，故有

$$\begin{cases} \dfrac{\mathrm{d}\tilde{u}}{\mathrm{d}x} = \dfrac{1}{p^2}, \\ \tilde{u}|_{x=0} = \dfrac{1}{p^2} + \dfrac{1}{p}. \end{cases}$$

解之得　$\tilde{u}(x,p) = \dfrac{1}{p^2}x + \dfrac{1}{p^2} + \dfrac{1}{p}$.

所以　$u(x,y) = \mathscr{L}^{-1}\left[\dfrac{1}{p^2}x + \dfrac{1}{p^2} + \dfrac{1}{p}\right] = xy + y + 1$.

本题亦可关于 x 取 Laplace 变换，得

$$\begin{cases}\dfrac{\mathrm{d}u(p,y)}{\mathrm{d}y}=\dfrac{1}{p}+\dfrac{1}{p^2},\\ U(p,0)=\dfrac{1}{p}.\end{cases}$$

解得 $$U(p,y)=\frac{1}{p}y+\frac{1}{p^2}y+\frac{1}{p}.$$

所以 $$u(x,y)=\mathscr{L}^{-1}\left[\frac{1}{p}y+\frac{1}{p^2}y+\frac{1}{p}\right]=xy+y+1.$$

10. 证明公式(13,33)：$\iint\limits_D[u\Delta v-v\Delta u]\mathrm{d}\sigma=\oint_L\left[u\dfrac{\partial v}{\partial n}-v\dfrac{\partial u}{\partial n}\right]\mathrm{d}s$，其中 $D\subset\mathbb{R}^2$ 是由足够光滑的平面曲线 L 所围的有界闭域，$\boldsymbol{n}$ 是 L 的外法向量，L 取逆时针方向.

证明 设 $\boldsymbol{n}^\circ=\{\cos\alpha,\sin\alpha\}$，而 $\boldsymbol{\tau}^\circ=\{\cos\lambda,\sin\lambda\}$ 是单位切向量，则

$$\begin{aligned}\oint_L u\frac{\partial v}{\partial n}\mathrm{d}s&=\oint_L\left[u\frac{\partial v}{\partial x}\cos\alpha+u\frac{\partial v}{\partial y}\sin\alpha\right]\mathrm{d}s\\&=\oint_L\left[u\frac{\partial v}{\partial x}\sin\lambda-u\frac{\partial v}{\partial y}\cos\lambda\right]\mathrm{d}s\\&=\oint_L-u\frac{\partial v}{\partial y}\mathrm{d}x+u\frac{\partial v}{\partial x}\mathrm{d}y\\&\xlongequal{\text{Green 公式}}\iint\limits_D\left[\frac{\partial}{\partial x}\left(u\frac{\partial v}{\partial x}\right)-\frac{\partial}{\partial y}\left(-u\frac{\partial v}{\partial y}\right)\right]\mathrm{d}\sigma\\&=\iint\limits_D\left[\frac{\partial u}{\partial x}\frac{\partial v}{\partial x}+u\frac{\partial^2 v}{\partial x^2}+\frac{\partial u}{\partial y}\frac{\partial v}{\partial y}+u\frac{\partial^2 v}{\partial y^2}\right]\mathrm{d}\sigma\\&=\iint\limits_D u\left(\frac{\partial^2 v}{\partial x^2}+\frac{\partial^2 v}{\partial y^2}\right)\mathrm{d}\sigma+\iint\limits_D\left(\frac{\partial u}{\partial x}\frac{\partial v}{\partial x}+\frac{\partial u}{\partial y}\frac{\partial v}{\partial y}\right)\mathrm{d}\sigma\\&=\iint\limits_D u\Delta v\mathrm{d}\sigma+\iint\limits_D\left(\frac{\partial u}{\partial x}\frac{\partial v}{\partial x}+\frac{\partial u}{\partial y}\frac{\partial v}{\partial y}\right)\mathrm{d}\sigma.\end{aligned}$$

所以 $$\iint\limits_D u\Delta v\mathrm{d}\sigma=\oint_L u\frac{\partial v}{\partial n}\mathrm{d}s-\iint\limits_D\left(\frac{\partial u}{\partial x}\frac{\partial v}{\partial x}+\frac{\partial u}{\partial y}\frac{\partial v}{\partial y}\right)\mathrm{d}\sigma,$$

交换 u 与 v 的位置得

$$\iint_D v\Delta u\,\mathrm{d}\sigma=\oint_L v\frac{\partial u}{\partial n}\mathrm{d}s-\iint_D\left(\frac{\partial v}{\partial x}\frac{\partial u}{\partial x}+\frac{\partial v}{\partial y}\frac{\partial u}{\partial y}\right)\mathrm{d}\sigma.$$

两式相减得

$$\iint_D(u\Delta v-v\Delta u)\mathrm{d}\sigma=\oint_L\left[u\frac{\partial v}{\partial n}-v\frac{\partial u}{\partial n}\right]\mathrm{d}s.$$

11.证明二维 Laplace 方程第一边值问题的 Green 函数为

$$G(M,M_0)=\frac{1}{2\pi}\left(\ln\frac{1}{r_{M_0M}}-v\right),$$

其中 $M\neq M_0$，v 是调和函数.

证明　因为二维 Laplace 方程 $\Delta u=0(M\in D)$的基本解 $\ln\frac{1}{r_{M_0M}}$在 D 内有一个奇异点 M_0，故作圆周 $S_\varepsilon=S(M_0,\varepsilon)$，使 S_ε 含在 L 内部，并记 S_ε 所围域为 B_ε，则 $\ln\frac{1}{r_{M_0M}}$在 L 与 S_ε 所围域 $D\setminus B_\varepsilon$ 及其边界上任意次可微.

在公式(13.33)(即上题中的公式)中，取 u 为调和函数，而 $v=\ln\frac{1}{r_{M_0M}}$，得

$$\iint_{D\setminus B_\varepsilon}\left[u\Delta\left(\ln\frac{1}{r_{M_0M}}\right)-\ln\frac{1}{r_{M_0M}}\Delta u\right]\mathrm{d}\sigma$$

$$=\oint_{L+S_\varepsilon}\left[u\frac{\partial}{\partial n}\left(\ln\frac{1}{r_{M_0M}}\right)-\ln\frac{1}{r_{M_0M}}\frac{\partial u}{\partial n}\right]\mathrm{d}s. \qquad ①$$

在 $D\setminus B_\varepsilon$ 内，$\Delta u=0$，$\Delta\left(\ln\frac{1}{r_{M_0M}}\right)=0$，且在 S_ε 上，

$$\frac{\partial}{\partial n}\left(\ln\frac{1}{r_{M_0M}}\right)=-\frac{\partial}{\partial r}\left(\ln\frac{1}{r_{M_0M}}\right)\bigg|_{r=\varepsilon}=\frac{1}{\varepsilon},$$

$$\ln\frac{1}{r_{M_0M}}\bigg|_{M\in S_\varepsilon}=-\ln\varepsilon,$$

所以　$$\oint_{S_\varepsilon}u\frac{\partial}{\partial n}\left(\ln\frac{1}{r_{M_0M}}\right)\mathrm{d}s=\frac{1}{\varepsilon}\oint_{S_\varepsilon}u\,\mathrm{d}s=\frac{1}{\varepsilon}\bar{u}\cdot2\pi\varepsilon=2\pi\bar{u},$$

其中 $\bar{u}$ 是 u 在 S_ε 上的平均值.

同理可得

$$\oint_{S_\varepsilon}\ln\frac{1}{r_{M_0M}}\frac{\partial u}{\partial n}\mathrm{d}s=-\ln\varepsilon\left(\overline{\frac{\partial u}{\partial n}}\right)2\pi\varepsilon=-2\pi\varepsilon\ln\varepsilon\left(\overline{\frac{\partial u}{\partial n}}\right),$$

其中 $\left(\overline{\frac{\partial u}{\partial n}}\right)$ 为 $\frac{\partial u}{\partial n}$ 在 S_ε 上的平均值.由条件知 $\left(\overline{\frac{\partial u}{\partial n}}\right)$ 是有界的,于是式①可写为

$$\oint_L\left[u\frac{\partial}{\partial n}\left(\ln\frac{1}{r_{M_0M}}\right)-\ln\frac{1}{r_{M_0M}}\frac{\partial u}{\partial n}\right]\mathrm{d}s+2\pi\bar{u}-2\pi\varepsilon\ln\varepsilon\left(\overline{\frac{\partial u}{\partial n}}\right)=0.$$

因为 $\lim\limits_{\varepsilon\to0^+}\bar{u}=u(M_0),\quad \lim\limits_{\varepsilon\to0^+}\varepsilon\ln\varepsilon=0,$

所以令 $\varepsilon\to0^+$,对上式取极限得

$$u(M_0)=-\frac{1}{2\pi}\oint_L\left[u\frac{\partial}{\partial n}\left(\ln\frac{1}{r_{M_0M}}\right)-\ln\frac{1}{r_{M_0M}}\cdot\frac{\partial u}{\partial n}\right]\mathrm{d}s(\forall M_0\in D).\qquad ②$$

又在公式(13.33)中,取 u,v 均为调和函数,则得

$$0=\oint_L\left[u\frac{\partial v}{\partial n}-v\frac{\partial u}{\partial n}\right]\mathrm{d}s.\qquad ③$$

② + ③ × $\frac{1}{2\pi}$ 得

$$u(M_0)=\frac{1}{2\pi}\oint_L\left\{u\left[\frac{\partial v}{\partial n}-\frac{\partial}{\partial n}\left(\ln\frac{1}{r_{M_0M}}\right)\right]+\left(\ln\frac{1}{r_{M_0M}}-v\right)\frac{\partial u}{\partial n}\right\}\mathrm{d}s.$$

为消去含 $\frac{\partial u}{\partial n}$ 的项,选取调和函数 v,使得 $v|_L=\ln\frac{1}{r_{M_0M}}\Big|_{M\in L}$,于是得

$$u(M_0)=-\oint_L u\frac{\partial}{\partial n}\left[\frac{1}{2\pi}\left(\ln\frac{1}{r_{M_0M}}-v\right)\right]\mathrm{d}s.$$

因此二维 Laplace 方程的 Green 函数为

$$G(M,M_0)=\frac{1}{2\pi}\left(\ln\frac{1}{r_{M_0M}}-v\right),$$

且 $G(M,M_0)|_{M\in L}=0$.

12.利用公式(13.35)求解圆域 $\rho\leqslant a$ 上的定解问题

$$\begin{cases}\Delta u=0, & \rho<a,\\ u(\rho,\varphi)|_{\rho=a}=A\cos\varphi.\end{cases}$$

解　对圆域内任一点(ρ_0,φ_0)，由公式(13.35)，有

$$u(\rho_0,\varphi_0)=\frac{1}{2\pi}\int_0^{2\pi}\frac{(a^2-\rho_0^2)A\cos\varphi}{a^2+\rho_0^2-2a\rho_0\cos(\varphi-\varphi_0)}\mathrm{d}\varphi$$

$$=\frac{A(a^2-\rho_0^2)}{2\pi}\int_0^{2\pi}\frac{\cos(\varphi-\varphi_0+\varphi_0)}{(a^2+\rho_0^2)-2a\rho_0\cos(\varphi-\varphi_0)}\mathrm{d}\varphi$$

$$\xlongequal[B_0=-2a\rho_0]{A_0=a^2+\rho_0^2}\frac{A(a^2-\rho_0^2)}{2\pi}\left\{\cos\varphi_0\int_0^{2\pi}\frac{\cos(\varphi-\varphi_0)}{A_0+B_0\cos(\varphi-\varphi_0)}\mathrm{d}\varphi-\sin\varphi_0\int_0^{2\pi}\frac{\sin(\varphi-\varphi_0)}{A_0+B_0\cos(\varphi-\varphi_0)}\mathrm{d}\varphi\right\}$$

$$=\frac{A(a^2-\rho_0^2)}{2\pi}\left\{\cos\varphi_0\int_0^{2\pi}\frac{1}{B_0}\left[1-\frac{A_0}{A_0+B_0\cos(\varphi-\varphi_0)}\right]\mathrm{d}\varphi+\frac{\sin\varphi_0}{B_0}\ln|A_0+B_0\cos(\varphi-\varphi_0)|\Big|_0^{2\pi}\right\}$$

$$=\frac{A(a^2-\rho_0^2)}{2\pi}\cos\varphi_0\left[\frac{2\pi}{B_0}-\frac{A_0}{B_0}\int_0^{2\pi}\frac{\mathrm{d}\varphi}{A_0+B_0\cos(\varphi-\varphi_0)}\right]$$

$$=\frac{A(a^2-\rho_0^2)\cos\varphi_0}{-2a\rho_0}+\frac{A(a^2+\rho_0^2)\cos\varphi_0}{2a\rho_0}\frac{1}{2\pi}\int_0^{2\pi}\frac{(a^2-\rho^2)\mathrm{d}\varphi}{a^2+\rho_0^2-2a\rho_0\cos(\varphi-\varphi_0)},$$

其中$\frac{1}{2\pi}\int_0^{2\pi}\frac{(a^2-\rho^2)\cdot 1}{a^2+\rho_0^2-2a\rho_0\cos(\varphi-\varphi_0)}\mathrm{d}\varphi$ 是定解问题$\begin{cases}\Delta v=0,\rho<a,\\ v|_{\rho=a}=1\end{cases}$的解，易知此定解问题的解为 $u(\rho_0,\varphi_0)\equiv 1$.

故原定解问题的解为

$$u(\rho_0,\varphi_0)=\frac{A}{a}\rho_0\cos\varphi_0,$$

即

$$u(\rho,\varphi)=\frac{A}{a}\rho\cos\varphi.$$

13. 证明半平面 $y>0$ 上定解问题

$$\begin{cases}u_{xx}+u_{yy}=0, & y>0,\\ u|_{y=0}=f(x)\end{cases}$$

的解的积分表达式为 $u(x,y)=\dfrac{y}{\pi}\int_{-\infty}^{+\infty}\dfrac{f(\xi)}{y^2+(\xi-x)^2}\mathrm{d}\xi$.

证明 已知 $G(M,M_0)=\dfrac{1}{2\pi}\left(\ln\dfrac{1}{r_{M_0M}}-v\right)$,由静电源像法可得 $v=\ln\dfrac{1}{r_{M_1M}}$,其中 M_1 是 M_0 关于 $\eta=0$ 的对称点.设 $M=(\xi,\eta)$,$M_0=(x,y)$,则 $M_1=(x,-y)$.于是

$$r_{M_0M}=\sqrt{(\xi-x)^2+(\eta-y)^2},\quad r_{M_1M}=\sqrt{(\xi-x)^2+(\eta+y)^2},$$

所以
$$G(M,M_0)=\frac{-1}{4\pi}\{\ln[(\xi-x)^2+(\eta-y)^2]-\ln[(\xi-x)^2+(\eta+y)^2]\},$$

$$\begin{aligned}\left.\frac{\partial G}{\partial n}\right|_L&=-\left.\frac{\partial G}{\partial\eta}\right|_{\eta=0}\\&=\frac{1}{4\pi}\left[\frac{2(\eta-y)}{(\xi-x)^2+(\eta-y)^2}-\frac{2(\eta+y)}{(\xi-x)^2+(\eta+y)^2}\right]_{\eta=0}\\&=\frac{-y}{\pi}\frac{1}{y^2+(\xi-x)^2}.\end{aligned}$$

故由公式(13.34)得

$$u(x,y)=\frac{y}{\pi}\int_{-\infty}^{+\infty}\frac{f(\xi)}{y^2+(\xi-x)^2}\mathrm{d}\xi.$$

(此表达式亦可用积分变换法得到,见第9题(1)的解答.)

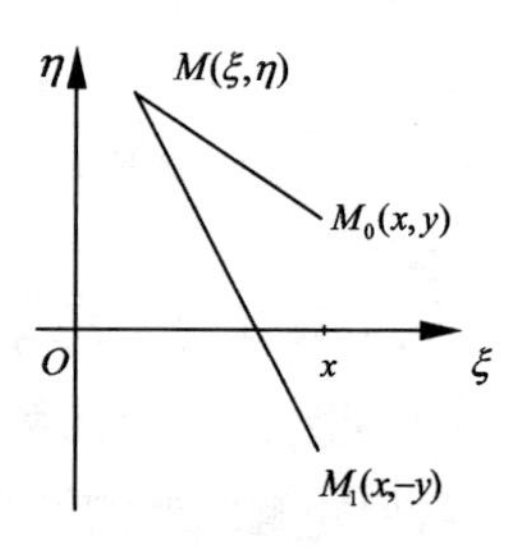

题13图

* 第 14 章　偏微分方程的数值解法

本章重点

1. 椭圆型方程、抛物型方程、双曲型方程的差分解法.

2. 有限元方法.

习题解答

1. 写出用五点菱形格式解边值问题

$$\begin{cases}\dfrac{\partial^2 u}{\partial x^2}+\dfrac{\partial^2 u}{\partial y^2}=0, \quad (x,y)\in D,\\ u|_{\Gamma}=1-x^2-y^2\end{cases}$$

的差分方程,其中区域 $D=\{(x,y)|(x-3)^2+(y-4)^2<4\}$,取步长 $h_1=h_2=1$.

解　网格剖分、节点与界点编号如图所示,利用边界条件可得

$$u_{R_2}=-8.1436,$$

$$u_{R_3}=-20.1436,$$

$$u_{R_6}=-47.8564,$$

$$u_{R_7}=-35.8564.$$

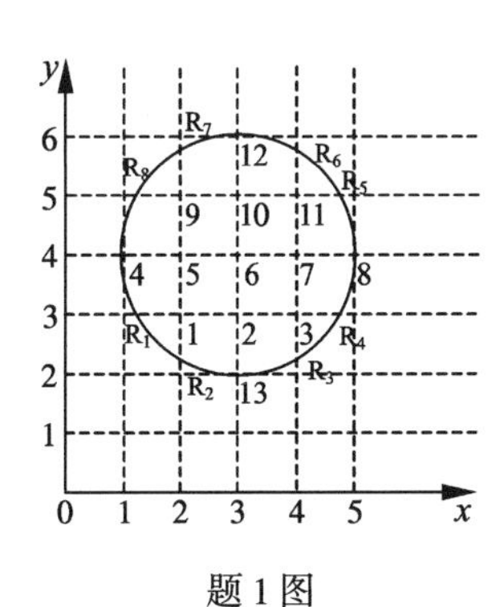

题 1 图

对于非正则内点 1,3,9,11 用简单迁移法得

$$u_1=u_{R_2}=-8.1436,$$

$$u_3=u_{R_3}=-20.1436,$$

$$u_9=u_{R_7}=-35.8564,$$

$$u_{11}=u_{R_6}=-47.8564.$$

在其余内节点 2,5,6,7,10 处得差分方程

$$\begin{cases} u_1 + u_3 + u_6 + u_{13} - 4u_2 = 0, \\ u_4 + u_6 + u_1 + u_9 - 4u_5 = 0, \\ u_2 + u_5 + u_7 + u_{10} - 4u_6 = 0, \\ u_3 + u_6 + u_8 + u_{11} - 4u_7 = 0, \\ u_6 + u_9 + u_{11} + u_{12} - 4u_{10} = 0. \end{cases}$$

注意到 $u_4 = -16$, $u_8 = -40$, $u_{12} = -44$, $u_{13} = -12$,
并将 u_1, u_3, u_9, u_{11}之值代入,得方程组

$$\begin{cases} -4u_2 + u_6 = 40.287\,2, \\ -4u_5 + u_6 = 60, \\ u_2 + u_5 - 4u_6 + u_7 + u_{10} = 0, \\ -4u_7 + u_6 = 108, \\ -4u_{10} + u_6 = 127.712\,8. \end{cases}$$

不难解得 $u_6 = -28$, $u_2 = -17.071\,8$, $u_5 = -22$, $u_7 = -34$,

$u_{10} = -38.928\,2$.

2.用五点菱形格式解边值问题

$$\begin{cases} \dfrac{\partial^2 u}{\partial x^2} + \dfrac{\partial^2 u}{\partial y^2} = 0, \quad 0 < x < 4, \quad 0 < y < 3, \\ u|_{x=0} = y(3 - y), \quad u|_{x=4} = 0, \\ u|_{y=0} = \sin \dfrac{\pi x}{4}, \quad u|_{y=3} = 0, \end{cases}$$

取步长 $h_1 = h_2 = 1$.

解 网格剖分、节点与界点编号如图所示,无正则内点,只有六个非正则内点,在这些内点按五点菱形格式建立差分方程得

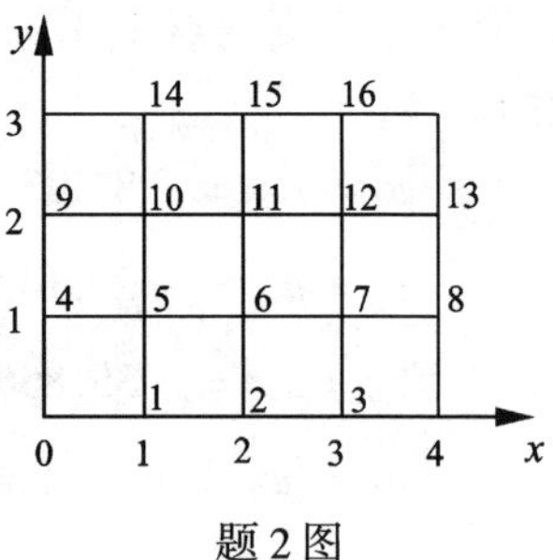

题 2 图

$$\begin{cases} u_1 + u_4 - 4u_5 + u_6 + u_{10} = 0, \\ u_2 + u_5 - 4u_6 + u_7 + u_{11} = 0, \\ u_3 + u_6 - 4u_7 + u_8 + u_{12} = 0, \\ u_5 + u_9 - 4u_{10} + u_{11} + u_{14} = 0, \\ u_6 + u_{10} - 4u_{11} + u_{12} + u_{15} = 0, \\ u_7 + u_{11} - 4u_{12} + u_{13} + u_{16} = 0. \end{cases}$$

利用边界条件得

$$u_1 = \frac{\sqrt{2}}{2}, \quad u_2 = 1, \quad u_3 = \frac{\sqrt{2}}{2}, \quad u_4 = 2, \quad u_9 = 2,$$

$$u_8 = u_{13} = u_{14} = u_{15} = u_{16} = 0.$$

代入差分方程,解得

$$u_5 = 1.083\ 4, \quad u_6 = 0.740\ 4, \quad u_7 = 0.416\ 8, \quad u_{10} = 0.886\ 2,$$

$$u_{11} = 0.461\ 6, \quad u_{12} = 0.219\ 6.$$

3. 用五点菱形格式解边值问题

$$\begin{cases} \dfrac{\partial^2 u}{\partial x^2} + \dfrac{\partial^2 u}{\partial y^2} = -1, \quad (x, y) \in D, \\ \left[\dfrac{\partial u}{\partial n} + u\right]_\Gamma = 0, \end{cases}$$

其中 Γ 为区域 $D = \{(x, y) \mid -1 < x < 1, -1 < y < 1\}$ 的边界,取步长 $h_1 = h_2 = \dfrac{2}{3}$.

解　网格剖分、节点及界点编号如图所示,对于节点用五点菱形格式得

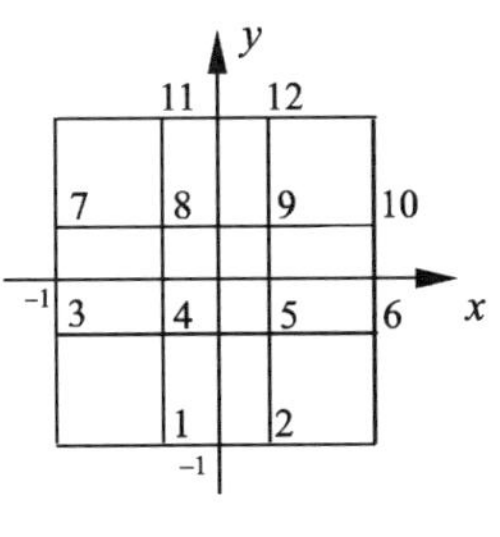

题 3 图

$$\begin{cases} u_1 + u_3 - 4u_4 + u_5 + u_8 = -\dfrac{4}{9}, \\ u_2 + u_4 - 4u_5 + u_6 + u_9 = -\dfrac{4}{9}, \\ u_4 + u_7 - 4u_8 + u_9 + u_{11} = -\dfrac{4}{9}, \\ u_5 + u_8 - 4u_9 + u_{10} + u_{12} = -\dfrac{4}{9}. \end{cases}$$

利用边界条件得

$$\frac{u_4 - u_3}{-h_1} + u_3 = 0,$$

此即 $u_3 = \frac{3}{5}u_4$,类似地可得

$$u_7 = \frac{3}{5}u_8, \quad u_6 = \frac{3}{5}u_5, \quad u_{10} = \frac{3}{5}u_9, \quad u_1 = \frac{3}{5}u_4,$$

$$u_2 = \frac{3}{5}u_5, \quad u_{11} = \frac{3}{5}u_8, \quad u_{12} = \frac{3}{5}u_9,$$

代入五点菱形格式得差分方程组

$$\begin{cases} -\frac{14}{5}u_4 + u_5 + u_8 = -\frac{4}{9}, \\ u_4 - \frac{14}{5}u_5 + u_9 = -\frac{4}{9}, \\ u_4 - \frac{14}{5}u_8 + u_9 = -\frac{4}{9}, \\ u_5 + u_8 - \frac{14}{5}u_9 = -\frac{4}{9}, \end{cases}$$

解得 $$u_4 = u_5 = u_8 = u_9 = \frac{5}{9}.$$

4.写出用最简显格式解定解问题

$$\begin{cases} \frac{\partial u}{\partial t} = e^x\left(\frac{\partial^2 u}{\partial x^2} + \frac{\partial u}{\partial x}\right), \quad 0 < x < 1, \quad t > 0, \\ u|_{t=0} = 4x(1-x), \quad 0 \leqslant x \leqslant 1, \\ u|_{x=0} = 0, \quad u|_{x=1} = 0, \quad t \geqslant 0 \end{cases}$$

的差分格式.

解 $$\frac{u_j^{(n+1)} - u_j^{(n)}}{\tau} = e^{x_j}\left[\frac{u_{j+1}^{(n)} - 2u_j^{(n)} + u_{j-1}^{(n)}}{h^2} + \frac{u_{j+1}^{(n)} - u_{j-1}^{(n)}}{2h}\right]$$

$$\left(\begin{matrix} j = 1, 2, \cdots, J-1; \\ n = 0, 1, \cdots \end{matrix}\right).$$

整理得到最简显格式为

$$\begin{cases} u_j^{n+1} = r\left(1-\frac{h}{2}\right)e^{jh}u_{j-1}^{(n)} + (1-2re^{jh})u_j^{(n)} + r\left(1+\frac{h}{2}\right)e^{jh}u_{j+1}^{(n)}, \\ u_j^{(0)} = 4jh(1-jh), \\ u_0^{(n)} = u_J^{(n)} = 0 \end{cases}$$

$$\begin{pmatrix} j=1,2,\cdots,J-1; \\ n=0,1,\cdots \end{pmatrix},$$

其中 $r=\frac{\tau}{h^2}$.

5.用最简显格式解定解问题

$$\begin{cases} \frac{\partial u}{\partial t} - \frac{\partial^2 u}{\partial x^2} = 0, \quad 0<x<1, \quad t>0, \\ u|_{t=0} = x(1-x), \quad 0\leqslant x\leqslant 1, \\ u|_{x=0} = u|_{x=0} = 0, \quad t\geqslant 0, \end{cases}$$

取步长 $h=0.2,\tau=0.1$,计算出 $n=1,2$ 层的数值解.

解　网格比 $r=\frac{a^2\tau}{h^2}=2.5$.

最简显格式为

$$\begin{cases} u_j^{(n+1)} = 2.5u_{j-1}^{(n)} - 4u_j^{(n)} + 2.5u_{j+1}^{(n)}, \quad j=1,2,3,4; \quad n=0,1,2,\cdots, \\ u_j^{(0)} = 0.2j(1-0.2j), \quad j=0,1,2,3,4, \\ u_0^{(n)} = u_5^{(n)} = 0, \quad n=0,1,\cdots. \end{cases}$$

利用边界条件得

$$u_0^{(0)}=0, \quad u_1^{(0)}=0.16, \quad u_2^{(0)}=0.24, \quad u_3^{(0)}=0.24,$$

$$u_4^{(0)}=0.16.$$

在差分格式中令 $n=0$,得

$$u_j^{(1)} = 2.5u_{j-1}^{(0)} - 4u_j^{(0)} + 2.5u_{j+1}^{(0)}.$$

由此得到

$$u_1^{(1)} = -0.04, \quad u_2^{(1)} = 0.04, \quad u_3^{(1)} = 0.04, \quad u_4^{(1)} = -0.04,$$

又由边界条件知 $u_0^{(1)}=0, \quad u_5^{(1)}=0$.

在差分格式中令 $n=1$,得

$$u_j^{(2)} = 2.5u_{j-1}^{(1)} - 4u_j^{(1)} + 2.5u_{j+1}^{(1)}.$$

由此得到

$$u_1^{(2)} = 0.26,\quad u_2^{(2)} = 0.16,\quad u_3^{(2)} = -0.16,\quad u_4^{(2)} = 0.26,$$

又由边界条件得 $u_0^{(2)} = 0$, $u_5^{(2)} = 0$.

6.用三层显格式解定解问题

$$\begin{cases} \dfrac{\partial^2 u}{\partial t^2} - \dfrac{\partial^2 u}{\partial x^2} = 0, & 0 < x < 1, \quad t > 0, \\ u|_{t=0} = \sin \pi x, \quad \left.\dfrac{\partial u}{\partial t}\right|_{t=0} = x(1-x), & 0 \leqslant x \leqslant 1, \\ u|_{x=0} = u|_{x=0} = 0, & t \geqslant 0. \end{cases}$$

取步长 $h = 0.2, \tau = 0.2$,计算出 $n = 1,2,3$ 层的数值解.

解 网格比 $r = \dfrac{a\tau}{h} = 1$.

三层显格式为

$$\begin{cases} u_j^{(n+1)} = u_{j-1}^{(n)} + u_{j+1}^{(n)} - u_j^{(n-1)}, \quad j = 1,2,3,4; \quad n = 1,2,\cdots, \\ u_j^{(0)} = \sin jh\pi, \quad u_j^{(1)} = \sin jh\pi + 0.2jh(1-jh), \quad j = 1,2,3,4, \\ u_0^{(n)} = 0, \quad u_5^{(n)} = 0, n = 0,1,\cdots. \end{cases}$$

由边界条件得

$u_0^{(0)} = 0$, $u_1^{(0)} = \sin 0.2\pi = 0.587\ 79$, $u_2^{(0)} = \sin 0.4\pi = 0.951\ 06$,

$u_3^{(0)} = \sin 0.6\pi = 0.951\ 06$, $u_4^{(0)} = \sin 0.8\pi = 0.587\ 79$, $u_5^{(0)} = 0$.

$u_1^{(1)} = \sin 0.2\pi + 0.2 \times 0.2(1-0.2) = 0.619\ 79$,

$u_2^{(1)} = \sin 0.4\pi + 0.2 \times 0.4(1-0.4) = 0.999\ 06$,

$u_3^{(1)} = \sin 0.6\pi + 0.2 \times 0.6(1-0.6) = 0.999\ 06$,

$u_4^{(1)} = \sin 0.8\pi + 0.2 \times 0.8(1-0.8) = 0.619\ 79$,

$u_0^{(1)} = 0$, $u_5^{(1)} = 0$.

在差分格式中令 $n = 1$,得

$$u_1^{(2)} = u_0^{(1)} + u_2^{(1)} - u_1^{(0)} = 0.411\ 27,$$

$$u_2^{(2)} = u_1^{(1)} + u_3^{(1)} - u_2^{(0)} = 0.667\ 78,$$

$$u_3^{(2)} = u_2^{(1)} + u_4^{(1)} - u_3^{(0)} = 0.667\ 78,$$

$$u_4^{(2)} = u_3^{(1)} + u_5^{(1)} - u_4^{(0)} = 0.411\ 27,$$

又由边界条件得 $u_0^{(2)} = 0,\quad u_5^{(2)} = 0.$

在差分格式中令 $n = 2$,得

$$u_1^{(3)} = u_0^{(2)} + u_2^{(2)} - u_1^{(1)} = 0.047\ 99,$$

$$u_2^{(3)} = u_1^{(2)} + u_3^{(2)} - u_2^{(1)} = 0.080\ 00,$$

$$u_3^{(3)} = u_2^{(2)} + u_4^{(2)} - u_3^{(1)} = 0.080\ 00,$$

$$u_4^{(3)} = u_3^{(2)} + u_5^{(2)} - u_4^{(1)} = 0.047\ 99,$$

再由边界条件得 $u_0^{(3)} = 0,\quad u_5^{(3)} = 0.$

7.用有限元方法解边值问题

$$\begin{cases} \dfrac{\partial^2 u}{\partial x^2} + \dfrac{\partial^2 u}{\partial y^2} - 12u = -18xy - 2, & (x, y) \in D, \\ \left[\dfrac{\partial u}{\partial n} + 3u\right]_{\Gamma} = 0, \end{cases}$$

其中 $D = \{(x, y) | 0 < x < 1, 0 < y < 1\}$,$\Gamma$ 为 D 的边界,用对角线将 D 分为两个三角形.

解　区域剖分、面单元与线单元编号如图.

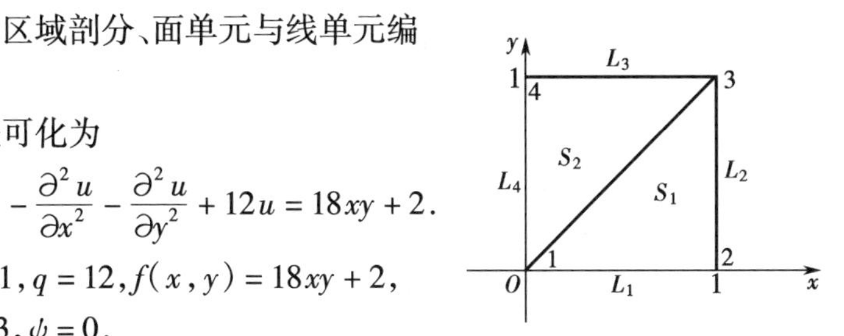

题 7 图

方程可化为

$$-\frac{\partial^2 u}{\partial x^2} - \frac{\partial^2 u}{\partial y^2} + 12u = 18xy + 2.$$

此时 $p = 1, q = 12, f(x, y) = 18xy + 2,$

$\omega = 3, \psi = 0.$

S_1 的重心为 $\left(\dfrac{2}{3}, \dfrac{1}{3}\right)$, S_2 的重心为 $\left(\dfrac{1}{3}, \dfrac{2}{3}\right)$.据此,我们取

$$f_1 = f\left(\frac{2}{3}, \frac{1}{3}\right) = 6,\quad f_2 = f\left(\frac{1}{3}, \frac{2}{3}\right) = 6.$$

面单元 S_1, S_2 的面积 $\Delta_1 = \Delta_2 = \dfrac{1}{2}$;

线单元 L_i 的长度 $l_i = 1,\quad i = 1, 2, 3, 4.$

面单元的刚度矩阵和载荷向量为

$$\boldsymbol{K}_{S_1}=\frac{1}{2}\begin{bmatrix}1&-1&0\\-1&1&0\\0&0&0\end{bmatrix}+\frac{1}{2}\begin{bmatrix}0&0&0\\0&1&-1\\0&-1&1\end{bmatrix}+\frac{1}{2}\begin{bmatrix}2&1&1\\1&2&1\\1&1&2\end{bmatrix}$$

$$=\frac{1}{2}\underset{(1)\quad(2)\quad(3)}{\begin{bmatrix}3&0&1\\0&4&0\\1&0&3\end{bmatrix}}\begin{matrix}(1)\\(2)\\(3)\end{matrix},$$

$$\boldsymbol{K}_{S_2}=\frac{1}{2}\begin{bmatrix}0&0&0\\0&1&-1\\0&-1&1\end{bmatrix}+\frac{1}{2}\begin{bmatrix}1&0&-1\\0&0&0\\-1&0&1\end{bmatrix}+\frac{1}{2}\begin{bmatrix}2&1&1\\1&2&1\\1&1&2\end{bmatrix}$$

$$=\frac{1}{2}\underset{(1)\quad(3)\quad(4)}{\begin{bmatrix}3&1&0\\1&3&0\\0&0&4\end{bmatrix}}\begin{matrix}(1)\\(3)\\(4)\end{matrix},$$

$$\boldsymbol{F}_{S_1}=\begin{bmatrix}1\\1\\1\end{bmatrix}\begin{matrix}(1)\\(2)\\(3)\end{matrix},\boldsymbol{F}_{S_2}=\begin{bmatrix}1\\1\\1\end{bmatrix}\begin{matrix}(1)\\(3)\\(4)\end{matrix}.$$

线单元的刚度矩阵与载荷向量为

$$\boldsymbol{K}_{L_1}=\frac{1}{2}\underset{(1)\quad(2)}{\begin{bmatrix}2&1\\1&2\end{bmatrix}}\begin{matrix}(1)\\(2)\end{matrix},\quad \boldsymbol{K}_{L_2}=\frac{1}{2}\underset{(2)\quad(3)}{\begin{bmatrix}2&1\\1&2\end{bmatrix}}\begin{matrix}(2)\\(3)\end{matrix},\boldsymbol{K}_{L_3}=\frac{1}{2}\underset{(2)\quad(3)}{\begin{bmatrix}2&1\\1&2\end{bmatrix}}\begin{matrix}(3)\\(3)\end{matrix},$$

$$\boldsymbol{K}_{L_4}=\frac{1}{2}\underset{(4)\quad(1)}{\begin{bmatrix}2&1\\1&2\end{bmatrix}}\begin{matrix}(4)\\(1)\end{matrix}.$$

$$\boldsymbol{F}_{L_1}=\begin{bmatrix}0\\0\end{bmatrix}\begin{matrix}(1)\\(2)\end{matrix},\quad \boldsymbol{F}_{L_2}=\begin{bmatrix}0\\0\end{bmatrix}\begin{matrix}(2)\\(3)\end{matrix},\quad \boldsymbol{F}_{L_3}=\begin{bmatrix}0\\0\end{bmatrix}\begin{matrix}(3)\\(4)\end{matrix},\quad \boldsymbol{F}_{L_4}=\begin{bmatrix}0\\0\end{bmatrix}\begin{matrix}(4)\\(1)\end{matrix}.$$

总体刚度矩阵与总体载荷向量为

$$\boldsymbol{K}=\frac{1}{2}\begin{bmatrix}3&0&1&0\\0&4&0&0\\1&0&3&0\\0&0&0&0\end{bmatrix}+\frac{1}{2}\begin{bmatrix}3&0&1&0\\0&0&0&0\\1&0&3&0\\0&0&0&4\end{bmatrix}+\frac{1}{2}\begin{bmatrix}2&1&0&0\\1&2&0&0\\0&0&0&0\\0&0&0&0\end{bmatrix}$$

$$+\frac{1}{2}\begin{bmatrix}0&0&0&0\\0&2&1&0\\0&1&2&0\\0&0&0&0\end{bmatrix}+\frac{1}{2}\begin{bmatrix}0&0&0&0\\0&0&0&0\\0&0&2&1\\0&0&1&2\end{bmatrix}+\frac{1}{2}\begin{bmatrix}2&0&0&1\\0&0&0&0\\0&0&0&0\\1&0&0&2\end{bmatrix}$$

$$=\frac{1}{2}\begin{bmatrix}10&1&2&1\\1&8&1&0\\2&1&10&1\\1&0&1&8\end{bmatrix},$$

$$\boldsymbol{F}=\begin{bmatrix}1\\1\\1\\0\end{bmatrix}+\begin{bmatrix}1\\0\\1\\1\end{bmatrix}=\begin{bmatrix}2\\1\\2\\1\end{bmatrix}.$$

于是,基本方程组为

$$\frac{1}{2}\begin{bmatrix}10&1&2&1\\1&8&1&0\\2&1&10&1\\1&0&1&8\end{bmatrix}\begin{bmatrix}u_1\\u_2\\u_3\\u_4\end{bmatrix}=\begin{bmatrix}2\\1\\2\\1\end{bmatrix},$$

解得

$$u_1=u_3=\frac{7}{23},\quad u_2=u_4=\frac{4}{23}.$$

附录　复习思考题参考答案

第1章

一、判断题

1.√.　2.√.　3.×.　4.×.　5.×.　6.×.　7.×.　8.√.
9.√.　10.√.　11.×.　12.√.　13.√.　14.√.　15.×.　16.√.

二、填空题

1.$A^C\cap B^C$.　2.$\{(a,1),(a,2),(b,1),(b,2),(c,1),(c,2)\}$.

3.$\mathscr{D}(f)=A,\mathscr{R}(f)=\{a,b,e\},f(A_1)=\{a,b,e\},f^{-1}(B_1)=\{1,4\}$,
$f^{-1}(b)=\{2,3\}$.

4.满.　5.$\sqrt{2},-3$.　6.$\sqrt{3}$.　7.0.　8.0.　9.$\{0\}$.

10.span A.　11.$\sum\limits_{i=1}^{n}\langle x,e_i\rangle e_i$.

第2章

一、判断题

1.×.　2.√.　3.√.　4.×.　5.√.　6.×.　7.×.　8.√.
9.√.　10.×.　11.×.　12.×.　13.√.　14.√.　15.√.　16.×.
17.×.　18.√.　19.√.　20.×.

二、填空题

1.n.　2.$\lambda+1,\lambda-1$.　3.$1,\lambda-1,(\lambda-1)(\lambda-2)$.

4.$\begin{bmatrix}2&0&0\\0&0&-4\\0&1&4\end{bmatrix}$.　5.$\begin{bmatrix}2&&\\&2&\\&1&2\end{bmatrix}$.　6.$\mathbf{0}$.　7.$\mathbf{0}$.　8.实.

9.0.　10.1.　11.$0,\frac{-\mathrm{i}}{\sqrt{6}},\frac{\mathrm{i}}{\sqrt{3}}$.

三、单项选择题

1.(d).　2.(b).　3.(d).　4.(c).　5.(c).

第3章

一、判断题

1.√.　2.√.　3.√.　4.√.　5.√.　6.×.　7.√.　8.√.

9.×.　10.√.　11.√.　12.×.　13.×.　14.×.　15.√.
16.√.　17.√.　18.√.　19.√.　20.√.　21.√.　22.×.
23.×.　24.√.　25.√.

二、填空题

1.0.　2.1.　3.y_0.　4.3.　5.5,$2+\sqrt{2}$,$\sqrt{14}$.　6.3.　7.1.
8.3.　9.$\tilde{B}(x,r)$.　10.$\bar{A}\cup\bar{B}$.

三、单项选择题

1.(c).　2.(a).　3.(b).　4.(c).　5.(d).　6.(d).

第4章

一、判断题

1.×.　2.√.　3.√.　4.×.　5.×.　6.√.　7.×.　8.×.
9.√.　10.√.

二、填空题

1.$\begin{bmatrix} e^{x_2} & x_1 e^{x_2} & 0 \\ 0 & \sin x_3 & x_2\cos x_3 \end{bmatrix}$.　2.$\dfrac{-2t}{(t^2+1)^2}\boldsymbol{E}$.　3.1.　4.$\boldsymbol{0}$.

5.e^{3t}.　6.$\begin{bmatrix} e^{-2t} & te^{-2t} & \dfrac{t^2}{2}e^{-2t} \\ & e^{-2t} & te^{-2t} \\ & & e^{-2t} \end{bmatrix}$.　7.$\begin{bmatrix} -\cos t & & \\ & \cos t & \\ & & 2\cos 2t \end{bmatrix}$.

8.1.　9.e^{-3}.

第5章

一、判断题

1.×.　2.×.　3.√.　4.√.　5.√.　6.×.

二、填空题

1.$\boldsymbol{AE}$.　2.$\boldsymbol{U}\begin{bmatrix} \boldsymbol{S}^{-1} & \boldsymbol{0} \\ \boldsymbol{0} & \boldsymbol{0} \end{bmatrix}_{n\times m}\boldsymbol{V}^{H}$.　3.$\boldsymbol{A}^{+}\boldsymbol{b}$.　4.$\begin{bmatrix} 1 & 0 & \dfrac{-1}{2} \\ 0 & 2 & 0 \\ 0 & 0 & \dfrac{1}{2} \end{bmatrix}$.

5.$\left(\dfrac{1}{5},\dfrac{2}{5}\right)^{T}$.

第6章

一、判断题

1.√. 2.√. 3.×. 4.×. 5.√. 6.√. 7.√. 8.√.
9.√. 10.√.

二、填空题

1. $\| x - y_0 \|$. 2.0. 3.完全. 4.完全. 5. $\sqrt{\dfrac{2}{2n+1}}$.

6.平均. 7.0.

8. $\sum\limits_{n=0}^{\infty} \dfrac{2n+1}{2}\left(\int_{-1}^{1} f(x)p_n(x)\mathrm{d}x\right)p_n$. 9.实,$(-1,1)$. 10.0.

第7章

一、判断题

1.×. 2.√. 3.×. 4.×. 5.×. 6.×. 7.×. 8.√.
9.×. 10.√. 11.√. 12.×. 13.×. 14.√. 15.×. 16.×.
17.√.

二、填空题

1. $\begin{bmatrix} 0 & \frac{1}{2} & \frac{-1}{2} \\ -1 & 0 & -1 \\ \frac{1}{2} & \frac{1}{2} & 0 \end{bmatrix}$.

2. $\begin{cases} x_1^{(k+1)} = \dfrac{1}{4}[\quad -3x_2^{(k)} \quad +24] \\ x_2^{(k+1)} = \dfrac{1}{4}[-3x_1^{(k+1)} \quad + x_3^{(k)} + 30] \\ x_3^{(k+1)} = \dfrac{1}{4}[\quad x_2^{(k+1)} \quad -24] \end{cases}$ $(k = 0,1,2,\cdots)$.

3. $(\boldsymbol{D} - \boldsymbol{L})^{-1}\boldsymbol{U}$. 4.Seidel,Jacobi. 5. $\dfrac{3}{2}$.

6. $\begin{bmatrix} 1 & & \\ 0.7 & 1 & \\ 0.8 & 4 & 1 \end{bmatrix}\begin{bmatrix} 10 & 7 & 8 \\ & 0.1 & 0.4 \\ & & 2 \end{bmatrix}$. 7.1.

8. $\operatorname{cond} A \dfrac{\|\boldsymbol{\delta b}\|}{\|\boldsymbol{b}\|} = \|\boldsymbol{A}\| \, \|\boldsymbol{A}^{-1}\| \dfrac{\|\delta \boldsymbol{b}\|}{\|\boldsymbol{b}\|}$.　9. 消元,回代.

10. $x^{(k+1)} = x^{(k)} - \dfrac{f(x^{(k)})}{f'(x^{(k)})}$.

第8章

一、判断题

1. ×.　2. √.　3. ×.　4. ×.　5. ×.　6. √.　7. ×.

二、填空题

1. $1, n+1$.　2. 一阶:4,6,5,二阶:1,$-\dfrac{1}{3}$,三阶:$-\dfrac{1}{3}$.

3. $-\dfrac{1}{3}(5.8-4)(5.8-5)(5.8-6)$, 16.736.

4. $\dfrac{1}{2}x(x-1)^2(x-2)-x^2+2x+1$.

5. $S''(x_0+0)=S''(x_n-0)$.　6. 3.

第9章

一、判断题

1. √.　2. ×.　3. ×.　4. √.　5. √.　6. √.　7. √.　8. ×.
9. √.　10. ×.

二、填空题

1. 1.　2. $\dfrac{3}{8},\dfrac{3}{8},\dfrac{1}{8}$.　3. $T_8=3.138\ 988, S_1=3.133\ 333$,
$S_2=3.141\ 568, C_1=3.142\ 117, C_2=3.141\ 594, R_1=3.141\ 587$.

4. $\dfrac{\pi}{n+1}$.　5. 均大于零.

第10章

一、判断题

1. √.　2. ×.　3. √.　4. ×.　5. √.　6. √.

二、填空题

1. $\begin{cases} y'=z, \\ z'=f(x,y,z), \\ y(a)=y_0, \quad z(a)=y_0^{(1)}, \end{cases} \quad a<x\leqslant b$.

2. $$\begin{cases} y_{n+1} = y_n + \dfrac{h}{6}(K_1 + 2K_2 + 2K_3 + K_4), \\ z_{n+1} = z_n + \dfrac{h}{6}(L_1 + 2L_2 + 2L_3 + L_4), \\ K_1 = z_n, \qquad L_1 = f(x_n, y_n, z_n), \\ K_2 = z_n + \dfrac{h}{2}L_1, \quad L_2 = f\left(x_n + \dfrac{h}{2}, y_n + \dfrac{h}{2}K_1, z_n + \dfrac{h}{2}L_1\right), \\ K_3 = z_n + \dfrac{h}{2}L_2, \quad L_3 = f\left(x_n + \dfrac{h}{2}, y_n + \dfrac{h}{2}K_2, z_n + \dfrac{h}{2}L_2\right), \\ K_4 = z_n + hL_3, \quad L_4 = f(x_n + h, y_n + hK_3, z_n + hL_3), \\ y_0, \quad z_0 = y_0^{(1)}. \end{cases}$$

$n = 0, 1, 2, \cdots, N-1.$

3. 数值微分法,数值积分法,Taylor 展开法.

4. $$\begin{cases} y_{n+1} = y_n + \dfrac{h}{2}(K_1 + K_2), \\ z_{n+1} = z_n + \dfrac{h}{2}(L_1 + L_2), \\ K_1 = -8y_n + 7z_n, \\ L_1 = x_n^2 + y_n z_n, \\ K_2 = -8(y_n + hK_1) + 7(z_n + hL_1), \\ L_2 = (x_n + h)^2 + (y_n + hK_1)(z_n + hL_1), \\ y_0 = 1, z_0 = 0. \end{cases}$$

$n = 0, 1, 2, \cdots, N-1$

5. $\left(0, -\dfrac{2.78}{\lambda}\right]$.

第 11 章

一、判断题

1.√. 2.×. 3.√. 4.×. 5.√. 6.×. 7.√. 8.√.
9.×. 10.√.

二、填空题

1.双曲　2. $x+\frac{2}{3}(-y)^{3/2}=c_1, x-\frac{2}{3}(-y)^{3/2}=c_2$.

3. $u_{\xi\xi}+u_{\eta\eta}+\frac{1}{3\eta}u_\eta=0$.　4.抛物

5. $\begin{cases} u_{tt}=a^2u_{xx}, & -\infty<x<+\infty, \quad t>0 \\ u|_{t=0}=\varphi(x), & u_t|_{t=0}=\psi(x), \quad -\infty<x<+\infty \end{cases}$.

6.二　7.边值　8.Dirichlet

第 12 章

一、判断题

1.√.　2.×.　3.×.　4.√.　5.√.　6.√.　7.×.　8.√.
9.√.　10.√.

二、填空题

1. $\frac{2}{l}\int_0^l \varphi(x)\sin\frac{n\pi x}{l}dx, n\in\mathbb{N}$.　2. $\left\{\cos\frac{n\pi x}{l}\right\}$, $n=0,1,2,\cdots$.

3. $\sum_{n=1}^{\infty}T_n(t)\sin\frac{n\pi x}{l}$.　4. $\frac{l^2}{4\pi^2}\cos\frac{2\pi x}{l}+\frac{x}{l}+\frac{4\pi^2-l^2}{4\pi^2}$.

5.驻波.　6.固有函数系　7.完全

第 13 章

一、判断题

1.×.　2.√.　3.×.　4.√.　5.×.　6.×.　7.√.　8.√.
9.×.

二、填空题

1. $\frac{1}{2}[\varphi(x+at)+\varphi(x-at)]+\frac{1}{2a}\int_{x-at}^{x+at}\psi(s)ds$.

2. $\frac{1}{4\pi a}\left[\frac{\partial}{\partial t}\oiint_{S_{at}^M}\frac{\varphi(\xi,\eta,\zeta)}{at}dS+\oiint_{S_{at}^M}\frac{\psi(\xi,\eta,\zeta)}{at}dS\right]$.

3. $-\frac{1}{4}+\frac{t}{2}+\frac{1}{4}e^{-2t}$.　4. t, Laplace

5. $\frac{y}{\pi}\int_{-\infty}^{+\infty}\frac{f(\xi)}{(\xi-x)^2+y^2}d\xi$.